"十四五"时期国家重点出版物出版专项规划项目
食品科学前沿研究丛书

食品品质荧光快速检测技术

刘慧琳 著

科学出版社
北京

内 容 简 介

本书结合近几年国内外荧光传感快速检测技术的研究文献及相关技术在食品品质检测中的应用研究，主要从半导体量子点、碳量子点、石墨烯量子点、上转换荧光纳米材料、有机荧光探针、聚集诱导发光荧光探针、多维光学传感技术、荧光纳米材料与分子印迹联用技术展开，系统介绍了荧光纳米材料的光学特性和制备方法，并重点探讨了荧光传感检测技术的原理，以及其在食品品质检测中的应用。对荧光传感检测的特异性、高效性与传统检测方法进行分析对比，深入阐述了基于荧光传感快速检测技术的分子作用机制。

本书可供食品行业科研人员和企业监测人员使用，也可供高等院校食品相关专业师生参考。

图书在版编目（CIP）数据

食品品质荧光快速检测技术 / 刘慧琳著. —北京：科学出版社，2022.6

（食品科学前沿研究丛书）

“十四五”时期国家重点出版物出版专项规划项目

ISBN 978-7-03-071128-1

Ⅰ. ①食… Ⅱ. ①刘… Ⅲ. ①荧光特性－化学传感器－应用－食品检验 Ⅳ. ①TS207

中国版本图书馆 CIP 数据核字（2022）第 269696 号

责任编辑：贾　超　高　微 / 责任校对：杜子昂
责任印制：吴兆东 / 封面设计：东方人华

科 学 出 版 社 出版
北京东黄城根北街 16 号
邮政编码：100717
http://www.sciencep.com

北京中科印刷有限公司 印刷
科学出版社发行　各地新华书店经销

*

2022 年 6 月第　一　版　开本：720 × 1000　1/16
2022 年 6 月第一次印刷　印张：15 3/4
字数：310 000

定价：128.00 元

（如有印装质量问题，我社负责调换）

丛书编委会

前　言

“食为政首，粮安天下”。粮食生产和安全是我们当前工作的头等大事。食品品质安全状况已经成为一个国家或地区经济发展水平和人民生活质量的重要标志。随着食品贸易的全球化，食物供应链日趋复杂，区域间经济发展不平衡、产销分离、技术水平的差异等因素给食品品质带来新的不确定因素，食品安全也成为影响国家农业和食品工业竞争力的关键因素之一。

本书围绕荧光传感快速检测技术及在食品品质检测中的应用进行阐述，主要从半导体量子点、碳量子点、石墨烯量子点、上转换荧光纳米材料、有机荧光探针、聚集诱导发光荧光探针、多维光学传感技术、荧光纳米材料与分子印迹联用技术展开，系统介绍了荧光纳米材料的光学特性和制备方法，并重点探讨了荧光传感检测技术的原理，以及其在食品品质检测中的应用。对荧光传感检测的特异性、高效性与传统检测方法进行分析对比，深入阐述了基于荧光传感快速检测技术的分子作用机制。

本书依托国家自然科学基金优秀青年科学基金项目，汇集食品检测领域专家的最新研究成果，总结了精准检测与食品健康控制团队近年的研究成果，对食品安全快速检测领域具有极高的参考价值。同时，本书详细阐述了荧光快速传感检测技术的原理及其在食品品质检测中的应用，并且与传统检测方法相比，系统介绍了荧光传感检测技术的必要性。本书具有较强的理论学术价值，原创性、时效性较好，并且蕴涵一定的实际应用价值，对食品全产业链加工过程中品质鉴定提供强有力的关键技术理论支持，对我国食品工业安全水平的提升具有显著的意义。本书的研究思想将会在一定时间内，成为食品、化学、生物、医学、材料等专业的研究热点。

本书在撰写过程中得到了北京工商大学和科学出版社的指导、帮助和支持，在此深表谢意！由于作者水平有限，时间仓促，食品品质荧光传感检测技术方面的研究在不断发展，书中疏漏和不妥之处恳请各位读者批评指正。

刘慧琳

2022 年 6 月于北京

目　录

第 1 章　半导体量子点荧光传感快速检测技术及应用

1.1　半导体量子点的定义

半导体量子点（quantum dots，QDs）又称半导体纳米晶体（nanocrystals，NCs），简称量子点，是物理尺寸小于激子玻尔半径的一种准零维的纳米材料，其三个维度的尺寸为 1～100nm。由于其尺寸较小，量子点内部电子在各方向的运动都受到明显的局部限制，所以量子点的量子限制效应特别明显[1]。当其尺寸下降到某一个值时，量子点因存在不连续的最低未占和最高占据分子轨道能级，从而使其带隙变宽。量子点通常是由Ⅱ-Ⅵ族元素（如 CdTe、CdS、CdSe、ZnSe 等）或Ⅲ-Ⅴ族元素（如 InAs、InP 等）组成的，也可以由两种或两种以上的复合材料组成核壳包裹结构的纳米颗粒（如 CdSe/ZnS、CdS/ZnS、CdSe/CdS、CdS/HgS/Cd 等），一般为球形或类球形，是一种能够接受激发光产生荧光或磷光的半导体纳米颗粒。

1.2　半导体量子点的特性

与传统的有机荧光染料相比，量子点作为一种新型的荧光纳米材料，具有独特的光学特性，如有机荧光分子的光谱半峰宽是量子点的 3 倍，其单个颗粒的荧光强度却只有量子点的 1/20[2]。通过改变量子点颗粒大小，量子点的光谱峰位置在可见光范围内是连续可调的。量子点的激发范围很宽，发射波长相对较窄，可以实现同一个激发波长同时激发位于不同发射波长的量子点。也就是说，量子点具有发射峰可调且带隙狭窄、吸收谱宽、光稳定性强及发光效率高等特点。

量子点所表现出的光学性质及其独特的电子性质赋予了新的荧光团作为生物染料、荧光蛋白和镧系螯合物的各种优势。量子点显示出广泛的发射光谱，允许通过宽波长范围激发，这一特性可以实现利用单一波长同时激发量子点具有不同颜色的发射波长。规则的颜色同样具有宽的发射光谱，这意味着不同颜色的光谱可以在很大程度上显示出来。这表明荧光材料可以与独特的天然粒子结合，以分析其荧光性质。令人惊讶的是，具有窄发射光谱的量子点可以通过核心尺寸的变化和不同的结构以相对简单的方式被抑制。量子点通过吸收单个光子产生多个激子（光诱导的电子-空穴对），量子点的量子限制效应增加了价带和导带中能级之间的能隙，进而导致价带和导带的分离，从而有效地增强了多重激子过程，并抑制了光子冷却机制。半导体量子点在各个领域的优势包括光催化、光制热、化学传感、能量储存、多维联用。众多优异的光学性质决定了量子点在化学、生物、医学和分析检测等领域具有广泛的应用前景[3-6]。

量子点与有机染料的不同之处主要体现在以下 13 个方面。

（1）量子点从吸收边带至紫外区逐渐增加，对激发波长的选择范围宽，第一激子吸收峰为 10^{-6}～10^{5}L/(mol·cm)；不同有机染料之间吸收带不连续，半峰宽 35nm 或 80～100nm。

（2）量子点的摩尔吸光系数随着波长降低而增加，尺寸较大的量子点摩尔吸光系数较大；有机染料的摩尔吸光系数为 2.5×10^{4}～2.5×10^{5}L/(mol·cm)。

（3）量子点的发射光谱对称，呈高斯分布，半峰宽 30～90nm；有机染料的发射光谱不对称，在长波处有拖尾，半峰宽 70～100nm。

（4）对于发射峰位于可见区的量子点，其斯托克斯位移大于 50nm；一般情况下有机染料的斯托克斯位移小于 50nm。

（5）可见区量子点的荧光量子产率为 0.1%～0.8%，近红外区量子点的荧光量子产率为 0.2%～0.7%；可见区有机染料的荧光量子产率为 0.5%～1.0%，近红外区有机染料的荧光量子产率为 0.05%～0.25%。

（6）量子点的荧光寿命为 10～100ns，呈现多指数衰减；有机染料的荧光寿命为 1～10ns，呈现单指数衰减[3]。

（7）量子点的双光子吸收截面为 2×10^{-47}～4.7×10^{-46}cm^{4}·s/photo；有机染料的双光子吸收截面为 1×10^{-52}～5×10^{-48}cm^{4}·s/photo（通常为 1×10^{-49}cm^{4}·s/photo）。

（8）量子点由其表面配体的性质决定其水溶剂及分散性；有机染料则由取代基性质决定。

（9）量子点通过表面配体与生物分子偶联，一个量子点标记若干个生物分子，这种标记方法的研究较少，标记过程对量子点光学性质影响的研究也不多；有机染料通过官能团与生物分子偶联，通常情况下若干个染料分子标记一个生物分子，这种标记方法较成熟，标记过程对有机染料光学性质影响的研究也较成熟。

（10）量子点是胶体状的，其半径为 6～60nm；有机染料是分子级的，大小为 0.5nm。

（11）量子点光学稳定性较好，其稳定性与壳层和配体有关；有机染料的稳定性因类型而定，但位于近红外发射波长的染料极不稳定。据报道 CdSe/ZnS 量子点连续光照 14h，其量子点的荧光强度不会发生任何变化，而且比有机染料罗丹明 6G 的稳定性高 100 倍，荧光强度是罗丹明 6G 的 200 倍[7]。

（12）量子点的单分子检测能力较好，但要防止光闪烁现象；有机染料的单分子检测能力一般，需考虑光漂白的问题。

（13）量子点是多色标记的理想材料，已经证明可以实现同时标记 5 色进行检测；有机染料最多可标记 3 色。

量子点的细胞毒性在许多体外试验中被报道过，并进一步探讨其使用可行性。细胞毒性的程度取决于量子点的各种性质，包括大小、荧光、表面化学、生物活性和物理参数。尽管细胞生理学上发生很大改变，量子点在其中产生的影响都很小，表明量子点的细胞毒性较小，主要包括游离镉的洗脱（量子点核心降解）、自由基的形成及量子点与细胞内环境的相互作用。最近，对肝细胞培养模型中量子点毒性的研究表明，硒化镉核心在细胞氧化环境中的累积可能导致核心降解，造成镉离子洗脱[8]。

1.3　半导体量子点的制备方法

量子点的荧光性质与其本身尺寸大小紧密相关，因此制备粒径分布较窄的量子点荧光纳米材料是量子点制备过程中的关键问题。近年来，许多研究者对量子点的制备方法进行了报道，总体来说，可以分为两种，金属有机相合成法和水相胶体合成法。

1.3.1　金属有机相合成法

分散性好、大小均一的量子点，通常是采用金属有机相合成法。该策略包含有机金属化合物在最高温度下的反应性，Bawendi 等于 1993 年首次简要描述了这一策略。该工艺是在真空条件下，将前体分子的溶液注入三颈圆底烧瓶中的三辛基氧膦热液（295～305℃）中，通过控制温度的变化，形成三辛基膦硒化物核。通过一种称为“Ostwald 熟化”的优势粒子生长机制，形成了量子点的一致成核，导致量子点的尺寸分布扩大，量子点自由能增加，从而进一步影响量子点的光致发光[9]。三辛基氧膦（纯度接近 90%）控制量子点散射，增强表面涂层，并赋予其表面聚集的性能，以充分开发量子点。该策略涉及传热流体的使用，为控制生长提供了方便，并产生单分散量子点。此外，在类似的前期生长后，通过调整温度，量子点尺寸的研究可能会有所改善。无论如何，该程序在利用较高的热量、有机金属前体的毒性潜力和水中的低散射方面的费用较高，都面临着阻碍[10]。Cumberland 等合成了 CdSe/ZnS 油溶性量子点[11]。通过有机金属前体的高温分解，合成了大小均一的 CdSe 量子点，其直径是 23～55Å。该方法中选择二甲基镉和硒化三辛基膦分别作为 Cd 和 Se 的前驱物，配体选择的是疏水性的三辛基膦和三辛基氧膦。将制备好的 CdSe 量子点继续与二乙基锌和六甲基二硅硫烷分别作为 Zn 和 S 的前驱物进行反应，控制反应温度和时间，即可得到荧光量子产率高、分散性好、结晶度好、大小均一、粒径分布较窄的量子点。Cumberland 等使用单一物质$(Li)_4[Cd_{10}Se_4(SPh)_{16}]$同时作为 Cd 和 Se 的前驱物，使用$(TMA)_4[Zn_{10}Se_4(SPh)_{16}]$同时作为 Zn 和 S 的前驱物，改进了之前的方法，可以合成 CdSe、ZnSe 和 CdSe/ZnS 的油溶性量子点。

金属有机相合成法中，使用最多的稳定剂是三辛基氧膦和三辛基膦的混合物。近年来，随着量子点研究的逐渐深入，有人将己基膦酸加入三辛基氧膦和三辛基膦的混合物中，起到稳定量子点的作用。十六烷基胺作为稳定剂及配体被引入到纯的或掺杂型 ZnSe 量子点的合成中。且有人将十六烷基胺加入三辛基氧膦和三辛基膦的混合物中，合成稳定的 CdSe/ZnS 量子点。

使用此方法制备的量子点，晶体结构较好、荧光量子产率较高、粒径分布范围较窄、粒径均一、分散性较好。但是，金属有机相合成法反应条件苛刻，温度要求较高，需要严格无氧无水的操作，原料价格偏高，毒性很大且易燃易爆。而且，这种方法制备的量子点表面具疏水性，导致其不能直接用于亲水体系或生物体系的研究。因此，开发水相直接合成量子点的方法显得颇为重要。

1.3.2 水相胶体合成法

为了将量子点应用于生物偶联和体内生物标记，研究集上述优点和生物相容性于一体的水溶性量子点显得尤其重要，这也是当前研究领域迫切需要解决的难题。许多研究者对于水相胶体合成法制备的量子点进行了探索性的研究，其基本原理是在水溶液中加入一些特殊的稳定剂从而得到纳米颗粒。水溶液中制备量子点不仅解决了荧光纳米颗粒生物相容性的问题，而且由于稳定剂修饰在其表面，从而多了一些与生物分子进行相互作用的特征官能团，使得量子点可以很容易与生物分子相连，进而可以直接应用于分析化学、生物或医学等领域的检测。

CdTe 量子点是水溶性量子点中研究最多的，许多研究者使用不同的方法制备了水溶性 CdTe 量子点，可以使用水热法合成单一发射波长或者不同发射波长的 CdTe 量子点，同时可以使用配体修饰制备稳定的水溶性 CdTe 量子点，如 3-巯基丙酸或生物大分子木瓜蛋白酶，从而实现对目标化合物的定量检测[12]。Li 等通过优化 pH 和前驱溶液的浓度，合成了荧光量子产率较高的 CdTe 量子点[13]。Rogach 等合成了巯基稳定的水溶性 CdTe 量子点，这种量子点具有较高的氧化稳定性、较好的结晶度，尺寸、光致发光性得到了改善[14]。Gaponik 等采用水相合成了巯基包裹的 CdTe 量子点，通过对之前有机相合成方法的改善，从而提高了量子点的荧光量子产率[15]。Franzl 等通过层层自组装方法制备了双层 CdTe 量子点纳米材料[16]。Gao 等使用镉和巯基乙酸复合物形成的壳包裹 CdTe 量子点，可以增强量子点的荧光量子产率[17]。

此外，Liu等采用简单的一步合成法，在NaHSe和$CdCl_2$溶液中合成了L-半胱氨酸包裹的CdSe水溶性量子点[18]。Peng等合成了CdTe/CdS核壳结构的水溶性量子点，使用硫代乙酰胺作为硫源，将CdTe的量子点包裹CdS外壳后，量子点的荧光量子产率和荧光稳定性得到了明显的改善[19]。Liu等采用原位聚合法，合成了水溶性CdTe/ZnS量子点。谷胱甘肽被用来为包裹壳ZnS提供硫源，实验证明这种量子点具有毒性低、生物相容性较好等优点，可以用于生物样品的检测及其相关的领域[20]。近年来掺杂型量子点越来越引起人们的关注，如Mn掺杂的CdSe量子点、Mn掺杂的ZnS量子点、Mn掺杂的ZnSe量子点等。超声波辅助法也是合成量子点常用的方法，可以借助该方法合成Mn掺杂的CdTe/ZnS核壳型量子点，使用3-巯基丙酸作为稳定剂。

水相胶体合成法与金属有机相合成法相比，操作方法简单、实验过程安全、反应条件温和、便于制得。然而，大部分水相合成的量子点荧光量子产率较低，发光性能较差，分散性较差，容易发生团聚现象，通常需要一些后处理方法来弥补所制备的量子点的缺陷。外延异质结构可以使用多种湿化学方法构建，包括从分子前体直接合成（如溶液外延生长）和后合成、现有种子或模板的处理（如离子交换）。在溶液外延生长方法的解决方案中，第二种材料的成核允许在现有种子的指定位置。离子交换法，尤其是用硝基纤维素主体晶格中的阳离子取代溶液中阳离子的阳离子交换法，已被用作构筑外延异质结构的特别有力的工具[21]。

与溶胶-凝胶过程类似，微乳化和热溶液分解过程可以在常温下进行。通过改变表面活性剂的浓度可以调节量子点的尺寸，并且在溶胶-凝胶法合成量子点时可以获得尽可能小的尺寸。这些技术的主要缺点是产量低、有污染风险和形成的晶格变形。反胶束技术最适用于制备量子点，其中使用乙酰基三甲基溴化铵、十二烷基硫酸钠和其他非离子表面活性剂等表面活性剂可以改善水滴的散射。由于这些表面活性剂既具有亲水性又具有疏水性，油相周围形成了许多称为胶束的微小聚集体。这种胶束在热力学上是稳定的，称为“非反应物”。胶束粒子促进了合成量子点的形成，而胶束粒子又取决于水和表面活性剂的摩尔浓度。

1.3.3　其他方法

其他方法包括气相阶段分子束外延（vapor phase molecular beam epitaxy，VPMBE）、物理气相沉积（physical vapor deposition，PVD）和化学气相沉积（chemical vapor deposition，CVD）。在气相阶段策略中，量子点层是通过无结构的粒子过程在分子内形成的，而不是通过自组装量子点的异质外延迁移[22]。其特殊的性质、结晶性和生物医学应用的潜力使得近年来的研究方式发生了转变。根据 Stranski-Krastanow 模式，在用于合成量子点的Ⅲ-Ⅴ族系统中，均匀量子点的形成，如纳米结构，可以很好地由成核条件控制[23]。整个合成过程取决于前驱体种类、前驱体浓度和反应过程中的温度控制条件。

物理气相沉积法：气化是从不同性质的原子/分子中获得的致密材料或流体中发生的，并在气相沉积过程中直接通过真空/低压气体进行蒸馏。在机械应用中最常用的 PVD 是当溅射靶的表面被频率增加的蒸气分子阻挡以产生量子点时。原子/分子是用这种方法通过溶液中碰撞分子的能量交换而产生的[24]。

化学气相沉积法：在 CVD 中，粉末/固体薄膜是使用不同的前驱体在高温下沉积在衬底上的。这些前驱体是通过化学相互作用将分子或原子转化为气相而形成的，这一过程通常发生在次级产品和起始材料引起的蒸发中[25]。CVD 有不同的类型，如气相外延法用于沉积单晶薄膜，金属有机 CVD 用于沉积金属有机物，当等离子体用于增加反应速率时，如果击穿发生在减压气体中，则等离子体增强 CVD，称为低压 CVD。同样，大气压 CVD、光化学气相沉积、激光化学气相沉积也得到了广泛的应用。相应地，大气压化学气相沉积、光化学气相沉积等是量子点合成的重要技术[26]。

为了商业上的合理性，采用大量的无金属量子点或绿色合成技术，合成了一系列无镉量子点，如磷化铟/硒化锌和硫化铜铟（$CuInS_2$）/硒化锌。它们产生规则近红外范围内的明亮放电，具有与 CdSe 量子点相当的光学特性。利用可溶性 *N,N*-二甲基甲酰胺，设计了亲水 $CuInS_2$ 和 $CuInS_2$/ZnS 胶体量子点的绿色合成技术。离子液体是一种环境友好的绿色介质，可以取代传统的不稳定有机溶剂作为选择性响应介质。另一种技术是利用离子液体作为微波吸收溶剂来合成 ZnS 量子点[27]。

1.4 半导体量子点的分类

量子点可以分为单一量子点、核壳量子点、掺杂量子点。

1.4.1 单一量子点

单一量子点表面一般被有机配体包覆，由于表面存在不少非理想配比及不饱和键等，形成了很多表面缺陷态，这些表面缺陷对于光生载流子会充当快速非辐射去激发通道，从而降低荧光量子产率。单一量子点存在一些不足，如易受生物环境影响、缺陷水平发射、生物相容性差、光稳定性差。表面钝化、两亲分子改性、较大带隙材料（半导体材料或二氧化硅）表面涂层的使用有助于克服这些缺陷。由于壳的包裹，荧光光谱红移（因为壳增加了量子点的粒径），量子点的发光效率和稳定性提高，生物毒性有所降低[28]。因此，控制好表面对于高性能量子点来说尤其关键。改善表面的一个很重要的策略就是在量子点周围再生长第二层半导体，形成核壳结构，从而使其发光效率和抗光漂白性等性能获得显著改进。

1.4.2　核壳量子点

为了在水相系统中应用量子点，许多研究致力于通过适当地修饰量子点表面来改善亲水性。通过配体交换获得的改性量子点的特征在于其稳定性、生物相容性和水溶性良好，因为表面官能化改变了表面形态和结构。量子点的功能化是指用生物分子修饰量子点表面，这些生物分子修饰的量子点可以应用于生物传感器和成像分析。功能修饰有助于量子点应用于生物系统，可以与生物靶点非特异性结合。生物功能化表面修饰的方法主要有静态吸附法、共价偶联法和金属-配体相互作用法。功能分子包括抗体、蛋白酶、多肽、核酸等。

同时，通过合理选择核心量子点和壳层的材料，甚至有可能将原来的发射波长扩展到核壳材料单独都无法达到的更大的发射谱范围。根据半导体材料的带隙和电子能级的相对位置，核壳纳米材料的壳层会出现不同的功能。核壳量子点主要分为三类：Ⅰ型结构、反Ⅰ型结构和Ⅱ型结构。第一种壳层材料带隙大于核材料，电子和空穴均被限制在核内；第二种则与第一种相反，壳层材料带隙小于核材料，根据壳的厚度，电子和空穴部分或全部被限制于壳内；第三种壳材料的导带边界或空带边界位置落于核材料的带隙内，在受到激发时，这种交错排列的能带会导致核壳结构的不同部位电子和空穴的离域。

对于Ⅰ型结构的核壳量子点，壳层用于钝化核的表面以改善发光性能。壳层材料可将发光核的表面从周围环境中分离出来，使核表面不会因环境的变化而影响光学性能。相对于单纯的核量子点，核壳结构通常能增强抗光分解的稳定性，同时也减少了核上的悬挂键等表面缺陷，提高了发光效率。这一体系最早开始被研究的是 CdSe/ZnS 核壳结构[29]。反Ⅰ型结构主要是将带隙较小的壳长到带隙较大的核量子点上，使得载流子至少部分被限制于壳中，可以通过壳层的厚度来调节发射波长。通常可以观察到随着壳层厚度变化发射波长产生的明显红移。这一类型中研究最多的主要有 CdS/HgS、CdS/CdSe 和 ZnSe/CdSe。这种结构可以通过在最外层再包覆一层大带隙材料来提高荧光量子产率和稳定性。

对于Ⅱ型结构，壳层生长的主要目的在于使产物量子点的发射波长获得较大的红移。因为这种核壳结构中交错的能带排列导致了整体的有效带隙比核壳材料各自的带隙减小了，所以发射波长比核壳材料原本的范围更大。研究这种结构的主要兴趣基本集中于通过控制壳层厚度调节发光颜色至更广的波谱，特别是近红外区域，如 CdTe/CdSe 和 CdSe/ZnTe[30]。

相比于Ⅰ型结构，Ⅱ型结构电子-空穴波函数重叠较小，荧光的衰减时间要长得多。因为Ⅱ型结构壳层中也存在载流子，可以像Ⅰ型结构一样选择合适的材料对Ⅱ型核壳再包覆第三层壳以改善发光性能。Ⅰ型和Ⅱ型结构提供了对新型半导体材料电子结构的新认识，已经成为近年来理论研究的一个重要主题。但着眼于材料的性能改善，目前研究最多的还是Ⅰ型核壳结构的量子点。

1.4.3　掺杂量子点

最近几年，人们开始将注意力转向量子点的掺杂，即在半导体制造过程中，将杂质引入半导体材料的晶格。这不仅是控制其电导率的主要手段，还能显著改变主半导体的多种物理性能。早期的研究主要是在大块晶体或者薄膜型半导体材料中引入掺杂离子，目的是在带隙中形成掺杂能级，用以调节或获得新的性能。半导体纳米量子点晶体掺杂后有很多有趣的现象，显示出极具吸引力的物理特性和潜在的技术重要性[31]。

掺杂量子点是指量子点掺杂少量其他离子，如过渡金属离子和镧系离子，形成具有新性质的量子点。通过在量子点制备过程中掺杂其他材料，改变了量子点的发光性质，得到的掺杂量子点具有量子点固有的发光性质和掺杂离子的发光性质。掺杂量子点除了具有传统量子点的优异性能外，还可以避免大量传统量子点聚集体引起的自猝灭问题。

掺杂量子点相比传统量子点最大的特点和不同之处是拥有比后者大得多的斯托克斯位移，其掺杂峰对应的发射谱与其自身的紫外-可见吸收光谱不会发生重叠，避免了自吸收的问题。除有传统量子点的一般特性之外，掺杂量子点还表现出更优越的热稳定性，这也是掺杂量子点相比传统量子点的另一个显著特点。量子点的热稳定性与量子点内激子和晶格声子的耦合程度有关。传统量子点的激子与晶格声子发生很强烈的耦合，因此当温度较高时，声子振动加剧，会引起激子很大的热反馈，部分能量转化为热能，荧光强度下降。而在掺杂量子点中，从 $^4T_1$ 激发态能级到基态，激子没有与晶格声子发生强烈的耦合，因此受到温度的影响较小，表现出较好的热稳定性[32]。此外，掺杂量子点还具有较好的抗光漂白性和化学稳定性。最近几年以来，此类量子点的研究日益受到关注和重视。

掺杂量子点合成的两种主要方法是形核掺杂和生长掺杂。顾名思义，形核掺杂是指在量子点形核时将掺杂离子引入，与主量子点一同生长，在此过程中，掺杂离子会逐渐从核心位置均匀向外扩散；而生长掺杂则是先使主量子点生长一段时间再加入掺杂离子，改变条件使主量子点不再长大，而掺杂离子会逐渐吸附并生长到量子点表面，通常为了使获得的产物更稳定，掺杂完成后应使主量子点再长大一些，以便掺杂离子深入量子点内部。

在掺杂量子点制备的发展中，Mn^{2+}用作掺杂离子的研究报道较多。早在2005年，*Nature* 就报道了 Erwin 等[33]合成 Mn∶ZnSe 量子点的工作。他们成功地将 Mn^{2+}离子掺入 ZnSe 量子点的晶格，但获得的发射光谱不仅含 Mn^{2+}掺杂峰而且含 ZnSe 本征峰。通过控制不同的反应条件分别在 CdS/ZnS 核壳量子点的核心、核壳界面及壳层掺杂 Mn^{2+}离子，研究了对掺杂位置的调控方法。然而所获得的产物发射谱仍然无法完全消除量子点的本征峰。采用更加“绿色”的前驱物开创性地用形核掺杂的方式也成功获得了 Mn^{2+}离子掺杂的 ZnSe 量子点。由于掺杂方法不同于传统方法，所获得的 Mn^{2+}掺杂 ZnSe 量子点不仅具有良好发光性能和稳定性，还可以消除量子点本征峰的影响，获得比较纯的掺杂发射谱。Nag 课题组[34]在 2007 年制备了一系列粒径的红光 Mn∶CdS 量子点，并且也成功地获得了不含 CdS 特征峰的较纯的 Mn^{2+}掺杂发射谱。在此基础上，他们还系统地研究了多种量子点体系中 Mn^{2+}掺杂发射峰的荧光量子产率与晶体内部 Mn^{2+}离子的掺杂浓度的关系，结果表明在一定的范围内，Mn^{2+}离子掺杂浓度越高，周围的平均配位离子数越少，掺杂能级的激子能量被晶格振动影响越小，荧光量子产率越高。近年来的研究中，Mn^{2+}离子掺杂的制备不仅被扩大到 CdSe、ZnO 等其他量子点体系中，还在 ZnSe 体系的掺杂制备工艺中获得了不断的发展。2011 年，Zeng 等[35]通过对 ZnSe 主量子点包覆 ZnS 壳层的调节，获得了 Mn∶ZnSeS 合金结构的量子点，不仅进一步提高了荧光量子产率，还扩大了 Mn^{2+}掺杂量子点发光波长的调节范围。在目前研究的 Mn^{2+}掺杂量子点体系中，Mn∶ZnSe 量子点研究较多、较成熟，且这种量子点发光波长可以在 580～620nm 的黄光和红光区进行调节，其吸收谱一般在近紫外波段，在 UV LED 上具有很好的潜力。

另一种较为常见的掺杂离子是 Cu^{2+}离子。Pradhan 等[36]采用生长掺杂的方式成功制备了能够发出绿光的 Cu∶ZnSe 量子点，并且发现 Cu^{2+}掺杂离子的荧光性能稳定性与其在 ZnSe 晶格中的位置关系很大，越靠近表面越易受表面缺陷影响，荧光性能稳定性越差。与 Mn^{2+}离子类似，Cu^{2+}离子也可以被掺杂到 CdSe、CdS 等量子点晶格中，但相比于 Mn^{2+}离子，Cu^{2+}离子掺杂到不同体系中可以获得更多的光色选择。如将 Cu^{2+}离子掺入 CdSe 中，通过控制掺杂浓度等反应条件，获得的 Cu∶CdSe 量子点的发射波长可以从绿光到红光连续调节；而将 Cu^{2+}离子掺入 CdS 量子点中则可以获得黄光到深红色光连续可调的 Cu∶CdS 量子点，可以将掺杂量子点的发光范围扩大到近红外区域，Stouwdam 等[37]用一种含 Cu、S 和 Cd 的单一前驱物制备了这种量子点，并研究了其在光电器件芯片中应用的可行性。Peng 等[38]还进一步研究了 Cu^{2+}离子在Ⅲ-Ⅴ族量子点的掺杂。Jana 等[39]通过引入 S 对 Cu∶ZnSe 量子点的荧光稳定性进行了进一步的改善，荧光量子产率最高可提高到约 40%。Srivastava 等[40]成功合成了 Cu∶ZnS 量子点，通过包覆 ZnCdS 壳层，获得的发光波长覆盖了蓝色到红色。Panda 等[41]在

Mn：ZnSe 的量子点中引入了 Cu^{2+}离子，成功获得了 Mn^{2+}、Cu^{2+}双掺杂的 ZnSe 量子点，通过控制两种掺杂离子的比例，能够对发光颜色进行调控，甚至直接获得白光。Cu^{2+}掺杂量子点相比于 Mn^{2+}掺杂量子点，发光波长可以通过掺杂体系和掺杂条件更方便地调控，但其稳定绿色制备一直是近年来的一个难题。掺杂量子点由于具有比一般本征量子点更大的斯托克斯位移和更好的热稳定性，因此，作为光转换材料比一般本征量子点更加优越，尤其是针对解决复合型白光 LED 中的多相荧光材料重吸收问题。然而，要将掺杂量子点广泛地投入到诸如光电器件的实际应用中，还需要面临很多问题，特别是掺杂量子点合成工艺的优化控制及掺杂机制的理论研究等，还有非常多的工作等待研究者们去探索。

1.5 半导体量子点的表面修饰

半导体量子点的表面修饰与量子点的光学性质、化学性质和光化学性质的变化有关。半导体量子点易于表面修饰和可以调节带隙到所需的应用中，并且可以更好地控制各种尺寸和形状的量子点合成，是量子点纳米材料的显著优点。量子点领域的关键进展包括与合适的功能分子共轭来修饰量子点的表面化学，这可以提高聚集稳定性和荧光量子产率，以及与目标分析物的相互作用。典型的半导体量子点修饰方式包括：疏水性修饰和亲水性修饰两类。

1.5.1 半导体量子点的疏水性修饰

半导体量子点在合成过程中通常包裹了疏水性的配体，如三辛基氧膦（trioctylphosphine oxide，TOPO）、磷酸三辛酯（trioctyl phosphate，TOP）、十八烷基胺（octadecylamine，ODA）、十六烷基胺（hexadecylamine，HDA）、油酸（oleic acid，OA）。疏水性配体修饰的量子点具有较好的光学属性，如较高的荧光量子产率、较窄的半峰宽等。

这种基于疏水性配体的制备方法首次发现于 1993 年，由 Bawendi 等利用在高温下使有机金属前驱体裂解的方法合成出具有较好荧光属性的 CdSe 量子点[42]。该方法使用 $Cd(CH_3)_2$ 和 TOPSe 分别作为 Cd 的前驱体和 Se 的前驱体，TOP 作为 Se 的溶剂兼次配体，TOPO 作为配位性反应溶剂，将 Cd 的前驱体和 Se 的前驱体的混合溶液快速注入剧烈搅拌的温度为350℃的TOPO 中，在较短时间内，形成大量CdSe 晶核。然后迅速冷却到 240℃，使剩余的单体不再形成新的晶核，缓慢升温至 260～280℃使 CdSe 量子点缓慢生长，通过控制反应的时间来调控量子点颗粒的大小。CdSe 量子点颗粒不溶于甲醇，可以在反应后的溶液中加入过量甲醇，通过离心分离得到 CdSe 量子点颗粒。另外，更换 TOPSe 为$(TMS)_2S$ 或$(BDMS)_2Te$，可以分别得到 CdS 或 CdTe 量子点。Peng 等[43, 44]通过改变前驱体浓度、配体的比例及反应体积等条件，获得了晶体形状基本可控的 CdSe 量子点，可以定向合成多种形状，如典型的球形、棒状、泪珠状、箭头状、四脚状、树枝状等量子点，丰富了量子点的种类。然而使用高温裂解方法合成的量子点受到杂质和晶格缺陷的影响，导致荧光属性受到影响，从而使得量子点的荧光量子产率较低。

量子点最重要的荧光属性为量子点的荧光量子产率和稳定性，这些性能与量子点的表面状态有密切联系。为了减小上述的表面缺陷对量子点的荧光量子产率的影响，量子点表面钝化技术引起了极大的关注。即在量子点的表面包覆半导体无机层使量子点的表面发生钝化，通过这种方法来提升其荧光量子产率和稳定性。Hines 等[45]以二甲基锌[$Zn(CH_3)_2$]和六甲基硫代硅烷[$(TMS)_2S$]分别作为 Zn 前驱体和 S 前驱体，将它们的混合溶液逐滴加入一定温度的 CdSe 溶液中，制备 CdSe/ZnS 核壳型量子点。包覆层 ZnS 壳的存在消除了原子表面的缺陷，并减小了量子点发生团聚的概率，使其在室温下的荧光量子产率有了显著的提高，可以达到 50%。Bawendi 等[46]利用二乙基锌($ZnEt_2$)和$(TMS)_2S$ 分别作为 Zn 前驱体和 S 前驱体，在 CdSe 的表面包覆了 ZnS 无机层，同样可以将 CdSe 量子点在室温下的荧光量子产率提高到 40%～50%。ZnS 是一种无毒、稳定性好且禁带宽度大的半导体材料，但是由于 CdSe 与 ZnS 的晶格错配度较大（约为 12%），因此当包覆的 ZnS 壳的层数超过 2 层后，核壳材料之间的界面应力会通过在壳层中形成缺陷的方式释放出来，反而引起量子点荧光性能的降低。壳材料 CdS、ZnSe 与 CdSe 核的晶格错配度较小（约为 3.9%），但是核壳材料之间的带隙差异较小，不能将电子和空穴有效地限制在量子点核心的内部复合发光，而且 CdS 壳材料可以直接被生物应用中常用的紫外光激发，导致其快速光氧化，从而使形成的核壳结构量子点稳定性相对较差[47]。

在核壳制备过程中，CdS、CdSe、CdTe 等Ⅱ-Ⅵ族量子点的合成都采用有机镉，如二甲基镉作为 Cd 源，TOPO 作为高温反应溶剂。但是有机镉具有毒性大、在常温下不稳定等特点，所以制备过程必须在严格的无水无氧的条件下进行，量子点的尺寸不容易控制，而且当把有机镉注入高温的 TOPO 时，会产生金属沉淀，且有机镉的价格也非常昂贵，这些缺点制约了有机金属法合成量子点技术的应用和发展，因此亟需开拓其他的 Cd 化合物来代替有机镉，或者其他新型无毒材料来代替 Cd。

1.5.2　半导体量子点的亲水性修饰

量子点通常是在非极性有机溶剂中形成的，这使得它们不溶于水。不但表面疏水性的配体限制了量子点在水溶液中的应用，而且对于合成量子点的温度条件要求苛刻，通常在很高的温度下进行。因此，许多研究者利用亲水性的物质作为量子点表面功能配体代替疏水性配体。在生物和食品应用中，尤其是水溶性量子点通常是必需的。许多增加溶解性的方法已被开发出来，可以使其亲水，提高生物相容性和机体内的利用率。量子点表面改性是在量子点表面添加一层亲水涂层，以保护和稳定量子点，使量子点在生物活性中发挥作用。此外，通过化学键合、吸附等方法，将核酸、蛋白质等靶向生物分子连接在量子点表面，使量子点具有特异性识别抗原、抗体、受体、配体、DNA 互补序列等能力。量子点表面改性技术包括多晶改性、巯基偶联、双亲分子改性、腔链表面改性和树枝状分子改性。然而，在配体交换之后量子点的荧光量子产率会明显地降低。引起这一现象的原因主要有以下三种：①在配体交换过程中，量子点的表面结构遭到破坏，导致了表面缺陷的产生；②在配体交换过程中，部分量子点发生了团聚，从而使其失去荧光属性；③配体交换后，新的配体对量子点本身的影响。因此，需要迫切地开发一种新技术，使用疏水性量子点直接检测水溶性的样品，而不需要进行配体交换。

近年来，油包水型反相微乳液法常用来包裹量子点、金纳米颗粒、磁性材料等纳米材料。通过硅烷化试剂水解形成类似于硅壳的三维网状结构，在最内部的是微水滴，并需要加入非离子表面活性剂对形成的微水滴起到稳定的作用。2005 年，Selvan 等提出了反相微乳液法用于包裹疏水性 CdSe 量子点和 CdSe/ZnS 量子点，使用的有机配体是 TOPO[48]，同时使用反相微乳液包裹亲水性的 CdTe 量子点。Darbandi 等使用该方法在硅球体系中包裹疏水性的 CdSe/ZnS 量子点，随后他们又将这种反相微乳液体系用于硅球中包裹了 PbSe 量子点[49]。Koole 等研究了反相微乳液法用于硅球体系中包裹疏水性量子点的机制[50]。

1.6 半导体量子点荧光传感检测技术

1.6.1 半导体量子点的发光机制

量子点的独特性能与其特殊的能带结构有关。体相材料的能带通常是连续能级，而当材料的尺寸进一步减小到量子点大小的纳米级时，能带将出现分裂，成为不连续的分立能级，且不同粒径的量子点还具有不同宽度的带隙。能带的这一结构性变化导致量子点出现了体相材料所不具备的性能。当量子点受到激发时，处于空带的电子将因获得能量而跃迁到导带，并在空带留下一个对应的空穴。处于导带的激发态电子并不稳定，将重新跃迁回空带，与空带上的空穴发生复合，其中能量则以发光的形式放出。这是量子点的主要发光方式，又被称为辐射复合发光。

量子点最具特点的光学性能是其发光颜色与尺寸相关，这是由“量子限域”

效应导致的，因此可以通过制备时控制粒径来调节发光。由于量子点的物理尺寸可以认为已经小于电子-空穴对的自然半径，所以当量子点被一定能量的光激发时，尺寸越小的量子点带隙越大，将激子限制在其内部所需能量越高，发光波长将越往短波长的蓝光方向移动。

1.6.2　半导体量子点光催化的机制

半导体量子点的第一激子峰具有宽的吸收截面。通过改变量子点的材料和尺寸，可以实现在光谱中紫外、可见光和红外区域中的应用[51]。这使得量子点能够在相对分子染料的低浓度下吸收大量光能，加上量子点在辐照下的固有稳定性和较长的激发态寿命，使其成为光催化反应的理想催化剂。此外，半导体量子点是由廉价且丰富的材料制成的，通过改变量子点的尺寸可以调节其还原电位和氧化电位，这是合成过程中的一个简单改变。因此，量子点的氧化还原电位是粒径的函数。半导体量子点由于其独特的性质，被认为是高效的半导体光催化剂，特别是在食品、环境方面的应用。尤其在环境方面，半导体量子点已经作为光催化剂用于水和空气净化等领域。半导体量子点具有比表面积和比体积大的优势，随着量子点粒径的减小，量子点内电子-空穴对的复合大大减少。因此，半导体量子点的光催化活性预计将高于其整体量子点。此外，激发态电子和空穴对半导体量子点的限制使得量子点具有不同于体半导体的光学和电学性质。对于半导体量子点而言，电子-空穴对从晶体界面到表面的传输长度较短，这有助于加快电子-空穴对向量子点表面的迁移速率，参与反应过程。以纳米颗粒的形式增加光催化剂的比表面积，可以提高量子点的光催化活性。此外，由于量子限制效应，量子点的行为类似于人工原子，显示出可控的离散能级。

1.6.3　半导体量子点荧光共振能量转移机制

荧光共振能量转移是一种非辐射形式的能量转移，在两个不同的荧光基团中，如果一个荧光基团（供体）的发射光谱与另一个基团（受体）的吸收光谱有一定的重叠，当这两个荧光基团间的距离合适时（一般小于 100Å），供体分子的能量以共振方式转移到相邻的受体分子，发生荧光能量由供体向受体转移的现象，即以前一种基团的激发波长激发时，可观察到后一个基团发射的荧光[52]。荧光共振能量转移简单地说就是在供体基团的激发状态下由一对偶极子介导的能量从供体向受体转移的过程，此过程中没有光子的参与，所以是非辐射的，供体分子被激发后，当受体分子与供体分子相距一定距离，且供体和受体的基态及第一电子激发态两者的振动能级间的能量差相互适应时，处于激发态的供体将把一部分或全部能量转移给受体，使受体被激发，在整个能量转移过程中，不涉及光子的发射和重新吸收。如果受体荧光量子产率为零，则发生能量转移荧光猝灭；如果受体也是一种荧光发射体，则呈现出受体的荧光，并造成次级荧光光谱的红移。

Cheeveewattanagul 等基于荧光共振能量转移设计了一个用于检测大肠杆菌的免疫分析平台，在 30min 内实现大肠杆菌的准确检测[53]。在这项工作中，一种由氧化石墨烯和细菌纤维素纳米纸获得的氧化石墨烯涂层纳米纸是检测的关键。CdSe 量子点被特异性抗体修饰，吸附到氧化石墨烯涂层纳米纸上，然后发生荧光猝灭，氧化石墨烯涂层纳米纸具有亲水性、多孔性和光致发光猝灭的特性。加入目标细菌，将整个复合物分割开来，大肠杆菌细胞贴附在氧化石墨烯涂层纳米纸和抗体表面，分别作为间隔物（间隔距离大于 20nm），使得量子点又恢复了荧光。结果表明，该方法适用于实际基质的敏感性分析，如禽肉和河水，其浓度可降至 65CFU/mL 和 70CFU/mL 的标准缓冲液中，检出限（limit of detection）为 55CFU/mL。

另一课题组利用 DNA 杂交原理，将荧光共振能量转移机制与磁分离技术相结合，快速测定金黄色葡萄球菌[54]。金黄色葡萄球菌适配体修饰磁性 Fe_3O_4 表面，以及以 cDNA（互补 DNA）为荧光供体的水热法获得的多色 QDs。目标菌优先与适配体自组装，从而释放先前与磁性适配体-Fe_3O_4 结合的 cDNA 量子点，导致猝灭荧光的恢复。磁分离后，上清液中的荧光强度反映了金黄色葡萄球菌的浓度。结果表明，该平台实现了 8CFU/mL 的最低检出限，伴随着线性范围 50～107CFU/mL。

Gohari 和 Yazdanparast[55]提出了一种检测鼠伤寒基因的方法。将 CdSe/CdS/ ZnS 核壳 QDs 与作为细菌基因特异识别元件的报告探针结合，将生物素化的捕获探针链与链霉亲和素包被的微孔板结合。在检测过程中，报告探针和捕获探针与靶 DNA 杂交形成不同的序列，并将靶 DNA 进一步固定在微孔板上。最后，在 330nm 紫外光照射下获得鼠伤寒基因，然后在 590nm 处用微量平板阅读器记录反应。这项技术稳定可靠，在细菌中实现了 2CFU/mL 的检出限，相当于检出限为 2ng/μL。该方法不需要复杂的荧光检测系统，成本低廉，在 50min 内即可完成。

1.6.4　半导体量子点的荧光传感检测应用

在量子点的研究初期，由于量子点表面修饰不同的配体，可以使其具有不同的性质，人们主要研究量子点在光电子领域方面的应用。随着对量子点的进一步深入研究，人们发现半导体量子点具有独特的尺寸效应和光学特性，加上新型的、高质量的量子点的大量发掘，近年来将研究重心放在了生物荧光标记领域。与天然染料相比，发光量子点是一种潜在的替代品，用于荧光应用，从其窄发射、宽紫外光激发、明亮荧光和高光稳定性等方面可以推断出量子点是可视化技术的极有吸引力的候选。通过量子点标记不同的离子、有机分子、生物分子，利用其荧光特性从而实现对目标物准确地定量分析。

1. 光电和光伏器件

将 CdSe/CdS 核壳型半导体量子点和电致发光的聚对亚苯基亚乙烯基制备成上层发光二极管，研究了聚对亚苯基亚乙烯基和 CdSe 量子点的电致发光作用，从而可以明显改善发光二极管的发光效率。巯基包裹的水溶性 CdTe 量子点被组装到聚二烯丙基二甲基氯化铵上，与带相反电荷的电解质通过层层自组装形成超薄膜，使用不同尺寸的 CdTe 量子点可以制备不同颜色的电致发光器件[56]。

2. 光放大介质

电化学合成法可以制备 CdTe 量子点与聚吡咯复合材料，当量子点加入到聚吡咯材料中使其电致发光效率明显增强，进一步研究了其在光电方面的应用[57]。共轭聚合物 2-甲氧基-对苯乙炔、5-(2′-乙基)己氧基-对苯乙炔与半导体量子点复合材料之间光致发光猝灭现象及光导电性能显著增强，可以用于电化学信号响应。利用量子点尺寸效应，即在量子点合成过程中，随着其尺寸变大，荧光发生红移，将量子点用于光放大及热力学模型，研究了基于 CdSe/ZnS 量子点的光控生物电化学传感器[58]。

3. 生物、荧光标记

半导体量子点可以用于离子、小分子及生物分子的荧光标记。通过简单的化学腐蚀在量子点表面形成离子识别位点，或者使用化学物质修饰量子点表面，利用金属离子与量子点荧光增强的性质检测 Cd^{2+}、CN^{-}、Hg^{2+}、Fe^{2+}、Cu^{2+}等。Chan 等使用 16-巯基十六烷酸包裹的 CdSe 量子点作为荧光探针，超灵敏地检测 Cu^{2+}[59]，检测过程如图 1-1 所示。

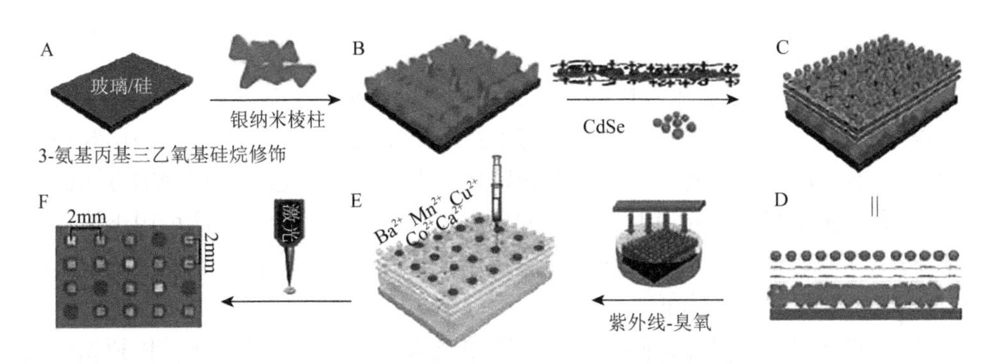

图 1-1　CdSe 量子点用于离子传感检测过程的示意图[59]

研究人员利用 Mn 掺杂的 ZnS 量子点的室温磷光特性检测尿液和血清中的依诺沙星、环境中的 2,4,6-三硝基甲苯的残留等。Li 等通过超声波化学合成法制备了环糊精修饰的量子点，用于水中酚类污染物的检测[60]。Li 等使用 5,11,17,23-四叔丁基-25,27-二乙氧基-26,28-二羟基杯[4]芳烃修饰的包裹硅球的 CdTe 量子点作为荧光探针，检测有机氯农药[61]。Vassiltsova 等使用聚甲基丙烯酸甲酯修饰的 CdSe 量子点检测芳香烃类物质[62]。Shi 等使用 CdSe 量子点检测 2,4,6-三硝基甲苯、2,4-二硝基甲苯、硝基苯、2,4-二硝基氯苯和对硝基甲苯五种硝基爆炸物[63]。Wu 课题组将葡萄糖氧化酶结合到 Mn 掺杂 ZnS 量子点的室温磷光传感体系，用于生物体液中葡萄糖的定量检测[64]。将 Ni^{2+}调节的同型半胱氨酸包裹的 CdTe 量子点作为光传感器，通过量子点、Ni^{2+}与目标物线性荧光增强的性质检测生物体液中的组氨酸。当 Ni^{2+}加入到量子点体系时，量子点的荧光强度发生了猝灭，但当加入目标物组氨酸后，量子点的荧光强度恢复，通过加入的组氨酸荧光强度的变化，实现对目标蛋白组氨酸的定量检测[65]。

4. 细胞成像

以巯基乙酸为载体，将硫化锌-硒化镉量子点与蛋白质共价结合，制备了转铁蛋白（铁转运蛋白）的量子点。在结合物与 HeLa 细胞融合时，转铁蛋白颗粒通过受体介导的内吞机制从细胞表面和细胞内的受体中分离出来。先前已经有研究人员做出了努力，在活细胞内应用量子点。这可以用于活细胞中的分子过程及配体受体相互作用的持续检查[66]。通过进一步的工程科学研究发展可用于人类的长期和多方面成像技术是至关重要的。Walling 等在他们的交流中提到了 QDs 用于活细胞成像。合成的荧光点附着在细胞蛋白上，从而使活的癌细胞有深层成像效果。在这项研究中，细胞发展成为一种活体成像工具，在 7d 内保持稳定。这表明无毒性对细胞容量和形态有一定的影响，因此，量子点用于活细胞长期和深层成像技术，是一种理想选择[67]。

5. 疾病诊断

采用系统/工具/运载工具能够在治疗过程中即时检测到疾病称为治疗学。这个术语被描述为一个集成的系统/平台，这个系统/平台足够智能，可以帮助诊断和治疗疾病。纳米疗法正朝着治疗学的概念转变，根据这种概念协调得到的方法被用于同时治疗和检查疾病的消退[68]。一种更先进的图像辅助纳米疗法可用于治疗慢性疾病，特别是癌症[69]。该疗法的显著特点是具有生物相容性，副作用减少，影响人体健康细胞的风险降低。

癌症的早期检测仍然是亟需突破的瓶颈技术，这就需要开发现代化和先进的检测工具。常规方法即体检、活组织检查和血液检查不太精确、耗时，而且程序烦琐。因此，将治疗学引入肿瘤学领域是时下的需要，最近的研究证明，这种应用将提供额外的分子水平信息及更好的治疗选择。过去的十多年，为了更好地理解癌细胞生物学，开发了治疗工具[70]。量子点与配体分子（如抗体和适配体）的结合促进了更有效的治疗方法的发展。这为癌症、糖尿病、心血管疾病和神经系统疾病患者开辟了个性化医疗领域。治疗学的概念现在已经扩展到基因组学、蛋白质组学和其他组学技术，这些技术为高级诊断工具的开发作出了巨大贡献。

6. 肿瘤靶向治疗和影像学中的应用

治疗学的一个分支是为运载工具提供治疗和诊断属性，这在癌症缓解的复杂肿瘤学策略中起着双重作用。表面功能化的量子点也提供了在特定部位靶向治疗的机会，从而将与治疗相关的外周副作用降至最低[71]。最近，利用与量子点相关的组学技术已经能够开发癌症症状诊断试剂盒。在这种情况下，抗体、肽和适配体等癌症特异性配体附着在试剂盒表面，可以检测样本中相应的癌症生物标记物[72]。

Cai 等开发了多西环素封装的 ZnO 量子点，其尺寸为 3nm，是一种具有生物相容性的材料，如聚乙二醇和透明质酸。合成该系统是为了靶向治疗肺癌过程中过度表达的 CD44 蛋白。载药是为了满足量子点的治疗成分，当使用共焦激光扫描显微镜成像时，载药在酸性肿瘤微环境中产生受控释放[73]。Yezhelyev 等在乳腺肿瘤细胞系和临床标本上成功地报道了利用量子点进行肿瘤成像。本研究与传统的免疫组织化学、蛋白质印迹法和荧光原位杂交技术进行了对比。MCF-7 细胞系用于评估肿瘤微环境中的 HER2、ER 和 mTOR。这项研究的相关性得到了一个事实的证明，即诊断工具能够在乳腺肿瘤中检测出低浓度的蛋白质标记物[74]。

1.7　金属量子点在食品品质检测中的应用

1.7.1　食源性致病菌检测

量子点在食品科学中应用的一个重要研究领域是检测和监测食品病原菌，如大肠杆菌、沙门氏菌和李斯特菌。例如，研究人员探索了在免疫分析中使用量子点作为荧光标记同时检测大肠杆菌 O157∶H7 和鼠伤寒沙门氏菌。不同尺寸的量子点用单一波长的光激发，产生不同的发射峰，可以作为同时测量的依据。将具有不同发射波长（525nm 和 705nm）的高荧光半导体量子点与大肠杆菌 O157∶H7 和抗沙门氏菌抗体发生共轭作用，用特异性抗体包被磁珠从样品中分离出细菌。磁珠细胞复合物与量子点-抗体复合物键合反应形成磁珠细胞-量子点的复合物。结果表明，量子点-抗体复合物可以成功地附着在细菌细胞表面[75]。结合抗体分子保持活性，能够识别复杂混合物中的特定靶菌。将该方法推广应用于多种细菌的检测，如大肠杆菌、沙门氏菌和李斯特菌等。使用紫外-可见分光光度计波长为 530nm、580nm 和 620nm 的激光测量量子点复合物，多重免疫分析同时检测鼠伤寒沙门氏菌、大肠杆菌 O157∶H7 和单核细胞增多症。该方法在食品样品中的检测范围为 20～50CFU/mL，且不需要浓缩，这个检测可以在 2h 内完成。在 10～10^3CFU/mL 范围内，荧光强度的变化与细菌水平的对数值高度相关（R^2＞0.96）。超过 85%的三种目标病原菌可以从食品样品中同时分离出来[76]。

大肠杆菌 O157∶H7 和沙门氏菌也被标记在人工污染的碎牛肉样品中，并用量子点定量测定这些样品中的致病菌。在荧光测定前，首先需要将原发性病原菌分离后去除磁珠，这样做是为了尽量减少磁珠对量子点荧光的抑制作用。采用无珠隔离方法后，检测信号增强。通过富集 24h，无珠 QDs 辅助检测方法能够从人工污染的碎牛肉中检测到低至 10CFU/g 的大肠杆菌 O157∶H7 和沙门氏菌。这是一种将量子点标记技术与无珠荧光检测技术相结合来检测牛肉中的大肠杆菌 O157∶H7 和沙门氏菌的方法。该方法采用 1-乙基-3-(3-二甲基氨基丙基)碳二亚胺[1-ethyl-3-(3-dimethylaminopropyl)carbodiimide，EDC]交联量子点与抗体。之所以使用 EDC，是因为 EDC 交联反应形成的酰胺键可以提供中性化学键，多余的试剂和交联副产物通过水洗或稀酸很容易去除。由于 EDC 是水溶性的，交联反应可以在生理溶液中进行，无需添加有机溶剂。此外，蛋白质 A 被用作二级交联剂来结合抗体。它可以通过与重链的相互作用结合免疫球蛋白的 Fc 区，而 EDC 则起到连接蛋白质 A 的氨基和量子点的羧基的作用[77]。

目前，量子点也用于标记单核细胞增生李斯特菌。单核细胞增多症细胞利用两种表面结合蛋白内质素 A 和内质素 B，促进对宿主细胞的侵袭。研究人员用抗内质素 B 多克隆抗体和抗内质素 B 单克隆抗体建立了检测内质素 B 的荧光免疫分析法，使用量子点作为荧光标记，对包被浓度和抗体稀释度等分析条件进行优化，以获得最大灵敏度。该方法证明，单核细胞增生李斯特菌可以通过量子点检测出来。量子点标记抗内质素 A 单克隆抗体在单核细胞增多症也被证实。然而，量子点免疫分析不如酶联免疫吸附试验（enzyme linked immunesorbent assay，ELISA）敏感。这可能是由于商用量子点结合物制剂的批次间变化和抗体效率的问题[78]。ELISA 已经应用多年，采用间接 ELISA（涉及两种抗体）可以提高检出限，其中各种二级抗体可以结合一个单一的一级抗体，使检出限更小。值得注意的是，先前研究中的阳性结果可以促进改进的荧光免疫，就像 ELISA 一样。

在迄今为止讨论的大多数研究中，量子点附着在识别元件的抗体上，依赖抗体识别特定的抗原，从而产生信号响应。目前报道的有链霉亲和素-生物素法被用于标记食源性病原菌，寡核苷酸微阵列结合量子点作为荧光标记探针，为了构建寡核苷酸芯片，有研究者制备了靶向 16SrRNA 基因的寡核苷酸探针。用涂有链霉亲和素的 CdSe/ZnS 量子点孵育后，检测到荧光信号，显示出很强的识别微生物的敏感性和特异性。结果表明，以量子点为荧光标记的寡核苷酸芯片能成功地鉴别出细菌，具有较高的特异性、稳定性和灵敏度（纯培养物为 10CFU/mL），并与传统生化方法进行了比较，结果一致。研究人员表示，这些结果表明基于量子点的寡核苷酸微阵列可能成为检测和鉴定食品中致病菌的有力工具[79]。

1.7.2 蛋白质检测

蛋白质是食品中的主要成分之一，在营养、食物结构的形成和维持中起着关键作用。蛋白质在食物基质中的功能已被广泛研究，其重要性已为人们所熟知。为了了解蛋白质的分布并更好地理解其功能，可以用量子点标记蛋白质。

目前，在扁平面包谷蛋白和玉米挤压物玉米醇溶蛋白中使用量子点成像，提出了面筋网络的概念。在这项研究中，水溶性 CdSe/ZnS 量子点含有羧基封端。在 20mm 的样本大小内收集光学切片，并使用 ZEN 2009 图像分析软件（Carl Zeiss MicroImaging GmbH）进行处理，以获得三维图像。结果表明，量子点可以与谷蛋白和玉米醇溶蛋白共价结合。量子点为小麦面筋提供了长期明亮稳定的成像能力，随着时间的推移，多次激光激发后几乎没有猝灭[80]。面包样品顶部中间包层切片的量子点标记的谷蛋白的荧光图像，有助于更详细地了解热运动导致的面筋运动。在研究的三个部分（顶部、中部和底部），面筋在糊化或未糊化淀粉颗粒周围的分布存在主要差异；面筋网络不均匀地包围着未糊化淀粉的顶部和底部。黄色较亮，说明部分面筋网络较致密，这是由于烘烤过程中结壳和失水造成的，提高糊化温度延缓了淀粉向糊化淀粉的转化[81]。量子点与谷蛋白和玉米醇溶蛋白的选择性结合使人们能够更精确地观察和理解影响面包样品中谷蛋白分布的现象。所有这些新信息与流变学测量及其他物理和分析技术结合起来，可能使研究人员有机会获得食物系统的详细结构信息，并能将结构变化与物理特性联系起来。

此外，研究人员将 625nm 的量子点与醇溶蛋白抗体结合，然后在面包面团和烤面包中将醇溶蛋白抗体与醇溶蛋白结合。目的在于测定醇溶蛋白在不同烘烤时间制备的两种不同无酵扁平面包样品中的分子分布，并与未煮熟面团进行比较。通过免疫印迹（Western-blot）实验，成功地证明了醇溶蛋白抗体对醇溶蛋白的特异性，而不与其他硬小麦面粉蛋白结合。根据收集的所有聚集强度数据，醇溶蛋白在不同层次（顶部、中心和底部）中的分布方式与分析的面团和扁平面包样品在不同时间烘烤时的面筋蛋白分布方式有很大的不同。烘烤时间和层次在扁平面包中的位置对醇溶蛋白的分布起着重要作用[82]。量子点与醇溶蛋白抗体的成功结合表明，量子点是一种很好的靶向食物基质中特异性蛋白亚基的探针。只要抗体对目标蛋白特异，靶向性就可以有很高的可信度。

与之前的研究相同，采用量子点标记醇溶蛋白的方法研究了醇溶蛋白的分布和位置，作为 Brabender 粉质仪中混合时间的函数；研究了不同搅拌条件对醇溶蛋白分布的影响及其在面团结构形成中的作用。选择的混合时间为到达时间、峰值时间、出发时间和击穿时间（出发后 10min）。面团切片获得的图像明亮且清晰，使研究人员能够很容易区分醇溶蛋白的分布。混合过程使面团微观结构中面筋的分布、平均粒径和粒数发生显著变化。结果发现，量子点和醇溶蛋白分子不仅位于空气细胞周围，也位于面团中。醇溶蛋白分布的变异性归因于淀粉的糊化，取决于水分含量。醇溶蛋白在热处理下表现出相当大的流动性，比谷蛋白更具流动性，谷蛋白的高分子组分具有高密度的分子间二硫键。研究人员指出，量子点可以作为高度稳定的荧光探针来标记和跟踪食品微观结构中的相关分子，结合免疫组织化学技术可以更好地了解醇溶蛋白的分布，且不依赖于对面团中面筋在混合过程中的分布的了解。醇溶蛋白既是一种食物过敏原，也是一种重要的食物蛋白[82]。

在前面提到的研究中，研究人员使用抗体-抗原（在这种情况下，蛋白质就是抗原）的方法来标记蛋白质。当抗体与量子点偶联时，用二硫苏糖醇破坏抗体中的二硫键，然后将量子点与抗体中新的游离—SH 基团交联。抗体的抗原识别区与二硫键紧密相连。因此，使用二硫苏糖醇可能导致抗体损伤。本节前面引用的研究组的最新研究报道了量子点与蛋白质的成功连接，剩下的问题是量子点抗体与蛋白质的连接是否 100%有效。有一种新的技术可以使量子点与抗体结合而不破坏二硫键。该方法包括四个步骤：第一步是去除抗体重链区域的糖，暴露末端 *N*-乙酰氨基葡萄糖残基；第二步是将叠氮修饰的乙酰基乳糖胺单糖并入抗体的聚糖中；第三步是去铁氧胺修饰的二苯并环辛烷与叠氮双糖进行无催化剂共轭；第四步是用锆对螯合剂修饰的抗体进行放射性标记[83]。使用这种技术，不存在降低抗体-蛋白有效性的风险，因为抗体的结合区域根本不受操纵。该课题组报道的一个问题是可能存在假阳性。它们附着结合抗体（抗体 + 量子点）对蛋白质的作用是：将面团或面包切成薄片（约为 50mm），然后将结合的 QDs 抗体溶液铺满整个表面，以使抗体附着到蛋白质上。之后，用水去除未附着的抗体。如果洗涤过程没有正确进行，这项研究可能会出现假阳性。与量子点结合的非连接抗体将发出与连接抗体一样的荧光。确定洗涤时间的一种简单方法是不断洗涤和分析样品，直到检测到恒定的荧光为止。

我们课题组提出了一种新的反相微乳液结合表面印迹技术合成 CdSe/ZnS 量子点接枝共价有机骨架（covalent organic framework，COF）的方法。与无机多孔材料相比，COF 的独特之处在于它是由具有可调骨架的较轻元素制成的。

功能化 COF 已成为具有广泛应用前景的候选材料。研究以 1,3,5-三甲酰基间苯三酚和对苯二胺合成 TpPa 前体和 3-氨丙基三乙氧基硅烷修饰的 CdSe/ZnS 量子点为原料，通过 Schiff 反应合成了一种新型的接枝 COF 的量子点三维晶体阵列。以 TpPa 为载体提高灵敏度，以 3-氨丙基三乙氧基硅烷修饰的量子点为触角，选择性强、灵敏度高地感知蛋白质键合相互作用，并进一步将其转化为可检测的荧光信号。量子点接枝的 COF 具有很高的热稳定性和重复性，蛋白质的高选择性和高敏感性，最低检出限为 5.4%$\times 10^{-4}$mg/mL。该方法为量子点接枝 COF 的制备提供了一种有前途的方法，并显示了量子点接枝 COF 作为蛋白质检测敏感平台的巨大潜力[84]。

1.7.3 风味化合物检测

利用 β-环糊精（β-cyclodextrin, β-CD）修饰的 CdSe/ZnS 量子点，研制了食品样品中香兰素光学传感器。该香兰素光学传感器是在香兰素与 β-环糊精选择性相互作用的基础上设计的。β-环糊精是由七个葡萄糖单元组成的循环受体，由 1,4-糖苷键相互连接。它们的空腔状环状苯酚分子能与多种有机分子形成主客体配合物。CdSe/ZnS 量子点采用之前公布的方法，将粉末 β-环糊精与乙腈中干燥的量子点混合，离心分离 β-CD CdSe/ZnS 量子点，并蒸发乙腈[85]。通过香兰素与受体位点结合，从而起到电子传递猝灭粒子发光的作用。香兰素与 β-CD QDs 配合物的相互作用使 CdSe/ZnS 量子点的荧光猝灭。β-CD CdSe/ZnS 量子点表面具有有限的结合位点，在 2～20mg/L 的香兰素范围内，具有良好的线性（$R^2 = 0.996$）。

1.7.4 农兽药残留检测

由于农药和兽药的广泛使用，农作物或肉制品中往往含有少量的农药和兽药残留。长期摄入农药、兽药残留物严重影响人体健康，向环境友好型生态系统转移也将受到严重限制。农兽药残留对血清素的有害影响需要更准确和高选择性的检测方法。因此，农药和兽药残留控制是食品安全的关键。Liu 等采用溶胶-凝胶表面印迹技术，在 CdTe/ZnS 量子点表面锚定分子印迹层，制备了一种新型的双功能材料。采用荧光分光光度法、固相萃取法和高效液相色谱法对莱克多巴胺进行了高选择性、高灵敏度的测定。一系列吸附实验表明，该材料具有选择性高、吸附性能好、传质速率快等特点。该量子点的荧光被莱克多巴胺猝灭的能力强于非印迹聚合物，说明量子点作为荧光传感材料可以选择性识别莱克多巴胺。此外，量子点作为吸附剂也被证明有希望用于固相萃取-高效液相色谱法测定饲料和猪肉样品中的痕量莱克多巴胺。在最佳条件下，使用量子点的荧光光谱法和固相萃取-高效液相色谱法的线性范围分别为 $5.00\times10^{-10}\sim3.55\times10^{-7}$mol/L 和 $1.50\times10^{-10}\sim8.90\times10^{-8}$mol/L，检出限分别为 1.47×10^{-10} mol/L 和 8.30×10^{-11}mol/L。莱克多巴胺（2.90×10^{-9}mol/L）的 6 个重复实验的相对标准差分别低于 2.83%和 7.11%[86]。

Li 等报道了一种基于分子印迹量子点的荧光纳米传感器，它是通过表面分子印迹技术将分子印迹层锚定在嵌入 CdSe 量子点的二氧化硅纳米球表面。通过扫描电子显微镜、透射电子显微镜、红外光谱等手段对分子印迹二氧化硅纳米球进行了表征，证明形成了均一的壳型高效氯氟氰菊酯印迹二氧化硅纳米球。制备的量子点复合材料显示出更高的光稳定性，并通过去除原始模板，高选择性和灵敏性地测定高效氯氟氰菊酯。这个量子点复合材料在不受拟除虫菊酯和其他离子干扰的情况下，可用于水中痕量高效氯氟氰菊酯的测定。在最佳条件下，量子点复合材料的相对荧光强度在 0.1～1000μmol/L 浓度范围内，随着高效氯氟氰菊酯浓度的增加，线性下降，检出限为 3.6μg/L。研究表明高效氯氟氰菊酯能以浓度依赖的方式猝灭 CdSe 的发光，该猝灭的过程符合 Stern-Volmer 方程，并进一步探讨了所构建的量子点复合材料对高效氯氟氰菊酯的分子识别的机制[87]。

1.7.5 加工过程危害物检测

在食品加工过程中，外界条件和加工工艺的影响会产生对人体有害的物质，包括生物胺、杂环胺和其他成分。量子点是一种很有前途的材料，可用于确定食品加工过程中的危害物。国际癌症研究机构认为一些杂环芳香胺可能是人类致癌物质，这些物质广泛存在于烧烤或油炸的肉及尿样中。因此，食品安全的一个关键点是熟食，熟食是上述蛋白质在高温下不完全燃烧的主要来源。

采用一锅本体聚合法合成了新颖的内核-壳体金属-模拟模板分子印迹聚合物包覆的有机骨架，用于检测食品加工过程中晚期糖基化终末产物——吡咯素。通过一步反向微乳液聚合，将分子印迹聚合物（molecular imprinted polymer，MIP）固定在金属有机骨架和 CdSe/ZnS QDs 表面，构建了一种新型光电传感器。该方法用于乳粉中吡咯素的高选择性、灵敏性检测。分子印迹技术保证了高选择性，以 CdSe/ZnS 纳米晶体为荧光元件，金属有机骨架作为印迹基质，通过双信号放大提高了灵敏度。量子点作为触角引入分子印迹传感器，以感知分子间的键合作用，并将其导入荧光信号中。由于疏水性 CdSe/ZnS QDs 和反向微乳液的使用，光电传感器具有较高的荧光量子产率。在优化条件下，光传感器的荧光强度随吡咯素浓度的增加呈线性变化，在 $5\times10^{-6}\sim1\times10^{-3}$mol/L 范围内，检出限为 3.9×10^{-6}mol/L，直接选择性检测奶粉中的吡咯素，回收率为 90%～110%[88]。

用石墨烯敏化的MIP包覆疏水CdSe/ZnS QDs（Gra-QDs@MIP），采用一锅室温反相微乳液聚合法制备了纳米晶体。Gra-QDs@MIP作为分子识别元件，构建了一个N^{ε}-羧甲基赖氨酸光电传感器。以石墨烯为聚合平台，提高了体系的稳定性和动力学结合性能。反相微乳液聚合可以将二氧化硅微球固定在量子点表面。这就在表面上提供了官能团使Gra-QDs@MIP能与N^{ε}-羧甲基赖氨酸结合，提高荧光稳定性。使用Gra-QDs@MIP对N^{ε}-羧甲基赖氨酸进行灵敏的光学检测，检出限为3.0μg/L。Gra-QDs@MIP可作为乳品样品中测定N^{ε}-羧甲基赖氨酸浓度的识别和反应元件，并采用高效液相色谱-质谱法对该方法进行了验证分析。该光传感器制作简单经济、方法简单、快速准确、重现性好[89]。

1.8　展　　望

金属量子点以其独特的光学性质，结合小尺寸效应，推动了光学传感技术在食品质量和安全检测中的快速发展。由于量子点的制备方法简单、易重复、光热稳定性较好，且基于量子点的传感材料技术操作简便，此方法为食品、环境等领域现场快速检测提供了基础。尽管如此，设计用于传感先进金属量子点仍需要解决以下挑战。

（1）目前研究主要集中于以量子点为基础的荧光传感材料的构建及在实际样品中的应用，但量子点的光学性质不仅限于荧光，其还具有磷光性、电化学发光性等，可以针对量子点的室温磷光性质、电化学发光性质进行研究。

（2）金属量子点具有较好的光学特性、较高的荧光量子产率，但不可以忽视其具有一定的毒性，因此亟待开发新型量子点荧光纳米材料代替传统的金属量子点，同时结合这些材料本身的优势，构建光学传感体系，实现实际样品中的实时快速检测。

（3）由于实验室合成条件的限制，每次合成的金属量子点及基于量子点的荧光传感材料量较少，在实际大规模生产应用过程中，还需要不断地进行摸索。

（4）量子点种类的选择性是精确目标识别的关键问题。因此，迫切需要通过表面修饰设计出对目标分析物具有高选择性的量子点。

（5）量子点在食品分析中的应用已然兴起一段时间，但对于量子点光学机制的剖析仍处于探索阶段，仍需要关注量子点靶向检测及其光学响应机制。

（6）进一步扩展量子点荧光探针和分析物的多样性、分子设计的灵活性，以及传感原理的多样性是另一个值得探索的方向。

总之，我们希望通过本章节的综述能够帮助读者更好地了解量子点在食品品质检测领域的现状，激发对量子点传感技术新的研究视角和研究兴趣，从而推动新一轮的快速发展。我们相信量子点不仅可以作为研究快速检测的筛选平台，而且可以作为一个常规检测手段，从而从根本上降低检测成本、显著提高检测效率。

参考文献

[1] Alivisatos A P. Semiconductor clusters, nanocrystals, and quantum dots. Science, 1996, 271(5251): 933-937.

[2] Chan W C, Nie S. Quantum dot bioconjugates for ultrasensitive nonisotopic detection. Science, 1998, 281(5385): 2016-2018.

[3] Gao X, Yang L, Petros J A, et al. *In vivo* molecular and cellular imaging with quantum dots. Curr Opin Biotechnol, 2005, 16(1): 63-72.

[4] Yuan J, Guo W, Wang E. Utilizing a CdTe quantum dots-enzyme hybrid system for the determination of both phenolic compounds and hydrogen peroxide. Anal Chem, 2008, 80(4): 1141-1145.

[5] Tu R, Liu B, Wang Z, et al. Amine-capped ZnS-Mn^{2+}nanocrystals for fluorescence detection of trace TNT explosive. Anal Chem, 2008, 80(9): 3458-3465.

[6] Ruedas-Rama M J, Hall E A H. Azamacrocycle activated quantum dot for zinc ion detection. Anal Chem, 2008, 80(21): 8260-8268.

[7] Panchuk-Voloshina N, Haugland R P, Bishop-Stewart J, et al. Alexa dyes: a series of new fluorescent dyes that yield exceptionally bright, photostable conjugates. J Histochem Cytochem, 1999, 47(9): 1179-1188.

[8] Hoshino A, Fujioka K, Oku T, et al. Physicochemical properties and cellular toxicity of nanocrystal quantum dots depend on their surface modification. Nano Lett, 2004, 4(11): 2163-2169.

[9] Danek M, Jensen K, Murray C, et al. Synthesis of luminescent thin-film CdSe/ZnSe quantum dot composites using CdSe quantum dots passivated with an overlayer of ZnSe. Chem Mater, 1996, 8(1):173-180.

[10] Barrows C J, Rinehart J D, Nagaoka H, et al. Electrical detection of quantum dot hot electrons generated via a Mn^{2+}-enhanced auger process. J Phys Chem Lett, 2017, 8(1): 126-130.

[11] Cumberland S L, Hanif K M, Javier A, et al. Inorganic clusters as single-source precursors for preparation of CdSe, ZnSe, and CdSe/ZnS nanomaterials. Chem Mat, 2002, 14(4): 1576-1584.

[12] Lin Z B, Cui S X, Zhang H, et al. Studies on quantum dots synthesized in aqueous solution for biological labeling via electrostatic interaction. Anal Biochem, 2003, 319(2): 239-243.

[13] Li L, Qian H F, Fang N H, et al. Significant enhancement of the quantum yield of CdTe nanocrystals synthesized in aqueous phase by controlling the pH and concentrations of precursor solutions. J Lumines, 2006, 116(1): 59-66.

[14] Rogach A L, Katsikas L, Kornowski A, et al. Synthesis and characterization of thiol-stabilized CdTe nanocrystals. Berichte der Bunsengesellschaft für Physikalische Chemie, 1996, 100(11): 1772-1778.

[15] Gaponik N, Talapin D V, Rogach A L, et al. Thiol-capping of CdTe nanocrystals: an alternative to organometallic synthetic routes. J Phys Chem B, 2002, 106(29): 7177-7185.

[16] Franzl T, Koktysh D S, Klar T A, et al. Fast energy transfer in layer-by-layer assembled CdTe nanocrystal bilayers. Appl Phys Lett, 2004, 84(15): 2904-2906.

[17] Gao M, Kirstein S, Möhwald H, et al. Strongly photoluminescent CdTe nanocrystals by proper surface modification. J Phys Chem B, 1998, 102(43): 8360-8363.

[18] Liu P, Wang Q, Li X. Studies on CdSe/L-cysteine quantum dots synthesized in aqueous solution for biological labeling. J Phys Chem C, 2009, 113(18): 7670-7676.

[19] Peng H, Zhang L, Soeller C, et al. Preparation of water-soluble CdTe/CdS core/shell quantum dots with enhanced photostability. J Lumines, 2007, 127(2): 721-726.

[20] Liu Y F, Yu J S. *In situ* synthesis of highly luminescent glutathione-capped CdTe/ZnS quantum dots with

biocompatibility. J Colloid Interface Sci, 2010, 351(1): 1-9.

[21] Arachchige I U, Brock S L. Sol-gel methods for the assembly of metal chalcogenide quantum dots. Acc Chem Res, 2007, 40(9): 801-809.

[22] Saadoun M, Mliki N, Kaabi H, et al. Vapour-etching-based porous silicon: a new approach. Thin Solid Films, 2002, 405(2): 29-34.

[23] Singh S D, Sharma T K, Mukherjee C, et al. Impact of growth parameters on the structural properties of InP/GaAs type-Ⅱ quantum dots grown by metal-organic vapour phase epitaxy. Proceedings of the 14th International Workshop on the Physics of Semiconductor Devices, 2007: 439-442.

[24] Sun D, Miyatake N, Sue H J. Transparent PMMA/ZnO nanocomposite films based on colloidal ZnO quantum dots. Nanotechnology, 2007, 18(21): 215606.

[25] Kulkarni N S, Guererro Y, Gupta N, et al. Exploring potential of quantum dots as dual modality for cancer therapy and diagnosis. J Drug Deliv Sci Technol, 2019, 49: 352-364.

[26] Bacon M, Bradley S J, Nann T. Graphene quantum dots part. Part Syst Char, 2014, 31(4): 415-428.

[27] Sun Y P, Zhou B, Lin Y, et al. Quantum-sized carbon dots for bright and colorful photoluminescence. J Am Chem Soc, 2006, 128(24): 7756-7757.

[28] Feng H P, Tang L, Zeng G M, et al. Core-shell nanomaterials: applications in energy storage and conversion. Adv Colloid Interface Sci, 2019, 267: 26-46.

[29] Lim J, Bae W K, Kwak J, et al. Perspective on synthesis, device structures, and printing processes for quantum dot displays. Opt Mater Express, 2012, 2(5): 594-628.

[30] Reiss P, Protière M, Li L. Core/Shell semiconductor nanocrystals. Small, 2009, 5(2): 154-168.

[31] Beaulac R, Archer P I, Ochsenbein S T, et al. Mn^{2+}-doped CdSe quantum dots: new inorganic materials for spin-electronics and spin-photonics. Adv Funct Mater, 2008, 18(24): 3873-3891.

[32] Bera D, Qian L, Tseng T, et al. Quantum dots and their multimodal applications: a review. Materials, 2010, 3(4): 2260-2345.

[33] Erwin S C, Zu L, Haftel M I, et al. Doping semiconductor nanocrystals. Nature, 2005, 436(7047): 91-94.

[34] Nag A, Sapra S, Nagamani C, et al. A study of Mn^{2+}doping in CdS nanocrystals. Chem Mater, 2007, 19(13): 3252-3259.

[35] Zeng R, Zhang T, Dai G , et al. Highly emissive, color-tunable, phosphine-free Mn: ZnSe/ZnS core/shell and Mn: ZnSeS shell-alloyed doped nanocrystals. J Phys Chem C, 2011, 115(7): 3005-3010.

[36] Jana S, Srivastava B B, Acharya S, et al. Prevention of photo oxidation in blue-green emitting Cu doped ZnSe nanocrystals. Chem Commun, 2010, 46(16): 2853-2855.

[37] Stouwdam J W, Janssen R A J. Electroluminescent Cu-doped CdS quantum dots. Adv Mater, 2009, 21(28): 2916-2920.

[38] Xie R, Peng X. Synthesis of Cu-doped InP nanocrystals(d-dots)with ZnSe diffusion barrier as efficient and color-tunable NIR emitters. J Am Chem Soc, 2009, 131(30): 10645-10651.

[39] Jana S, Srivastava B B, Acharya S, et al. Prevention of photooxidation in blue-green emitting Cu doped ZnSe nanocrystals. Chem Commun, 2010, 46(16): 2853-2855.

[40] Srivastava B B, Jana S, Pradhan N. Doping Cu in semiconductor nanocrystals: some old and some new physical insights. J Am Chem Soc, 2011, 133(4): 1007-1015.

[41] Panda S K, Hickey S G , Demir H V, et al. Bright white-light emitting manganese and copper Co-doped ZnSe quantum dots. Angew Chem Int Ed, 2011, 123(19): 4524-4528.

[42] Murray C B, Norris D J, Bawendi M G . Synthesis and characterization of nearly monodisperse CdE(E = S, Se, Te) semiconductor nanocrystallites. J Am Chem Soc, 1993, 115(19): 8706-8715.

[43] Peng X, Manna L, Yang W, et al. Shape control of CdSe nanocrystals. Nature, 2000, 404(6773): 59-61.

[44] Peng X. Mechanisms for the shape-control and shape-evolution of colloidal semiconductor nanocrystals. Adv Mater, 2003, 15(5): 459-463.

[45] Hines M A, Sionnest P G. Synthesis and characterization of strongly luminescing ZnS-capped CdSe nanocrystals. J Phys Chem, 1996, 100(2): 468-471.

[46] Dabbousi B O, Rodriguez V J, Bawendi M G . (CdSe)ZnS core-shell quantum dots: synthesis and characterization of a size series of highly luminescent nanocrystallites. J Phys Chem B, 1997, 101(46): 9463-9475.

[47] Peng X G, Schlamp M C, Alivisatos A P, et al. Epitaxial growth of highly luminescent CdSe/CdS core/shell nanocrystals with photostability and electronic accessibility. J Am Chem Soc, 1997, 119(30): 7019-7029.

[48] Selvan S T, Tan T T, Ying J Y. Robust, non-cytotoxic, silica-coated CdSe quantum dots with efficient photoluminescence. Adv Mater, 2005, 17(13): 1620-1625.

[49] Darbandi M, Lu W G, Fang J Y, et al. Silica encapsulation of hydrophobically ligated PbSe nanocrystals. Langmuir, 2006, 22(9): 4371-4375.

[50] Koole R, Schooneveld M M, Hilhorst J, et al. On the incorporation mechanism of hydrophobic quantum dots in silica spheres by a reverse microemulsion method. Chem Mater, 2008, 20(7): 2503-2512.

[51] Reshak A H. Quantum dots in photocatalytic applications: efficiently enhancing visible light photocatalytic activity by integrating CdO quantum dots as sensitizers. Phys Chem Chem Phys, 2017, 19: 24915-24927.

[52] Algar W R, Hildebrandt N, Vogel S S, et al. FRET as a biomolecular research tool-understanding its potential while avoiding pitfalls. Nat Methods, 2019, 16: 815-829.

[53] Cheeveewattanagul N, Morales-Narvaez E, Hassan A R H A, et al. Straightforward immunosensing platform based on graphene oxide-decorated nanopaper: a highly sensitive and fast biosensing approach. Adv Funct Mater, 2017, 27(38): 1-8.

[54] Liu H L, Ni T H, Mu L, et al. Sensitive detection of pyrraline with a molecularly imprinted sensor based on metal-organic frameworks and quantum dots. Sensor Actuat B-Chem, 2018, 256: 1038-1044.

[55] Gohari R S, Yazdanparast R. A simplified globally affordable experimental setup for monitoring DNA diagnosis by a QD-based technique. Folia Microbiol, 2018, 63(2): 229-235.

[56] Gao M, Lesser C, Kirstein S, et al. Electroluminescence of different colors from polycation/CdTe nanocrystal self-assembled films. J Appl Phys, 2000, 87(5): 2297-2302.

[57] Gaponik N P, Talapin D V, Rogach A L, et al. Electrochemical synthesis of CdTe nanocrystal/polypyrrole composites for optoelectronic applications. J Mater Chem, 2000, 10: 2163-2166.

[58] Tanne J, Schäfer D, Khalid W, et al. Light-controlled bioelectrochemical sensor based on CdSe/ZnS quantum dots. Anal Chem, 2011, 83(20): 7778-7785.

[59] Chan Y H, Chen J, Liu Q, et al. Ultrasensitive copper(Ⅱ) detection using plasmon-enhanced and photo-brightened luminescence of CdSe quantum dots. Anal Chem, 2010, 82(9): 3671-3678.

[60] Li H, Han C. Sonochemical synthesis of cyclodextrin-coated quantum dots for optical detection of pollutant phenols in water. Chem Mater, 2008, 20(19): 6053-6059.

[61] Li H, Qu F. Synthesis of CdTe quantum dots in sol-gel-derived composite silica spheres coated with calix[4]arene as luminescent probes for pesticides. Chem Mater, 2007, 19(17): 4148-4154.

[62] Vassiltsova O V, Zhao Z, Petrukhina M A, et al. Surface-functionalized CdSe quantum dots for the detection of

hydrocarbons. Sensor Actuat B-Chem, 2007, 123(1): 522-529.

[63] Shi G H, Shang Z B, Wang Y, et al. Fluorescence quenching of CdSe quantum dots by nitroaromatic explosives and their relative compounds. Spectroc Acta Pt A-Molec Biomolec, 2008, 70(2): 247-252.

[64] Wu P, Miao L N, Wang H F, et al. A multidimensional sensing device for the discrimination of proteins based on manganese-doped ZnS quantum dots. Angew Chem Int Ed, 2011, 50(35): 8118-8121.

[65] Wu P, Yan X P. Ni^{2+}-modulated homocysteine-capped CdTe quantum dots as a turn-on photoluminescent sensor for detecting histidine in biological fluids. Biosens Bioelectron, 2010, 26(2): 485-490.

[66] McGuinness L P, Yan Y, Stacey A, et al. Quantum measurement and orientation tracking of fluorescent nanodiamonds inside living cells. Nat Nanotechnol, 2011, 6: 358-363.

[67] Walling M A, Novak J A, Shepard J R E. Quantum dots for live cell and *in vivo* imaging. Int J Mol Sci, 2009, 10(2): 441-491.

[68] Jokerst J V, Gambhir S S. Molecular imaging with theranostic nanoparticles. Acc Chem Res, 2011, 44(10): 1050-1060.

[69] Fang C, Zhang M. Nanoparticle-based theranostics: integrating diagnostic and therapeutic potentials in nanomedicine. J Contr Release, 2010, 146(1): 2-5.

[70] Vijayan V, Uthaman S, Park I K. Cell membrane-camouflaged nanoparticles: a promising biomimetic strategy for cancer theranostics. Polymers, 2018, 10(9): 983-999.

[71] Bhujwalla Z M, Kakkad S, Chen Z, et al. Theranostics and metabolotheranostics for precision medicine in oncology. J Magn Reson, 2018, 291: 141-151.

[72] Bahrami B, Hojjat-Farsangi M, Mohammadi H, et al. Nanoparticles and targeted drug delivery in cancer therapy. Immunol Lett, 2017, 190: 64-83.

[73] Cai X, Luo Y, Zhang W, et al. pH-Sensitive ZnO quantum dots-doxorubicin nanoparticles for lung cancer targeted drug delivery. ACS Appl Mater Inter, 2016, 8(34): 22442-22450.

[74] Yezhelyev M V, Hajj A A, Morris C. *In situ* molecular profiling of breast cancer biomarkers with multicolour quantum dots. Adv Mater, 2007, (19): 3146-3151.

[75] Yang L, Li Y. Simultaneous detection of *Escherichia coli* O157：H7 and *Salmonella typhimurium* using quantum dots as fluorescence labels. Analyst, 2006, 131: 394-401.

[76] Wang H, Li Y, Wang A, et al. Rapid, sensitive, and simultaneous detection of three foodborne pathogens using magnetic nanobeadebased immunoseparation and quantum dotebased multiplex immunoassay. J Food Prot, 2011, 74(12): 2039-2047.

[77] Wang L, Wu C S, Fan X, et al. Detection of *Escherichia coli* O157：H7 and *Salmonella* in ground beef by a bead-free quantum dot-facilitated isolation method. Int J Food Microbiol, 2012, 156(1): 83-87.

[78] Tully E, Hearty S, Leonard P, et al. The development of rapid fluorescence-based immunoassays, using quantum dot-labelled antibodies for the detection of *Listeria monocytogenes* cell surface proteins. Int J Biol Macromol, 2006, 39(1-3): 127-134.

[79] Huang A, Qiu Z, Jin M, et al. High-throughput detection of food-borne pathogenic bacteria using oligonucleotide microarray with quantum dots as fluorescent labels. Int J Food Microbiol, 2014, 185: 27-32.

[80] Sozer N, Kokini J L. Use of quantum nanodot crystals as imaging probesm for cereal proteins. Food Res Int, 2014, 57: 142-151.

[81] Primo-Martín C, Soezer N, Hamer R J, et al. Effect of water activity on fracture and acoustic characteristics of a crust model. J Food Eng, 2009, 90: 277-284.

[82] Ansari S, Bozkurt F, Yazar G, et al. Probing the distribution of gliadin proteins in dough and baked bread using conjugated quantum dots as a labeling tool. J Cereal Sci, 2015, 63: 41-48.

[83] Bozkurt F, Ansari S, Yau P, et al. Distribution and location of ethanol soluble proteins (Osborne gliadin) as a function of mixing time in strong wheat flour dough using quantum dots as a labeling tool with confocal laser scanning microscopy. Food Res Int, 2014, 66: 279-288.

[84] Zeglis B M, Davis C B, Aggeler R, et al. Enzyme-mediated methodology for the site-specific radiolabeling of antibodies based on catalyst-free click chemistry. Bioconjugate Chem, 2013, 24: 1057-1067.

[85] Ni T H, Zhang D W, Wang J, et al. Grafting of quantum dots on covalent organic frameworks via areverse microemulsion for highly selective and sensitive protein optosensing. Sensor Actuat B-Chem, 2018, 269: 340-345.

[86] Liu H L, Liu D R, Fang G Z. A novel dual-function molecularly imprinted polymer on CdTe/ZnS quantum dots for highly selective and sensitive determination of ractopamine. Anal Chim Acta, 2013, 762: 76-82.

[87] Han C, Li H. Chiral recognition of amino acids based on cyclodextrin-capped quantum dots. Small, 2008, 4: 1344-1350.

[88] Liu H, Mu L, Chen X, et al. Core-shell metal-organic frameworks/molecularly imprinted nanoparticles as absorbents for the detection of pyrraline in milk and milk powder. J Agric Food Chem, 2017, 65:986−992.

[89] Liu H L, Chen X M, Mu L, et al. Application of quantum dot-molecularly imprinted polymer core-shell particles sensitized with graphene for optosensing of N^{ε}-carboxymethyllysine in dairy products. J Agr Food Chem, 2016, 64: 4801-4806.

第 2 章　碳量子点荧光传感快速检测技术及应用

2.1　碳量子点的定义

碳是一种广泛存在于大气、地壳和生命体中的元素。当碳基物质被严格限定于纳米量级时，其性状表现出明显的不同。常见的碳纳米材料包括富勒烯、碳量子点、碳纳米管、石墨烯等。碳量子点（carbon quantum dots，CQDs），也称为碳点（C-dots），是一类新型的纳米级材料（图 2-1），多为粒径小于 10nm 的球形或类球形。碳量子点通常由 sp^2/sp^3 的杂化碳网络组成。在碳量子点表面具有大量的官能团（氧/氮基团或其他基团），使其呈现出丰富的形貌和结构[1, 2]。对于碳量子点的形貌和结构可以通过高分辨率透射电子显微镜（high resolution transmission electron microscope，HRTEM）、X 射线衍射（X-ray diffraction，XRD）、傅里叶变换红外光谱（Fourier transform infrared spectrum，FTIR）、X 射线光电子能谱（X-ray photoelectron spectroscopy，XPS）、核磁共振（nuclear magnetic resonance，NMR）等方法进行探究。

与传统的有机染料或金属量子点相比，碳量子点因其原料来源丰富、易制备、毒性低、生物相容性好、稳定性好等优势吸引科研人员广泛关注，进而大幅度推动了其在催化、传感、生物成像、药物输送等领域的应用。

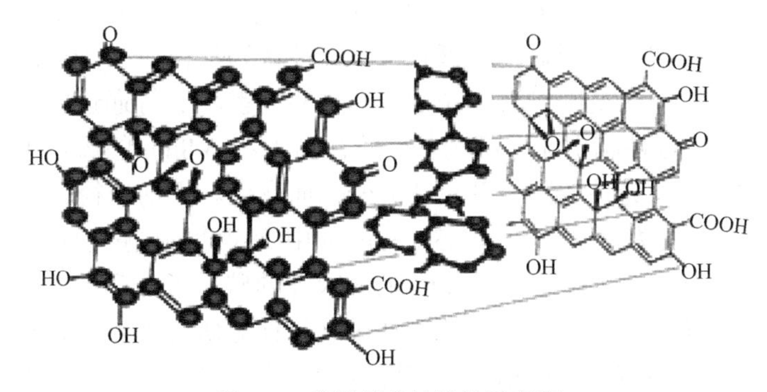

图 2-1　碳量子点的结构示意图

2.2　碳量子点的特性

尽管碳量子点的结构和组成的不同会导致性能上的差异，但是在紫外-可见吸收光、光致发光和上转换发光上的特征是相似的。此外，激发/pH 依赖性、良好的化学稳定性、抗光漂白性、低毒性等也是碳量子点的公认特性。

2.2.1 紫外-可见吸收光

碳量子点的 sp^2 杂化结构中存在 π 共轭电子，可以有效捕获短波长区域中的光子，因此，在 260～320nm 的紫外区域的光吸收较宽且强烈，并可延伸至可见光的范围，这是碳量子点典型的光吸收特征。通常来讲，230 nm 左右的宽吸收峰源于 C═C 键的 π-π^*跃迁，而 300nm 左右的吸收峰通常源于表面的 C═O 键或其他官能团引起的 n-π^*跃迁。碳量子点的修饰会造成组成和结构不同，可能对特征吸收峰造成影响。

2.2.2 光致发光

光致发光是碳量子点最重要的光学特征。尽管大量学者致力于其中机制的研究，然而目前对于光致发光的机制仍存在争议。根据报道，目前主要认为是由量子尺寸效应和表面态导致光致发光现象的发生。

碳量子点的量子尺寸效应是指当粒径小于激子玻尔半径时，电子运动受限，费米能级附近的电子能级由准连续变为离散能级，进而出现带隙增大变宽等现象。更直观的现象解释是随着碳量子点粒径尺寸的增大，带隙急剧减小。可以通过控制粒径尺寸来调节碳量子点的带隙宽度，使碳量子点的吸收光谱出现红移现象，且粒径越大，红移现象越明显。尽管碳量子点被认为是粒径在 10nm 以下的零维纳米颗粒，但尺寸效应是影响其发光特性的重要因素。Li 等通过电化学法制备碳量子点[3]。他们通过控制电流密度制备出粒径为 1.2～3.8nm 的碳量子点，并且发现碳量子点的光致发光性质随着其尺寸的变化而变化。平均粒径为 1.2nm 的小碳量子点，产生紫外光发射，粒径为 1.5～3nm 的中等尺寸的碳量子点产生可见光发射（400～700nm），平均粒径为 3.8nm 的大尺寸的碳量子点产生近红外发射。为了进一步证实量子点的尺寸效应，他们通过理论计算研究光致发光与粒子尺寸的关系。他们发现，随着尺寸的增大，带隙逐渐减小。可见光谱范围内的间隙能量来自直径为 1.4～2.2nm 的粒子，这与直径小于 3nm 的碳量子点的可见光发射相符。因此，他们推断出碳量子点的强发射与量子尺寸效应密切相关。Tang 等制备了水溶性单分散晶体碳量子点，其直径范围为 1.5～3.9nm[4]。他们通过实验证明了荧光寿命随着尺寸的增大而缩短。Pang 等通过电化学氧化法制备的两种尺寸的碳量子点[(19±0.3)nm 和(3.2±0.5)nm]表现出明显的尺寸依赖性。Kwon 等利用“油包水”

乳液作为自组装的软模板，他们通过水-表面活性剂的摩尔比来调节和控制合成的碳量子点大小及缩小尺寸的范围[5]。他们还发现[6]，不同尺寸的碳量子点具有不同的带隙，因此表现出不同的光致发光特征，并且随着碳量子点粒径从 1.5nm 增大至 3.5nm，发射峰位置蓝移约 25nm。这是由于 sp^2 团簇具有一定能隙，而表面活性剂减小了能隙，使得较大碳量子点表面活性剂与 sp^2 团簇的比例小于小碳量子点表面活性剂与 sp^2 团簇的比例。

官能团具有不同的能级，受到某一波长的激发时，官能团会导致表面缺陷发射。氧化程度越高或其他的修饰程度越高，则会导致更多的表面缺陷，从而呈现发射红移。众多学者的研究表明，表面缺陷是影响光致发光的重要因素。表面氧化程度较高的碳量子点可以观察到发射光谱的红移。此外，还有利用单粒子荧光技术研究氧化/还原对碳量子点的发射光谱的影响。根据结果推测单个碳量子点可能具有多个由发光中心和氧化引起的缺陷发射。有学者以柠檬酸和尿素为原料，*N*,*N*-二甲基甲酰胺为溶剂，通过控制共轭 sp^2 区域尺寸，制备发射橙光的碳量子点。接下来他们保持柠檬酸和尿素的比例不变，仅仅改变反应溶剂以控制脱水碳化的程度，进而控制 sp^2 区域尺寸，成功制备出全色发射的碳量子点。Sun 等同样以柠檬酸和尿素为原料，*N*,*N*-二甲基甲酰胺为溶剂，通过改变反应温度和反应物比例对 sp^2 区域尺寸和表面官能团—COOH 的含量进行有效的调节，制备了多色发射的碳量子点。他们发现更大的 sp^2 区域尺寸和更多的—COOH 官能团促进了碳量子点的长波长发射。此外，还有研究探究了几种绿色发射的碳量子点的光学性能的影响机制，采用电化学烧蚀石墨棒电极（自上而下法）制备了具有高结晶度的碳量子点 1，采用“自顶向下”切割分离氧化石墨烯并进行分离制备碳量子点 2，以及采用微波辅助小分子的碳化（自下而上法）合成碳量子点 3。选择这三种碳结构不同但发光特性相似的碳量子点（碳量子点 1～3）作为模型体系，通过飞秒瞬态吸收光谱分析了这三个碳量子点样品在 400nm 激发下的发光机制。尽管每个飞秒瞬态吸收光谱都有叠加，但令人惊讶的是，这三种碳量子点的瞬态特征可以归结为同一个模型，其中主要的差别是发射强度不同。这一结果证明了所研究的碳量子点 1～3 具有相同的激发态行为。有意思的是，碳量子点的结晶程度从碳量子点 1～3 依次降低，而荧光量子产率却依次升高。这是由于碳量子点的结晶结构起到了临时存储的作用。基于这一机制提出结晶度或碳化程度的提高会使其光稳定性更好，但由于碳结构产生不同的非辐射弛缓通道，荧光量子产率降低。因此，不同的发射中心和表面缺陷决定了碳量子点的光学性能。

虽然在碳量子点中荧光的来源还不完全清楚，但越来越多的研究结果表明，发射中心源于两个方面，一是由碳量子点核心中受限的 sp^2 共轭产生的固有带隙，二是由表面态产生的固有荧光，这种表面态可以直接激发，也可以通过固有带隙的能量转移激发。因此，碳量子点的荧光发射可以通过控制 sp^2 共轭结构域的尺寸或修饰碳量子点表面形成的化学基团来实现。

2.2.3　上转换发光

上转换发光是一种反斯托克斯发光过程，可在长波长的激发下发出短波长光，即辐射光子能量大于所吸收的光子能量。根据上转换发光机制，它通常可以分为激发态吸收（excited state absorption，ESA）、能量传递上转换（energy transfer up-conversion，ETU）和光子雪崩（photon avalanching，PA）。ESA 的原理是离子通过基态吸收，从基态转变为激发态 E1，激发态 E1 吸收另一个光子以达到更高的激发态 E2，然后从 E2 状态返回到基态，这是上转换发光的基本过程。与 ESA 相比，ETU 通过离子之间的能量转移实现了上转换发光。当由合适的激发源照射时，两个相邻的离子都达到 E1 状态，通过一个离子的能量转移到另一个离子上，使两个离子到达 E2 状态并返回基态以实现上转换发光。为了实现发光条件，ETU 通常需要比 ESA 更高的离子浓度。PA 是通过基态吸收和 ESA 过程，离子从基态跃迁到激发态。当存在亚稳态时，会发生交叉松弛过程，导致两个离子都占据 E1 能级，随后这两个离子通过 ESA 占据 E2 能级，从而导致交叉松弛过程的继续。这个过程为上转换发光做了足够的准备。

Cao 等首先发现他们合成的碳量子点通过 800nm 波长的激发可以发射出可见光范围内的荧光，意味着碳量子点具有上转换发光的性质[7]。Jia 等在 90℃下直接加热抗坏血酸溶液制备碳量子点，在 805～1035nm 的激发区域激发时，在 540nm 处显示出固定的发射峰，并且几乎不随着激发波长的变化而偏移[8]。Shen 等通过一锅水热法制备了经聚乙二醇钝化的碳量子点，并且他们发现该碳量子点具有上转换发光特性，在紫外光和 808nm 的激发波长下均发出蓝色荧光[9]。此外，有学者发现这种性质在超声辅助合成的碳量子点中很常见，例如，葡萄糖和氢氧化铵经过超声波处理后，合成的碳量子点在 650～1000nm 波长的激发下显示出 300～600nm 波长的上转换发光。

由于生物组织和细胞在紫外光照射下也发出蓝色荧光，使用蓝光进行的生物分析无法避免荧光干扰对成像结果的影响。上转换发光可以消除背景荧光的干扰，具有更深的穿透性，能够精准地定位和量化目标分子及分子间相互作用，从其他基于斯托克斯发光的光学材料中脱颖而出。基于碳量子点独特的光学性能、良好的生物相容性、优异的稳定性等优势，上转换发光的碳量子点大大地拓宽了在生物成像中的应用价值。

2.2.4　激发/pH 依赖性

随着激发波长的改变，碳量子点的发射波长也随之改变，这便是碳量子点的激发依赖性。因此，可以通过调节激发波长实现不同的荧光发射。例如，当激发波长从 340nm 增加到 480nm 时，最大发射波长从 450nm 增加到 550nm。这种性质形成的原因主要包括单个碳量子点表面的不同发射位点的分布（多种发射中心之间的竞争）、碳量子点的宽尺寸分布（不同粒子的存在）、碳量子点碳核的形成及碳量子点周围慢的溶剂弛豫。基于碳量子点的激发依赖性，通过调节激发波长即可实现碳量子点的连续全色发射，为其在多色成像生物领域提供可能性。同时，在长波长的激发下，将碳量子点发射波长延续到近红外区域，展现出在各种疾病的光学影像和诊断领域方面良好的发展前景和应用价值。Lin 课题组制备了真正的全色激发依赖的光致发光碳量子点。当激发波长在 330～500nm，几乎在整个可见光谱范围内表现出异常相似的发射强度。通过微波辅助将柠檬酸和甲酰胺溶液加热，成功制备全色碳量子点。全色碳量子点的吸收光谱在可见光区出现一个较宽的吸收峰，表明存在多个电子吸收跃迁。碳量子点具有三个发射极大值的较宽的荧光光谱，对应的发射中心分别位于 466nm、555nm 和 637nm 处。单粒子荧光成像实验表明，全色碳量子点的多色发射是由单个碳点粒子产生的，而不是由不同发射峰的碳点混合物产生的。全色碳量子点的蓝光发射归因于其芳香结构，长波长发射（绿光区到红光区）是由相关官能团或结构中存在的 C═N/C═O 和 C—N 键所导致的。全色碳量子点可以作为多色生物标记试剂用于细胞多色成像，也可作为多维传感器实现同时检测和鉴别不同的金属离子等物质。相似的例子还有很多，如以 3-氨基苯硼酸为前体，通过简便的一锅溶剂热法制备的氮、硼共掺杂型碳量子点。随着杂原子的掺杂和相应官能团的引入，制备的碳量子点具有激发相关的多发射特性。该碳点在不同的激发波长下有三个主要发射峰，分别位于 390nm、495nm 和 565nm，并且仅在单个激发波长下也表现出两个发射峰。

当然，通过控制溶剂也可以制备不受激发波长影响的碳量子点[9]。通过控制氯仿和二乙胺回流时间可以制备出与激发波长无关的蓝色荧光碳量子点和与激发波长有关的全色荧光碳量子点。受激发波长影响的碳量子点和具有激发依赖性的碳量子点的荧光量子产率分别为 17.1%和 12.6%，且受激发波长影响的碳量子点在 407nm 处具有非激发依赖性的发射峰，但是，激发依赖性碳量子点受不同激发波长的影响显示了几乎连续的发射。通过对两种碳量子点的表征，观察到表面官能团引起的电子跃迁受激发波长的影响。虽然存在不受激发依赖的碳量子点，但是大部分的钝化或官能团化难以抵消激发依赖性的影响。

碳量子点的荧光也会受到介质 pH 的影响。如 Nie 等发现的碳量子点在碱性条件下可以发出强烈的荧光，而在酸性条件下，其荧光基本被猝灭，并且 pH 1～13 的荧光猝灭是可逆的[10]。这是由于在酸性条件下，碳量子点表面被质子化形成一种可逆的络合物，发光的三重态结构被破坏，引起荧光猝灭；而在碱性条件下，结构恢复而导致荧光恢复。更常见的是，碳量子点在中性条件下荧光最强，随着 pH 的逐渐升高或降低都会相应地减弱，这可能是由于碳量子点表面官能团的质子化和去离子化的发生。近年来，基于碳量子点的 pH 依赖性开发了多种用于 pH 检测的体系。Jia 等在 90℃下直接加热抗坏血酸溶液制备碳量子点，在 pH 从 4.0 变化到 8.0 的过程中，碳量子点的荧光强度逐渐降低，并表现出线性相关性[11]。

2.2.5　光稳定性

光稳定性是传感和成像应用中的基础条件。尽管碳量子点的前体物质和合成途径有所不同，但是大多数碳量子点都具有优异的光稳定性。以 Kai 等通过简单的溶剂热法制备的碳量子点为例[12]，通过该方法制备的三种碳量子点，在紫外光激发下分别发出稳定的红色、绿色和蓝色荧光。此外，它们在乙醇溶液中均具有良好的光稳定性，在紫外线连续照射 1h 后对荧光强度进行测定，发现荧光衰减小于 5%。还有学者进一步探究了碳量子点在成像应用上的稳定性。Ge 以聚噻吩苯基丙酸为前体制备了红色荧光的碳量子点[13]。在激光照射 120min 后，碳量子点标记的 HeLa 细胞图像仍然显示出强烈的红色荧光。相比之下，常用染料的荧光在短短 10min 内迅速降至无法检测，表明了碳量子点的光稳定性。更有学者持续监测 6 个月甚至 1 年的溶于水的碳量子点的荧光以证明其优异的光稳定性。

2.2.6　毒性

近年来，人们对碳量子点的毒性进行了广泛的研究。特别是应用于生物成像的碳量子点，低细胞毒性是进一步应用的前提。四甲基偶氮唑盐微量酶反应比色（MTT）法是一种常用的体外毒性分析方法。许多学者通过该方法评估碳量子点的毒性。Zhang 等在合成氮掺杂碳量子点以实现复杂生物样本中 Fe^{3+}的荧光成像时，对其毒性进行了评估[14]。他们发现用 50～400μg/mL 浓度的碳量子点处理 HeLa 细胞时，其毒性可以忽略不计。次氯酸盐和抗坏血酸与氧化应激及相关疾病有密切的关系，因此十分需要通过灵敏、快速的响应传感以实现对这类物质的动态变化情况的监测。Zhen 等制备的碳量子点可以用于荧光和比色对细胞和体液中次氯酸盐和抗坏血酸的实时监测[15]。在应用之前，采用 MTT 法对其毒性进行评估，结果表明，在碳量子点浓度为 60μg/mL 时，进行 12h 孵育后，HeLa 细胞和 RAW264.7 细胞的存活率均高于 90%，证明其低毒性，可以进行进一步的成像分析。

Yang 和他的同事探究了碳量子点对小鼠的毒性作用[16]。根据血清生化分析和组织病理学分析，发现即使在 40mg/kg（碳量子点质量/体重）的高剂量下，也未观察到碳量子点对小鼠产生任何显著毒性。其他研究人员的研究也得出了类似的结论。Tao 等在小鼠中进行了超过三个月的体内细胞毒性实验，结果发现并没有小鼠死亡，甚至体重也没有明显下降[17]。因此，在应用所需浓度范围内，碳量子点具有低毒性、良好的生物相容性及环境友好性，是用于食品品质监测的理想材料。

2.3　碳量子点的来源及制备方法

在碳量子点的发展过程中，科研人员开展了大量的研究工作，探究了多种碳量子点的合成路径。由于碳元素的广泛分布，碳量子点的来源也非常丰富。最初对碳量子点的探索中，碳纳米管、石墨烯、活性炭等碳基结构物质常被用作碳源。

一般情况下，研究人员会采用柠檬酸盐、氨水和磷酸盐分别作为碳源、氮源和磷源进行元素掺杂来制备碳量子点。然而，这种工艺原材料价格高、制备过程复杂，对环境有一定的影响，因此限制了其快速发展。

随着绿色发展的概念深入人心，更多的学者致力于绿色合成方法的研究。如 Li 的课题组是最早使用绿色路线进行碳量子点制备的团队之一。早期，他们采用乙醇和氢氧化钠为原料，经过单一的化学处理，进行成本低、性能理想的碳量子点的生产，随后拓展了原料来源，不再限于单一的实验室级试剂，菠菜、草莓汁、甘蔗汁、豆浆、啤酒、咖啡、鸡蛋、蛋白粉等生活中常见的物质，甚至西瓜皮、柚子皮、银杏叶、头发纤维等废弃材料均可被用作碳源。

依据碳量子点合成前体的大小，通常可将合成方法分为自上而下法和自下而上法。自上而下法是通过电弧放电法、激光烧蚀法、电化学氧化法等使较大的碳基结构物质（如碳纳米管、碳棒、石墨等）破碎或剥落成较小的纳米尺寸的碳颗粒。在早期阶段，碳量子点通常是通过自上而下法制备的，其发射带最大值始终随激发波长的变化而变化。自下而上法是通过溶剂热法、辅助合成法等使有机小分子（如柠檬酸、葡萄糖等）或聚合物经热解、碳化等生成碳量子点。随着广泛的关注和开拓性研究，自下而上法逐渐被更多地应用，成为合成碳量子点技术的新方式。

2.3.1　自上而下法

1. 电弧放电法

Xu 等经过电弧放电法制备单壁碳纳米管，在纯化的过程中意外发现了碳量子点[18]。该实验获得的单壁碳纳米管存在大量杂质，需要先采用硝酸氧化，再通过氢氧化钠溶液进行萃取而进行进一步的纯化。将萃取液中的黑色悬浮液进行凝胶电泳，分离获得三种类型的材料，分别为纯化的单壁碳纳米管、短小而不规则的管状物质和荧光物质。将荧光物质继续进行分离，以此意外获得三种分子量不同的碳量子点，在 365nm 紫外灯照射下分别呈现出绿色-蓝色、黄色和橙色荧光，对其中的黄色碳量子点进行荧光量子产率测量，发现仅为 0.016%。类似还有 Bottini 等通过电弧放电法从碳纳米管中分离出具有紫罗兰色、疏水性的荧光碳量子点，从硝酸氧化的碳纳米管中分离出蓝色到黄绿色的碳量子点[19]。采用电弧放电法一般可以获得结晶度较高的碳量子点，但是该方法荧光量子产率较低，存在的杂质较多，难以实现大量的合成制备。

2. 激光烧蚀法

激光烧蚀法是在高温高压条件下通过激光辐照获得碳纳米颗粒，随后通过对表面进行修饰和功能化，获得具有荧光的碳量子点。Sun 等以氩气为水蒸气的载气，在 900℃、75kPa 的条件下，采用激光烧蚀碳结构而产生碳纳米颗粒，此时获得的样品并未检测到光致发光现象的发生。经硝酸溶液回流处理 12h 后，再通过聚乙二醇（PEG_{1500N}）或聚（丙酰亚乙基亚胺-共亚乙基亚胺）进行表面钝化处理后，继而呈现出具有良好的荧光稳定性。从机制理论角度分析，碳量子点的光致发光可能是由表面钝化引起，通过钝化导致表面能量缺陷。然而其荧光量子产率受钝化效果影响，为 4%～10%[20]。相似还有 Gon 等采用激光烧蚀法浸入在去离子水中的碳结构，经过硝酸溶液回流活化获得的纳米颗粒表面，再经过聚乙二醇（PEG_{200N}）和巯基琥珀酸功能化处理后产生具有荧光的碳量子点[21]。Hu 等报道了一种仅通过一步合成具有荧光的碳量子点的方法[22]。在该实验中，通过激光照射分散在有机溶剂中的碳粉，可以同时实现碳纳米颗粒的制备和表面修饰。该方法中通过不同的溶剂（如二乙醇胺、水合二胺和聚乙二醇）可以改变碳纳米颗粒表面交联的羧化物配体，进而有效地调控荧光的颜色和强度。此制备方法避免了复杂的制备操作过程，获得的碳量子点分布均匀，粒径约为 3.2nm，在 365nm 的紫外灯照射下呈现出明亮的蓝光，但是其荧光量子产率只有 3%～8%，是难以忽略的不足。激光烧蚀法可以制备多种纳米结构，但是需要大量的碳材料以接受激光辐照，并且合成的碳纳米颗粒尺寸相差较大，导致碳材料的利用率和碳量子点的产量较低。

3. 电化学氧化法

电化学氧化法是以碳源为工作电极，通过反复地充电与放电，实现碳量子点的制备。Zhou 等首次采用电化学氧化法制备碳量子点[23]。该方法将 0.1mol/L 高氯酸四丁基铵添加到脱气的乙腈溶液中作为电解质，在电循环中，高氯酸四丁基铵阳离子将多壁碳纳米管剥落，转化为具有强烈蓝色荧光的碳量子点。电化学氧化法可以通过调节电极电位、电流密度、电解时间和电解质溶液来产生均匀的碳量子点，具有利用率较高、成本低的优势，是一种清洁、绿色的方法。尽管需要进行费时的原料预处理和后续纯化，但某些方法也可不需要进一步纯化。

4. 燃烧法

燃烧法通常使用如蜡烛灰、天然气灰和石蜡腻子等简单的材料，将其燃烧以制备碳量子点。Liu 等最先报道通过蜡烛燃烧的烟灰合成粒径小于 2nm 的多色荧光碳量子点[24]。随后，同样通过硝酸氧化的方式，Ray 等采用燃烧的蜡烛中的灰分，获得发出绿色荧光的碳量子点，经测量荧光量子产率为 3%，相较于先前报道中使用同类策略的碳量子点的制备方法略有提高[25]。通过燃烧法制备的碳量子点无需对表面再次进行钝化处理即可发光，并且粒径分布相对均匀。在此方法中，氧化性酸处理起到将碳聚集体分解成小的纳米颗粒、溶解碳纳米颗粒的作用，但是，这会对荧光特性产生影响，进而可能导致荧光量子产率低等问题。

2.3.2　自下而上法

1. 溶剂热法

溶剂热法具有成本低、易于操作的特点，在自下而上合成碳量子点的方法中使用极为广泛。通常是在高温高压条件下，以含碳的小分子为前体，在反应容器中直接和溶剂进行反应，经脱水碳化或聚合而转变成具有荧光性质的碳量子点。Zhang 等首先报道了基于溶剂热法制备碳量子点的途径[26]。该方法采用 L-抗坏血酸溶解在去离子水-无水乙醇的混合溶液中，在高压反应釜中进行 4h 的加热处理（180℃），获得粒径为 2nm、荧光量子产率为 6.79%的碳量子点。对苯二胺是制备许多杂环化合物和聚合物的前体物质。Ding 等通过一系列研究发现将尿素和对苯二胺以 1∶1 的比例分散于水中，在 160℃下加热 10h 后，可以一次性制备出从蓝色到红色一系列颜色可调的碳量子点混合物，根据其极性的差异，可以通过硅胶柱色谱法对其进行分离[27]。

通过进一步的探究发现，不同荧光颜色的碳量子点呈现出相似的粒径分布，而碳量子点表面羧基含量和氧化程度与光致发光现象的差异密切相关，这是由于氧原子的加入缩小了最高占据分子轨道和最低未占分子轨道之间的带隙，从而促使红移现象的发生。Jiang 等同样以苯二胺为前体物质，在实验过程中采用三种不同的苯二胺异构体，通过溶剂热法制备出呈现红、绿、蓝三种原色的碳量子点[28]。通过进一步研究发现，制备出的三种碳量子点的荧光性能的不同可能仅仅与粒径和氮含量的差异有关。溶剂热法操作简单、易于控制、原料广泛、收率高，适合工业化生产，但在反应过程中多需使用有机、有毒溶剂。考虑到该反应通常在密闭系统中进行，可以有效地阻止有毒物质的挥发，因此对环境相对友好。

2. 微波/超声辅助合成法

微波是常见的处理方式，在短时间内通过分子振荡和摩擦快速升高内部温度，实现有机体的热解。Zhu 及其同事发明了一种简易合成的方法，只需在 500W 微波条件下，将聚乙二醇（PEG_{200N}）和糖类（葡萄糖、果糖等）的混合溶液加热 2～10min，即可生成碳量子点[29]。Pan 等报道了通过微波辅助合成法成功制备出碳量子点的方案。该研究小组通过微波辅助柠檬酸和甲酰胺的裂解制备出多个发射中心的碳量子点，相应地，当激发波长从 330～600nm 变化时呈现出相当高的发射强度[30]。Wang 等以硫酸为催化剂，以苯二酚（邻苯二酚、对苯二酚和间苯二酚）为前体，通过微波辅助合成法大规模地生成具有强荧光的碳量子点[31]。Jiang 等通过微波辅助加热乙醇胺和磷酸的水溶液，经透析纯化和冷冻干燥，便获得了大量具有超长寿命的室温磷光碳量子点[32]。该课题组进一步对超长室温磷光的原理进行分析，推测并证实了氮、磷元素的掺杂对碳量子点特性的重要影响：乙醇胺可能既可以用作碳化的碳源，也可以用作掺杂的氮源；磷酸可以用作促进乙醇胺脱水碳化的催化剂，也可以用作聚合的交联剂及提供用于掺杂的磷源；两种原料都可以提供氢键形成的位点，利于三重态激子的跃迁。Gu 等以叶酸分子作为碳源和氮源，在家用微波炉中即可达到 750W 的功率要求，通过加热 49s 获得红棕色悬浮液，经透析纯化处理，即可得到荧光量子产率为 18.9%的碳量子点，并且在不同的激发波长下（320～420nm），其最大发射波长几乎稳定维持在 469nm[33]。微波具有出色的穿透能力，加热碳前体更加快速，简化了合成过程，因此可以在几分钟内获得碳量子点，提高荧光量子产率，节约时间，是一种方便、有效地制备荧光碳量子点的方法。

超声辅助合成法主要是在强酸或强碱条件下，利用超声辅助碳源材料的分解，通过调节辅助物的种类、浓度及超声的功率和时间等参数，实现优质碳量子点的制备。Li 等介绍了一种简单的碳量子点合成途径，即通过超声辅助使过氧化氢溶液中活性炭转化为表面富有羟基的碳量子点，该量子点表现出良好的水溶性及出色的上转换荧光特性[34]。超声辅助合成法操作简单、成本低，但通常来讲，产量较低。

3. 模板法

碳量子点处于高温条件下容易发生聚集，而模板的使用可以有效避免这种情况的发生，从而利于碳量子点尺寸的控制，对发光特性和稳定性的维持具有关键作用。该方法中，先在模板中合成碳量子点，随后再通过蚀刻去除模板暴露出碳量子点。多孔纳米反应器的孔径是决定碳量子点尺寸和粒径分布的重要因素，多孔硅以其热稳定性良好、结构简单、易于除去等优势，成为目前常用的反应器。Liu 等以表面活性剂修饰过的二氧化硅球材料为模板介质，以易熔的脲醛树脂为前体，在 900℃的高温条件下进行 2h 加热处理，得到了碳量子点-二氧化硅复合材料，通过氢氧化钠溶液蚀刻去除二氧化硅模板，释放出碳量子点，最后通过硝酸回流处理和 PEG_{1500N} 钝化处理，制备出荧光量子产率为 14.7%的亲水性碳量子点[35]。采用表面活性剂修饰的二氧化硅纳米球作模板有效阻止了热解过程中碳量子点的聚集。Zong 等以介孔二氧化硅球为纳米反应器、柠檬酸为碳源进行碳量子点的制备[36]。介孔二氧化硅球不仅起到有效阻止碳量子点聚集的作用，还将其尺寸控制在一个相对较狭窄的范围内，进而合成了具有强烈蓝光和良好的上转换荧光特性的碳量子点。此外，沸石晶体也是合成碳量子点的一种常用模板。Wang 等基于供体-受体能量转移原理，通过调节引入铝磷酸盐沸石骨架中的杂原子（Zn^{2+}、Mn^{2+}），促进碳量子点激子与基质中掺杂剂之间的交换耦合，来调节碳量子点-沸石复合材料的绿色或红色室温磷光[37]。在此基础上，该课题组进一步进行探索，提出了一种碳量子点-基质能量转移策略，通过将具有更高三重态的碳量子点引入包含八面体 Mn 中心的开放框架矩阵中，获得了寿命为 10.94ms 的红色室温磷光的碳量子点复合材料，并且在强氧化剂、各种有机溶剂和强紫外线辐射的干预下都能维持极高的光稳定性，拓展了潜在的发光应用范围[38]。通过模板法制备的碳量子点显示出相对均匀的粒径和良好的水溶性，但是和其他方法相比，制备过程复杂，并且存在难以完全去除模板的问题，残留的模板对碳量子点的纯度和性能可能造成一定的影响。

4. *其他方法*

除上述常见的方法外，还有 Wang 等使用成本低的鸡蛋为原料，通过离子发生器上部电极产生的强烈等离子束辐射样品，仅需 3min 即可产生具有有机相和水相两亲性质的碳量子点[39]；Zheng 等通过金纳米颗粒引起的法诺共振介导热传递而控制碳量子点的生成[40]；Liu 等报道了原位无溶剂碳化策略，通过将研磨过的邻苯二胺和六水合氯化铝混合在 200℃下碳化即可获得荧光量子产率为 57%的近红外发射碳量子点[41]；Zhu 等发现磁热疗法以其高效的加热方式增强了能量传递效率，可以用于大规模合成荧光碳量子点[42]。这些新兴策略的不断开发意味着碳量子点的研发工作中还有大量待探索的空间，有望进一步攻克目前遗存的难点，拓展和提升实际应用范围和价值。

2.4　碳量子点荧光传感检测技术

荧光传感的原理可以简单地概括为识别位点与目标物之间相互作用，由于目标物浓度与结构的差异引起碳量子点荧光特性的改变。常见模式包括直接荧光猝灭（turn-off）、直接荧光增强（turn-on）、荧光恢复（off-on）和荧光再次猝灭（off-on-off）。其中，荧光猝灭机制包括静态猝灭、动态猝灭、荧光共振能量转移（fluorescence resonance energy transfer，FRET）和内滤效应（inner filter effect，IFE）。静态猝灭是指碳量子点与荧光猝灭剂形成配合物，进而导致荧光分子数量减少和荧光强度降低，不过不会引起荧光寿命的变化；而动态猝灭是指激发态的碳量子点与猝灭剂碰撞后返回基态，导致能量转移或电荷转移的发生，进而引起碳量子点的荧光猝灭现象，并且引起荧光寿命的缩短。FRET 和 IFE 都是基于供体（碳量子点）的发射光谱与受体（猝灭剂）之间的吸收光谱具有一定的重叠，荧光能量由供体向受体转移的现象。当二者的距离小于 10nm 时，荧光猝灭归因于 FRET；当二者的距离大于 20nm 时发生的荧光猝灭则认为是 IFE 引起的。

碳量子点荧光传感体系的建立基于目标物引起的荧光强度的变化，并遵循 Stern-Volmer 方程：$F_0/F = K_{SV}[C] + 1$，式中，F_0 为无猝灭剂时的荧光强度；F 为猝灭剂存在时的荧光强度；[C]为猝灭剂的浓度；K_{SV} 为 Stern-Volmer 常数，即荧光信号的变化常数。基于该方程建立目标物与荧光强度之间的线性关系。检出限依循 3σ IUPAC 标准，$LOD = 3\sigma/k$，式中，k 为线性标准曲线的斜率；σ 为信号的标准偏差。举个简单的例子，Wang 等通过修饰的橘皮为前体材料合成碳量子点，建立传感体系用于水样中 Cr(Ⅵ)的检测[43]。在优化的条件下，荧光强度与 Cr(Ⅵ)的浓度呈线性关系。依据 Stern-Volmer 方程建立的线性关系为 $F_0/F = 0.0318[C] + 1.0316$，$R^2 = 0.9935$，依据 $LOD = 3\sigma/k$ 计算得到检出限为 10nmol/L。通过传感体系与其他离子作用，Ni^{2+}、Mn^{2+}、Ba^{2+}、Pb^{2+}、Zn^{2+}、Mg^{2+}、Ca^{2+}、Co^{2+}、Cd^{2+}、Al^{3+}、Cu^{2+}、Na^{+}、K^{+}、Fe^{2+}和 Fe^{3+}与 Cr(Ⅵ)的响应差异表明该方法不受其他离子存在的干扰，具有良好的选择性，该方法可以特异性地用于 Cr(Ⅵ)的检测。最后通过自来水、长江水和雨水为实际样品对 Cr(Ⅵ)含量进行测定，通过加标回收实验结果即加标回收率（92.09%～104.87%）验证该传感体系的精准性。

2.5 碳量子点在食品品质检测中的应用

食品中基质复杂，包含多种复杂的化学和生物成分，对其中特定成分进行研究通常需要经过烦琐的操作步骤实现目标物的分离，为定性定量分析带来难度。特别是食品安全问题的存在，不仅会对人体健康造成损害，而且严重制约进出口贸易和工业发展。食品中的化学污染物（如农药和兽药残留、禁用的添加剂）、微生物污染、生物毒素污染、重金属及食品加工过程中产生的危害性物质，会对人体机体造成严重损伤，同时也制约了进出口贸易和工业发展。应用新技术，提高食品检验检测水平，可以更有效地控制食品安全问题，对保障食品安全具有重要意义。碳量子点以其优异的性能吸引了研究学者的广泛关注，并落实到食品的危害物质检测中。此外，开发切实可行的检验检测方法，对食品中营养物质进行定性和定量分析，可用于探究食品中成分在生产、加工和储藏中的变化，并为进一步探究食品成分与人体健康之间的关系提供基础支撑。

2.5.1　农药残留检测

为提高农业生产力以满足人们对物质能量的需求，有机磷类农药、拟除虫菊酯类农药、沙蚕毒素类农药、新烟碱类农药等被广泛地应用于农业种植。但是施用的农药利用率低，绝大部分残留在农副产品或环境中，且农药的半衰期较长，随食物链进入机体后可能引起不可逆的损伤。为了对农药进行标准化管理和严格的控制，需要对农药残留量进行监测和评估。传统的检测方法通常采用液相色谱、气相色谱、液相色谱-质谱联用等贵重的大型设备，需要专业人员进行操作，复杂的操作步骤耗费财力和时间成本。考虑到农药的毒性和对环境可持续发展的影响，需要应用灵敏的传感技术弥补对于农药残留快速检测的需求。基于碳量子点构建传感分析系统，在农药残留的检测中已具有广泛的应用。对于痕量的农药残留检测通常依赖于与酶、金属离子、适配体和分子印迹技术等其他技术联用。

通过农药对酶活性的抑制作用，开发的荧光检测方法已大量用于实现农副产品中农药残留的精准检测。乙酰胆碱酯酶（acetylcholinesterase，AChE）是在农药检测中使用最广泛的酶。在 AChE 存在的条件下乙酰胆碱（ACh）转化为胆碱，进一步被胆碱氧化酶（choline oxidase，ChOx）氧化为甜菜碱，同时生成荧光猝灭剂 H_2O_2。有机磷类农药的存在可以利用其磷酸酯结构中的 C、N、O、S 原子亲核攻击 AChE 的丝氨酸残基，生成的磷酸化胆碱酯酶失去了对原有底物的高效识别作用，通过抑制 AChE 的活性，阻止反应产物硫代胆碱和 H_2O_2 的生成，进而引起荧光的变化。5,5′-二硫代双（2-硝基苯甲酸）[5,5′-dithiobis(2-nitrobenzoic acid)，DTNB]是一种硫代胆碱的显色剂，颜色“从无色至黄色”的变化可以作为是否形成了 AChE 的水解产物的判断依据。Li 等结合上述原理建立比色传感[44]。他们以叶酸和对苯二胺为前体合成了发黄色光的碳量子点（λ_{em} = 505nm），通过 DTNB 分解产生的 5-硫-2-硝基苯酸可以有效地猝灭碳量子点实现荧光传感，将二者结合，构建了具有相互校正功能的双信号输出平台，增强了对其他常见生物分子的抗干扰能力，可用于环境中的水及食品中常见的大米和卷心菜样品中对氧磷的定量分析，通过和气相色谱的结果一致性证明了该方法的适用性。从理论上分析，可以通过荧光探针识别基于 AChE 催化的最终产物，以进行残留量的检测分析。Li 等基于 H_2O_2 的缺失而恢复碳量子点荧光，借助碳量子点开发了一种典型的“off-on”型纳米传感器，用于实现在水果样品中甲萘威残留量的精准检测[45]。相似的还有 Hou 等的研究，同样借助农药对 AChE 活性的抑制作用[46]。不同的是，此方法中结合金属离子的荧光猝灭作用，通过 Cu^{2+} 与碳量子点结合构成传感体系，由于 AChE 催化生成的胆碱具有与 Cu^{2+} 更高的亲和力而进一步反应，从而恢复体系的荧光，可用于白菜和果汁样品中敌敌畏的检测分析。此外，还有毒死蜱、马拉硫磷等都是利用农药对 AChE 活性的抑制作用，构建精准、快速、低成本的检测方式。

作为拓展，酪氨酸酶、酸/碱性磷酸酶和脲酶等其他酶也可以用于荧光传感来监测农药残留。酪氨酸酶是一种含 Cu 的酶，与黑色素的形成有关，黑色素易于将酚类结构氧化为醌。与 AChE 相比，酪氨酸酶具有更好的稳定性、更耐有机试剂和高温。受到酪氨酸酶的启发，Hou 及其同事采用酪氨酸甲酯功能化的碳量子点对甲基对硫磷进行分析，通过酪氨酸酶生成的醌可以有效猝灭碳量子点的荧光，制备了“off-on”型荧光探针，线性范围为 $1.0\times10^{-10}\sim1.0\times10^{-4}$mol/L。该探针展现出优异的稳定性，在放置 30 天后仍保持初始响应的 97.7%，通过 5 次平行实验确保了该方法的良好再现性，成功用于白菜、牛奶和果汁样品中的甲基对硫磷测定[47]。

总而言之，基于酶的生物传感器在农药分析方面已处于领先地位。结合碳量子点的光学特性，越来越多的农药传感体系已经验证了其实际应用的可行性，但还需要研究解决酶在保存或使用中易受环境的影响，且酶只能作用于一类农药而难以进行单一农药的区分等。

抗体是通过刺激异物（抗原）产生的具有保护性功能的蛋白质。传感检测可以利用抗原和抗体之间易于观察的特异性识别实现原位检测。荧光免疫已精准地应用于食品安全控制及环境监测中。Wang 等基于免疫反应以草甘膦为目标物建立了灵敏的荧光检测方法[48]。首先，以碳量子点与草甘膦抗体（IgG）为基础制备 IgG-碳量子点，随后，为了消除过量的 IgG-碳量子点对草甘膦测定的影响，以 Fe_3O_4 和草甘膦为基础制备抗原磁珠（Fe_3O_4-glyphosate），和过量的 IgG-碳量子点偶联，通过磁分离除去抗原磁珠后，IgG-碳量子点的荧光强度与草甘膦浓度的对数在 0.01～80μg/mL 呈线性关系，检出限为 8ng/mL。在珠江水、茶和土壤样品中草甘膦的加标回收实验中，87.4%～103.7%的良好回收率证明了该方法的可行性。与酶的催化作用相反，抗体对目标物表现出高度的特异性识别，但是相对较长的检测时间阻碍了其更多的应用。

适配体是一条经过筛选的单链寡核苷酸序列，它可以与相应的配体或目标物以高度特异性和强亲和力结合，与酶或抗原相比，具有分子量低、可大量合成或修饰、成本低等特点，是传感体系中的优异的识别工具。如 Li 等通过适配体与碳量子点之间的静电吸引和适配体对目标物水胺硫磷的高度亲和力建立荧光检测平台，线性范围为 0.025～1.5μg/L，检出限为 15ng/L[49]。可以针对目标物改变适配体的序列，拓展基于适配体为识别元件的荧光传感方法的应用。如目前对乙酰氨基酚、乐果、敌敌畏等均可基于 S-18 适配体建立检测平台。但是，具有高度特异性的适配体的筛选需要耗费大量精力，并且在应用时易于受到背景干扰而限制其使用，难以落实现场分析。

分子印迹技术是在模板分子、功能单体和交联剂等物质的共同作用下形成聚合材料，即分子印迹聚合物。在制备过程中，模板的洗脱使复合材料呈现出三维记忆空穴，用于特异性地识别、吸附目标物分子，具有较高的选择性。结合分子印迹技术，碳量子点具有灵敏的光学响应的同时，大大地提高了对目标分子的选择性，满足快速、灵敏、特异性强的检测需求。Yuan 等对共价有机骨架进行切割制备氮掺杂碳量子点，采用反向微乳液法制备了分子印迹聚合物用于新烟碱类农药氟啶虫酰胺的检测[50]，检测过程如图 2-2 所示，制备的分子印迹聚合物结合了碳量子点的优异理化特性和分子印迹赋予的优异选择性，检出限为 0.004μg/g，从蔬菜、水果的加标回收实验中获得了 86.7%～98.1%的良好回收率。Shirani 等通过 3-氨基丙基三乙氧基硅烷和四乙氧基硅烷进行甲硅烷基化反应将碳量子点包裹在二氧化硅壳中，通过分子印迹聚合物实现啶虫脒的检测，检出限为 2nmol/L[51]。二氧化硅和 Fe_3O_4 纳米颗粒是常用的载体材料。Wu 等制备了磷酸乙烯基改性的碳量子点，结合分子印迹技术制备具有磁性的聚合物用于三唑磷的检测。由于三唑磷中杂原子 O、N、S 或 P 与磷酸乙烯基酯修饰的碳量子点中的—OH 之间形成氢键，使制备的 MIP 可以特异性地捕获三唑磷[52]。在最佳条件下，检出限为 1.5μmol/L，检测时长只需 2min，相比于高效液相色谱操作所需的 60min，缩短到 1/30。在随后的工作中，以迷迭香叶制备的碳量子点结合分子印迹技术也建立了果汁中噻苯达唑传感检测的方法[53]。目前，基于分子印迹聚合物用于识别农药的方法主要受限于结合位点分布不均，此外背景荧光的干扰也是亟待解决的难点。

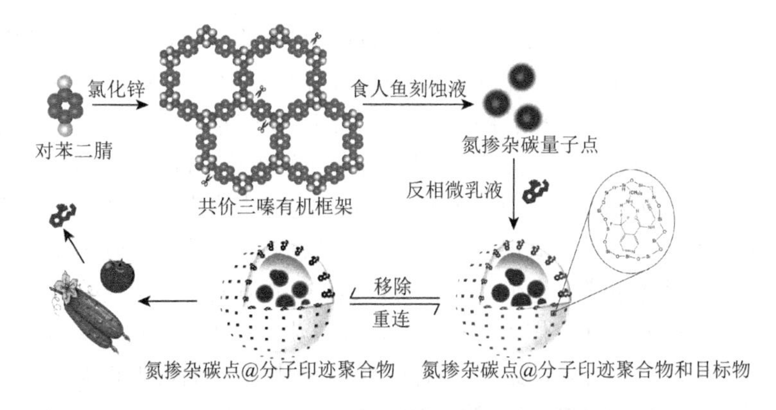

图 2-2　碳量子点-分子印迹聚合物用于农药残留的检测

2.5.2　抗生素及兽药残留检测

抗生素以其广谱性和低成本的优势，广泛地应用于畜牧业。但是过度使用导致抗生素及其代谢产物在动物源食品中不断累积，也会对人体健康造成威胁。四环素、土霉素、金霉素等是常用的抗生素，可基于目标物与碳量子点的相互作用实现检测分析。如通过简单易操作的一锅法合成的荧光碳量子点，其荧光可以被四环素直接猝灭，以此建立的传感检测方法检出限为7.5nmol/L[54]。同样基于抗生素与农药相结合时，碳量子点的能量受到影响引起荧光猝灭或增强现象的发生，构建了针对头孢氨苄、环丙沙星、诺氟沙星和柳氮磺吡啶等抗生素的传感体系。金属离子可以用于增强碳量子点对抗生素的选择性。Qu 等构建了碳量子点-Al^{3+}体系用于选择性地检测四环素[55]。在传感体系中，Al^{3+}可以增强碳量子点的荧光，但当四环素存在时，由于 Al^{3+}与四环素的螯合而引起荧光强度的降低，通过和四环素衍生物的竞争实验表明其优异的选择特异性，在加标牛奶、鱼肉和猪肉的分析中证明了实际可行性。类似的还有基于碳量子点-Fe^{3+}体系，用于盐酸土霉素的检测等[56]。

除抗生素外，雌性激素可以促进动物生长和体重的增加，因而也常在食品中发现雌性激素的存在。Zhao 等成功制备了硫、硼共掺杂型碳量子点用于牛奶中二乙基己烯雌酚的测定[57]。二乙基己烯雌酚通过氢键和 π-π 堆积与硫相互作用，导致荧光猝灭。与直接荧光猝灭作用相似，瘦肉精引起的荧光恢复同样可以应用于实际样品的检测[58]。通过纳米金颗粒和瘦肉精之间发生的 Au-N 螯合作用，引起碳量子点的荧光恢复，可以用于实际样品中瘦肉精的精准检测。

2.5.3　生物毒素检测

黄曲霉毒素是常见于玉米、花生等粮食或饲料中的一种真菌毒素。特别是黄曲霉毒素 B_1 具有最高的毒性，被国际癌症研究机构列为Ⅰ类致癌物，可能导致人类和动物的急性肝硬化、坏死和肝癌。常用的检测方法包括色谱法、免疫分析等，因其耗时、需要复杂的操作，需要大型仪器或抗体和酶在储存过程中容易变性等问题，严重限制了两种方法的实际应用。Wang 等基于适配体的稳定性高、成本低、易于合成和标记等优势，构建了氮掺杂碳量子点和黄曲霉毒素 B_1 的适配体的超灵敏的“turn-on”型传感体系[59]。他们将黄曲霉毒素 B_1 的适配体修饰金纳米颗粒和合成的氮掺杂碳量子点通过静电作用进行组装，导致荧光猝灭，在黄曲霉毒素 B_1 存在的情况下，适配体与其特异性结合，解除金纳米颗粒造成的荧光猝灭，其荧光恢复的强度可用于黄曲霉毒素 B_1 含量的计算，体系的线性范围为0.005～2.00ng/mL。

玉米赤霉烯酮也是常见于粮食谷物中的污染物，被国际癌症研究机构列为III类致癌物。Shao 等通过高效的一步法制备了碳量子点-MIPs 复合材料[60]，对玉米赤霉烯酮表现出出色的特异性分子识别作用，并呈现明显的荧光猝灭作用。在最佳条件下，传感体系的荧光强度与玉米赤霉烯酮浓度成反比，线性范围为 0.02～1.0mg/L，检出限为 0.02mg/L。

2.5.4　食源性致病菌检测

微生物是食品卫生检验中最重要的检测指标之一，受到质量监管部门、研究学者、消费者、企业从业者的广泛关注。传统的微生物检测方法需要较为烦琐的操作流程，并且耗费时长是无法忽略的弊端，无法满足相关人员对检测的需求。因此，开发简单、快速、灵敏的检测方法能大幅地提供检测效率。基于碳量子点的荧光增强或荧光猝灭策略受到了大量的关注。在大多数情况下，碳量子点吸附于微生物的表面，导致传感体系的荧光强度随着微生物浓度增加而增强。利用这一现象构建传感体系引起了学者们的广泛关注。大肠杆菌作为一种最常见的菌群，可引发多种肠道疾病，更是国际上公认的饮用水和食品的卫生监测指示菌。根据国标 GB 4789.3—2016 对大肠菌群的检验要求，需要经历检样、稀释、初发酵、计数、复发酵等一系列操作，周期相对较长，不利于高效地对食品中大肠菌群的数量进行分析和对食品质量进行监测和控制。然而，可以通过甘露糖、黏菌素、阿米卡星等修饰的碳量子点的荧光强度与大肠杆菌浓度的关系，构建传感体系，减少大肠杆菌的检测周期。Bhaisare 及其同事制备了氨基功能化的磁性碳量子点，具有磁性的碳量子点借助氢键和范德瓦耳斯力吸附于微生物表面，通过荧光强度与微生物浓度的线性关系，构建了对大肠杆菌和金黄色葡萄球菌灵敏分析的方法[61]。此外，碳量子点间的距离过近可能会导致荧光猝灭的发生，这引起了 Zhong 课题组的注意[62]。他们通过合成万古霉素修饰的碳量子点，利用万古霉素与细胞壁之间的配体-受体相互作用提高碳量子点对革兰氏阳性菌的亲和力，引起荧光强度的降低，从而呈现出优异的检测价值。该策略以橙汁为实际样品，验证了碳量子点应用于金黄色葡萄球菌、枯草芽孢杆菌、单核细胞增生性李斯特菌、沙门氏菌、铜绿假单胞菌和大肠杆菌检测的可行性。

碳量子点可能对微生物的选择作用较差，用于微生物浓度检测的碳量子点多需要进行严格的表面修饰，锚定特异性的结构进行改性，基于配体对微生物进行识别和选择，通过荧光强度与微生物浓度之间的线性关系反映食品的微生物情况。相较于传统的方法，通过定向修饰的碳量子点缩短了时间的消耗，减少了烦琐的操作步骤，可以针对特定目标微生物进行灵敏、快速的检测分析，利于监控食品中微生物的生长繁殖情况，进一步减少浪费和对消费者身体健康的负面影响。

2.5.5 金属离子检测

重金属可以在动植物体内残留，也可以在土壤中累积或随水流迁移，通过食物链富集而在人体内蓄积。当体内重金属含量过高时，会增加各种疾病发生的概率，增加了健康的风险。对食品中重金属的含量进行监测和分析研究对保障食品品质和维护人类健康具有重要意义。与传统的滴定法、化学发光法、原子光谱法等常见方法相比，基于碳量子点开发的检测方法具有成本低、灵敏度高的优势，通常情况下，时间也被大大地缩短，提高了检验检测的效率。

Ana 等的研究中采用电化学氧化法将化学气相沉积生长的石墨烯分解生成碳量子点，通过 1-丁基-3-甲基咪唑鎓六氟磷酸盐对碳量子点进行功能化修饰，利用甲基咪唑鎓对 Fe^{3+}的强结合作用进行 Fe^{3+}的检测，检出限可达 7.22μmol/L[63]。Guo 等将柠檬酸和磷酸乙醇胺混合物进行热处理，制备氮磷共掺杂的碳量子点[64]。通过 Fe^{3+}浓度的增加引起的碳量子点荧光强度的降低实现 Fe^{3+}的检测，检出限为 0.05μmol/L，远低于美国环保部门规定饮用水中 Fe^{3+}许可浓度的检验标准（5.4μmol/L）。Cu^{2+}的存在会引起人类红细胞受损风险增加。因此，有必要开发灵敏的检测分析方法实现食品中 Cu^{2+}含量的测定。利用硅烷与碳量子点表面的活性氢之间的反应可以进行甲硅烷基化改性。常见的硅烷化试剂，如 3-氨基丙基三乙氧基硅烷（3-aminopropyl triethoxy silane，APTES）、3-巯丙基三乙氧基硅烷（3-mercaptopropyl triethoxy silane，MPTS）和四乙氧基硅烷（tetraethyl orthosilicate，TEOS）可以在酸或碱中水解产生 Si—O—Si 键，通过聚合形成 SiO_2 壳包裹于碳量子点上，以提供富含硅烷醇的基团。Zhu 等通过聚乙烯亚胺修饰的碳量子点和荧光素异硫氰酸酯通过静电相互作用和硫脲键共价偶联制得的双发射传感器，可以选择性地检测酸奶中的 Cu^{2+}[65]。此外，多基于络合作用或静电引力，通过—COOH、—OH、—NH_2、—SH 等官能团等的络合作用或静电引力实现对 Cr(Ⅵ)、Ag^{+}、Pb^{2+}、Al^{3+}、Cd^{2+}、V^{5+}、Zn^{2+}等金属离子的检测。

2.5.6 食品添加剂检测

食品添加剂是为了改善食品品质而加入食品中的天然或人工合成物质，食用或长期食用不应对人体造成损害是对食品添加剂的基本准则，然而不法商贩被利益冲昏头脑，食品中加入过量的食品添加剂或加入违禁的添加剂成分引起了国内外极大的关注。

三聚氰胺被加入食品中，特别是牛奶或奶粉中冒充蛋白质成分可以降低生产成本，获得更大利润，然而三聚氰胺会造成生殖、泌尿系统损伤等一系列健康问题。Dai 等建立了碳量子点-金纳米颗粒传感体系，在三聚氰胺存在的情况下碳量子点猝灭的荧光得以恢复，实现对目标分子的检测[66]。除此之外，也可针对特定添加剂为目标分子，基于碳量子点与金属离子、酶、金纳米颗粒或其他配体进行修饰的方法，利用之间的相互作用转化为荧光信号用于识别非法使用的成分。

苏丹红是一种脂溶性偶氮化合物。由于其强烈的红色，被广泛地用于各种香料和食品的上色，如咖喱、辣椒粉、番茄酱和辣椒酱。然而，重氮键断裂产生的活性芳香族胺具有致癌性，被国际癌症研究机构列为III类致癌物。Jahan 等以 *N*-（4-羟苯基）甘氨酸为氮源和碳源合成高荧光硼氮共掺杂碳量子点，通过超声和钝化剂对碳量子点的表面进行钝化和改性处理，以原卟啉为猝灭剂，实现苏丹红III的检测，线性范围为 9.9～370pmol/L，检出限为 90fmol/L[67]。李满秀等以葡萄糖为原料通过一步水热法合成稳定性高的碳量子点，利用氨水使其表面氨基化[68]。由于苏丹红Ⅳ能引起氨基化的碳量子点荧光的明显猝灭，在室温下体系荧光强度的变化与苏丹红Ⅳ的浓度呈线性关系，线性范围为 2.0×10^{-6}～9.0×10^{-5}mol/L，检出限为 6.4×10^{-7}mol/L，90.0%～102.5%的良好回收率表明食品中苏丹红Ⅳ检验的有效性。

其他常见的添加剂如单宁酸、叔丁基对苯二酚和日落黄等也可以基于碳量子点的荧光变化实现检测。单宁酸对饮品特别是葡萄酒的风味和品质起着重要的作用。当食品中单宁酸含量过高时，口感下降，产品质量降低，还可能会对人体产生不良影响。Ahmed 等采用简单的一步合成法的碳量子点的荧光可以被单宁酸猝灭，无需对红葡萄酒和白葡萄酒样品进行处理即可用于单宁酸的检测[69]。叔丁基对苯二酚是一种酚类抗氧化剂，常用于食用油中。Yang 等建立了一种基于碳量子点的荧光猝灭以检测日落黄的方法[70]。他们利用碳量子点表面存在大量氨基，可以通过氢键和日落黄中的酚羟基结合，导致碳量子点的荧光猝灭，进而可以用于饮用水中日落黄的检测。

2.5.7　食品中其他营养成分检测

维生素是人体所需的六大营养素之一，对于机体的正常运转具有重要意义。然而，缺乏或过量补充均会对人的身体健康造成损害。基于维生素的官能团与碳量子点的官能团的相互作用，可以探究目标维生素与碳量子点荧光变化的关系，实现分析检测的目的。抗坏血酸（ascorbic acid，AA），即维生素 C，是食品中常见的还原剂。由于其在人体内无法合成，只能通过饮食摄入以维持人体生命活动的正常需要。此外，AA 含量还可以作为判断部分食品是否新鲜的指标。因此，对食品中 AA 含量的测定具有重要意义。Liu 等制备了碳量子点-MnO_2 荧光探针，其中 MnO_2 纳米片通过内滤作用猝灭碳量子点的荧光[71]，当还原性的 AA 存在时，AA 与 MnO_2 之间的氧化还原反应促使碳量子点的荧光强度得以恢复。该方法只需 3min 即可完成 AA 的检测，并且具有较宽的线性范围（0.18～90μmol/L），检出限为 42nmol/L。此外，还有基于 Fe^{3+}[72]等金属离子之间的相互作用以恢复碳原子的荧光，实现特异性检测食品中 AA 含量。Chen 等通过简单加热乳糖和氢氧化钠的混合物成功地制备出碳量子点，基于叶酸中的—OH、—COOH 和—NH_2 与碳量子点中的—OH、—COOH 形成氢键，从而可以有效地猝灭碳量子点的荧光，检出限低至 1.2×10^{-9}mol/L[73]。此外，还可通过荧光共振能量转移进行维生素 B_2 和维生素 B_{12} 的测定[74, 75]。

氨基酸和蛋白质是食品中常见的成分。还原性谷胱甘肽是一种内源性抗氧化剂和自由基清除剂，能与自由基和重金属结合，人体中谷胱甘肽水平异常可能导致阿尔茨海默病、癌症和心血管疾病等许多疾病。Zhang 等通过将葡萄糖和聚乙烯亚胺进行水热处理合成聚乙烯亚胺修饰的碳量子点。Cu^{2+}可以有效猝灭碳量子点的荧光，当谷胱甘肽存在时，可以引起碳量子点荧光的恢复，因此建立了碳量子点-Cu^{2+}的“turn-on”型荧光探针用于谷胱甘肽的检测，并且实现了低浓度和高浓度两个浓度梯度范围（分别为 0～80μmol/L 和 0～1400μmol/L）呈现良好的线性关系，对应的检出限分别为 0.33μmol/L 和 9.49μmol/L，通过细胞实验验证可以消除背景干扰，成功地实现谷胱甘肽的可视化检测[76]。Yan 等利用 Hg^{2+}与碳量子点的静电作用制备出用于检测 L-半胱氨酸的传感体系[77]。电荷转移使 Hg^{2+}猝灭了碳量子点的荧光，L-半胱氨酸又能与 Hg^{2+}发生键合作用，而使 Hg^{2+}脱离碳量子点，碳量子点的荧光得以恢复，可以实现 L-半胱氨酸的定量分析。Amjadi 等基于碳量子点和金纳米颗粒建立传感体系，开发了半胱氨酸的半定量方法[78]。该实验中半胱氨酸的存在可以将金纳米颗粒竞争性地与碳量子点结合，从而改变金纳米颗粒对碳量子点的荧光猝灭效果。

葡萄糖氧化酶（glucose oxidase，GOx）发挥其催化作用时生成 H_2O_2，可以用于葡萄糖的检测。Shan 及其同事的实验结果证明了 H_2O_2 与碳量子点之间的电荷转移导致荧光猝灭现象的发生，GOx 的催化作用可以用于实现葡萄糖的检测，检出限为 8.0μmol/L[79]。Yang 等通过碳量子点与强酸的氧化反应合成硼酸-碳量子点，由于半乳糖的顺式二醇单元与碳量子点表面修饰的硼酸基团共价反应形成五元或六元环酯，进而导致荧光猝灭，其线性范围为 0～500μmol/L，检出限低至 6.2μmol/L[80]。

2.6 展　　望

碳量子点具有良好的抗光漂白性、高化学稳定性、易于合成、低毒性和良好的生物相容性等优势，在光催化、生物成像、生物传感、药物输送甚至抗癌治疗等方向大放异彩。近年来，碳量子点的合成和功能化修饰拓展了在食品品质检测中的应用，可用作食品中危害物质的分析探针，为研究食品中成分“从农田到餐桌”过程中的变化提供研究方法，为探究食品中营养成分和功能因子与人类健康的关系提供帮助。

首先，为了适应绿色环保和可持续发展的概念，需要对碳量子点的合成及使用后的降解方式进行深入的研究。利用废弃物质为前体材料，合成易于降解的碳量子点，减少二次污染是主要的研究方向。同时，合成的碳量子点还需满足荧光量子产率高、稳定性好等优势。因此，在合成技术和方法上还需要深入研究，实现理想的光学纳米材料的制备。其次，为实现对特定目标物的分析，对碳量子点进行的功能化修饰的策略还需要进一步完善。通过和其他具有特异识别功能的配体或技术联用，以提高碳量子点对目标物检测的准确性；通过和其他具有吸附作用的材料结合，有望进一步提高对目标物检测的灵敏度。再次，利用计算机模拟辅助设计等先进方法，可以针对不同目标物设计和选择合成方案，减少传统实验中成本的投入，提高成功率和准确性。此外，目前大多数基于碳量子点的荧光检测技术都是在实验室条件下进行的，难以大规模工业化生产。最后，将所构建的传感体系转化为试纸条、荧光色卡、胶片等，或者结合日常频繁使用的智能电子设备如手机等，可以将实验室研究的成果落实到实际生活中。

参考文献

[1] Shen C L, Lou Q, Liu K K, et al. Chemiluminescent carbon dots: synthesis, properties, and applications. Nano Today, 2020, 35: 100954.

[2] Zhu S, Song Y, Zhao X, et al. The photoluminescence mechanism in carbon dots (graphene quantum dots, carbon nanodots, and polymer dots) : current state and future perspective. Nano Res, 2015, 8(2) : 355-381.

[3] Li H, He X, Kang Z, et al. Water-soluble fluorescent carbon quantum dots and photocatalyst design. Angew Chem Int Ed, 2010, 49: 4430-4434.

[4] Tang L, Ji R, Li X, et al. Size-dependent structural and optical characteristics of glucose-derived graphene quantum dots. Part Part Syst Charact, 2013, 30: 523-531.

[5] Kwon W, Rhee S W. Facile synthesis of graphitic carbon quantum dots with size tunability and uniformity using reverse micelles. Chem Commun, 2012, 48: 5256-5258.

[6] Kwon W, Lee G, Do S, et al. Size-controlled soft-template synthesis of carbon nanodots toward versatile photoactive materials. Small, 2014, 10: 506-513.

[7] Cao L, Wang X, Mez M J, et al. Carbon dots for multiphoton bioimaging. J Am Chem Soc, 2007, 129(37): 11318-11319.

[8] Jia X, Li J, Wang E. One-pot green synthesis of optically pH-sensitive carbon dots with upconversion luminescence. Nanoscale, 2012, 4(18): 5572-5575.

[9] Shen J H, Zhu Y H, Zong J, et al. One-pot hydrothermal synthesis of graphene quantum dots surface-passivated by polyethylene glycol and their photoelectric conversion under near-infrared light. New J Chem, 2011, 36(1): 97-101.

[10] Nie H, Li M, Li Q, et al. Carbon dots with continuously tunable full-color emission and their application in ratiometric pH sensing. Chem Mater, 2014, 26(20): 6083.

[11] Jia X, Li J, Wang E. One-pot green synthesis of optically pH-sensitive carbon dots with upconversion luminescence. Nanoscale, 4(18): 5572-5575.

[12] Kai J, Shan S, Ling Z, et al. Red, green, and blue luminescence by carbon dots: full-color emission tuning and multicolor cellular imaging. Angew Chem Int Ed, 2015, 54(18): 5360-5363.

[13] Ge J, Jia Q, Liu W, et al. Red-emissive carbon dots for fluorescent, photoacoustic, and thermal theranostics in living mice. Adv Mater, 2015, 27(28): 4169-4177.

[14] Zhang H, Chen Y, Liang M, et al. Solid-phase synthesis of highly fluorescent nitrogen-doped carbon dots for sensitive and selective probing ferric ions in living cells. Anal Chem, 2014, 86(19): 9846-9852.

[15] Zhen N, Wei X, Hui Q, et al. Carbon dots as fluorescent/colorimetric probes for real-time detection of hypochlorite and ascorbic acid in cells and body fluid. Anal Chem, 2019, 91(24): 15477-15483.

[16] Yang S T, Xin W, Wang H, et al. Carbon dots as nontoxic and high-performance fluorescence imaging agents. J Phys Chem C, 2009, 113(42): 180-18114.

[17] Tao H Q, Yang K, Ma Z, et al. *In vivo* NIR fluorescence imaging, biodistribution, and toxicology of photoluminescent carbon dots produced from carbon nanotubes and graphite. Small, 2012, 8(2): 281-290.

[18] Xu X, Ray R, Gu Y, et al. Electrophoretic analysis and purification of fluorescent single-walled carbon nanotube fragments. J Am Chem Soc, 2015, 126(40): 12736-12737.

[19] Bottini M, Balasubramanian C, Dawson M I, et al. Isolation and characterization of fluorescent nanoparticles from pristine and oxdized electril arc-produced sigle-walled carbon nanotubes. J Phys Chem B, 2006, 110(2): 831-836.

[20] Sun Y P, Zhou B, Lin Y, et al. Quantum-sized carbon dots for bright and colorful photoluminescence. J Am Chem Soc, 2006, 128(24): 7756-7757.

[21] Gon A H, Silva J. Fluorescent carbon dots capped with PEG_{200} and mercaptosuccinic acid. J Fluoresc, 2010, 20(5): 1023-1028.

[22] Hu S L, Niu K Y, Sun J, et al. One-step synthesis of fluorescent carbon nanoparticles by laser irradiation. J Mater Chem, 2009, 19(4): 484-488.

[23] Zhou J, Booker C, Li R, et al. An electrochemical avenue to blue luminescent nanocrystals from multiwalled carbon nanotubes(MWCNTs). J Am Chem Soc, 2007, 129(4): 744-745.

[24] Liu H, Ye T, Mao C. Fluorescent carbon nanoparticles derived from candle soot. Angew Chem Int Ed , 2007, 46(34): 6473-6475.

[25] Ray S C, Saha A, Jana N R, et al. Fluorescent carbon nanoparticles: synthesis, characterization, and bioimaging application. J Phys Chem C, 2009, 113(43): 18546-18551.

[26] Zhang B, Liu C Y, Yun L. A novel one-step approach to synthesize fluorescent carbon nanoparticles. Eur J Inorg Chem, 2010, (28): 4411-4414.

[27] Ding H, Yu S B, Wei J S, et al. Full-color light-emitting carbon dots with a surface-state-controlled luminescence mechanism. ACS Nano, 2016, 10(1): 484-491.

[28] Jiang K, Sun S, Zhang L, et al. Red, green, and blue luminescence by carbon dots: full-color emission tuning and multicolor cellular imaging. Angew Chem Int Ed, 2015, 54(18): 6815-6825.

[29] Zhu H, Wang X, Li Y, et al. Microwave synthesis of fluorescent carbon nanoparticles with electrochemiluminescence properties. Chem Commun, 2009, 1(34): 5118-5120.

[30] Pan L, Sun S, Zhang A, et al. Truly fluorescent excitation-dependent carbon dand their applications in multicolor cellular imaging and multidimensional sensing. Adv Mater, 2016, 27(47): 7782-7787.

[31] Wang J, Cheng C, Ying H, et al. A facile largale microwave synthesis of highly fluorescent carbon dots from benzenediol isomers. J Mater Chem C, 2014, 2(25): 5028-35.

[32] Jiang K, Wang Y, Gao X, et al. Facile, quick, and gram scale synthesis of ultralong-lifetime room-temperature-phosphorescent carbon dots by microwave irradiation Angew Chem Int Ed, 2018, 130(21): 6216-6220.

[33] Gu Y, Liu C T, Gao J, et al. Effects of microwave power on performance of Pt/CeO_2 MWCNTs catalysts prepared by microwave-assisted polyol process for methanol electrooxidation. Adva Mater Res, 2013, 690: 1500-1503.

[34] Li H, He X, Yang L, et al. Synthesis of fluorescent carbon nanoparticles directly from active carbon via a one-step ultrasonic treatment. Mate Res Bull, 2011, 46(1): 147-151.

[35] Liu R, Wu D, Liu S, et al. An aqueous route to multicolor photoluminescent carbon dots using silica spheres as carriers. Angew Chem Int Ed, 2010, 48(25): 4598-4601.

[36] Zong J, Zhu Y, Yang X. Synthesis of photoluminescent carbogenic dots using mesoporous silica spheres as nanoreactors. Chem Commun, 2010, 47(2): 764-766.

[37] Wang B, Mu Y, Zhang H, et al. Red room-temperature phosphorescence of CDs@zeolite composites triggered by heteroatoms in zeolite frameworks. ACS Central Sci, 2019, 5(2): 349-356.

[38] Wang B, Zhang H, Chen G. Carbon dots in a matrix: energy-transfer-enhanced room-temperature red phosphorescence. Angew Chem Int Ed, 2019, 58(51): 131.

[39] Wang J, Wang C F, Chen S. Amphiphilic egg-derived carbon dots: rapid plasma fabrication, pyrolysis process, and multicolor printing patterns. Angew Chem Int Ed, 2012, 124(37): 9431-9435.

[40] Zheng Y, Liu H, Li J, et al. Controllable formation of luminescent carbon quantum dots mediated by the fano resonances formed in oligomers of gold nanoparticles. Adv Mater, 2019, 31: 1901371.

[41] Liu K, Song S, Sui L, et al. Efficient red/near infrared-missive carbon nanodots with multiphoton excited upconversion fluorescence. Adv Sci, 2019, 6(17): 1900766.

[42] Zhu Z, Cheng R, Ling L. Rapid and large-scale production of multi-fluorescence carbon dots by a magnetic hyperthermia method. Angew Chem Int Ed, 2020, 59(8): 3099-3105.

[43] Wang M, Shi R, Gao M, et al. Sensitivity fluorescent switching sensor for Cr(Ⅵ) and a scorbic acid detection based on orange peels-derived carbon dots modified with EDTA. Food Chem, 2020, 318: 126506.

[44] Li H, Yan X, Lu G, et al. Carbon dot-based bioplatform for dual colorimetric and fluorometric sensing of organophosphate pesticides. Sensor Actuat B-Chem, 2018, 260: 563-570.

[45] Li H, Sun C, Vijayaraghavan R, et al. Long lifetime photoluminescence in N, S co-doped carbon quantum dots from an ionic liquid and their applications in ultrasensitive detection of pesticides. Carbon, 2016, 104: 33-39.

[46] Hou J, Dong G, Tian Z, et al. A sensitive fluorescent sensor for selective determination of dichlorvos based on the recovered fluorescence of carbon dots-Cu(Ⅱ)system. Food Chem, 2016, 202: 81-87.

[47] Hou J, Dong J, Zhu H, et al. A simple and sensitive fluorescent sensor for methyl parathion based on L-tyrosine methyl ester functionalized carbon dots. Biosens Bioelectron, 2015, 68: 20-26.

[48] Wang D, Lin B, Cao Y, et al. A highly selective and sensitive fluorescence detection method of glyphosate based on an immune reaction strategy of carbon dots labeled antibody and antigen magnetic beads. J Agr Food Chem, 2016, 64: 6042-6050.

[49] Li X, Jiang X, Liu Q, et al. Using N-doped carbon dots prepared rapidly by microwave digestion as nanoprobes and nanocatalysts for fluorescence determination of ultratrace isocarbophos with label-free aptamers. Nanomaterials, 2019, 9(2): 223.

[50] Yuan X, Liu H, Sun B. N-doped carbon dots derived from covalent organic frameworks embedded in molecularly imprinted polymers for optosensing of flonicamid. Microchem J, 2020, 159: 105585.

[51] Shirani MP, Rezaei B, Ensafi A A. A novel optical sensor based on carbon dots embedded molecularly imprinted silica for selective acetamiprid detection. Spectrochim Acta A, 2019, 210: 36-43.

[52] Wu M, Fan Y, Li J, et al. Vinyl phosphate-functionalized, m6agnetic, molecularly-imprinted polymeric microspheres'

enrichment and carbon dots' fluorescence-detection of organophosphorus pesticide residues. Polymers, 2019, 11(11): 1770.

[53] Kazemifard N, Ensafi A A, Rezaei B. Green synthesized carbon dots embedded in silica molecularly imprinted polymers, characterization and application as a rapid and selective fluorimetric sensor for determination of thiabendazole in juices. Food Chem, 2020, 310: 125741.

[54] Yang X, Luo Y, Zhu S, et al. One-pot synthesis of high fluorescent carbon nanoparticles and their applications as probes for detection of tetracyclines. Biosens Bioelectron, 2014, 56: 6-11.

[55] Qu F, Sun Z, Liu D, et al. Direct and indirect fluorescent detection of teracyclines using dually emitting carbon dots. Microchim Acta, 2016, 183: 2547-2553.

[56] An X, Zhou S, Zhang P, et al. Carbon dots based turn-on fluorescent probes for oxytetracycline hydrochloride sensing. RSC Adv, 2015, 5: 19853-19858.

[57] Zhao C, Jiao Y, Zhang L, et al. One-step synthesis of S, B co-doped carbon dots and their application for selective and sensitive fluorescence detection of diethylstilbestrol. New J Chem, 2018, 42(5): 2857-2865.

[58] Liu Y, Lu Q, Hu X, et al. A nanosensor based on carbon dots for recovered fluorescence detection clenbuterol in pork samples. Fluorescence, 2017, (27): 1847-1853.

[59] Wang B, Chen Y, Wu Y, et al. Aptamer induced assembly of fluorescent nitrogen-doped carbon dots on gold nanoparticles for sensitive detection of AFB1. Biosens Bioelectron, 2016, 78: 23-30.

[60] Shao M, Yao M, Saeger S D, et al. Carbon quantum dots encapsulated molecularly imprinted fluorescence quenching particles for sensitive detection of zearalenone in corn sample. Toxins, 2018, 10(11): 4394-4401.

[61] Bhaisare M, Gedda G, Khan M, et al. Fluorimetric detection of pathogenic bacteria using magnetic carbon dots. Anal Chim Acta, 2016, 920: 63-71.

[62] Zhong D, Zhuo Y, Feng Y, et al. Employing carbon dots modified with vancomycin for assaying Gram-positive bacteria like *Staphylococcus aureus*. Biosens Bioelectron, 2015, 74: 546-553.

[63] Ana A, Wang X, Routh P, et al. Facile synthesis of graphene quantum dots from 3D graphene and their application for Fe^{3+} sensing. Adv Funct Mater, 2014, 233: 11-18.

[64] Guo Y, Cao F, Li Y. Solid phase synthesis of nitrogen and phosphor co-doped carbon quantum dots for sensing Fe^{3+} and the enhanced photocatalytic degradation of dyes. Sensor Actuat:B Chem, 2018, 255:1105-1111.

[65] Zhu X, Jin H, Gao C, et al. Ratiometric, visual, dual-signal fluorescent sensing and imaging of pH/copper ions in real samples based on carbon dots-fluorescein isothiocyanate composites. Talanta, 2017, 162: 65-71.

[66] Dai H, Shi Y, Wan Y, et al. A carbon dot based biosensor for melamine detection by fluorescence resonance energy transfer. Sensor Actuat B: Chem, 2014, 202: 201-208.

[67] Jahan S, Mansoor F, Naz S, et al. Oxidative synthesis of highly fluorescent boron/nitrogen co-doped carbon nanodots enabling detection of photosensitizer and carcinogenic dye. Anal Chem, 2013, 85(21): 10232-10239.

[68] 李满秀, 刘秋文, 李永霞, 等. 基于氨基化碳量子点荧光猝灭法检测苏丹Ⅳ的研究. 化学研究与应用, 2017, 29(11): 1647-1651.

[69] Ahmed G H G, Laiño R B, Calzón J A G , et al. Fluorescent carbon nanodots for sensitive and selective detection of tannic acid in wines. Talanta, 2015, 132: 252-257.

[70] Yang H, Long Y, Li H, et al. Carbon dots synthesized by hydrothermal process via sodium citrate and NH_4HCO_3 for sensitive detection of temperature and sunset yellow. J Colloid Interface Sci, 2018, 516: 192.

[71] Liu J, Chen Y, Wang W, et al. "Switch-on" fluorescent sensing of ascorbic acid in food samples based on carbon quantum dots-MnO_2 probe. J Agric Food Chem, 2016, 64(1): 371.

[72] Fong J F F, Chin S F, Ng S M. A unique "turn-on" fluorescence signalling strategy for highly specific detection of

ascorbic acid using carbon dots as sensing probe. Biosens Bioelectron, 2016, 85: 844-852.

[73] Chen Z, Wang J, Mia H, et al. Fluorescent carbon dots derived from lactose for assaying folic acid. Sci China Chem, 2016, (59): 487-492.

[74] Kundu A, Nandi S, Das P, et al. Facile and green approach to prepare fluorescent carbon dots: emergent nanomaterial for cell imaging and detection of vitamin B_2. J Colloid Interface Sci, 2016, 468: 276-283.

[75] Wang J, Wei J, Su S, et al. Novel fluorescence resonance energy transfer optical sensors for vitamin B_{12} detection using thermally reduced carbon dots. New J Chem, 2015, 39: 501-507.

[76] Zhang B, Duan Q, Li Y, et al. A "turn-on" fluorescent probe for glutathione detection based on the polyethylenimine-carbon dots-Cu^{2+} system. J Photoch Photobio B, 2019, 197(10): 111532.

[77] Yan F, Shi D, Zheng T, et al. Carbon dots as nanosensor for sensitive and selective detection of Hg^{2+} and L-cysteine by means of fluorescence "off-on" switching. Sensor Actuat B: Chem, 2016, 224: 926-935.

[78] Amjadi M, Abolghasemi-Fakhri Z, Hallaj T. Carbon dots-silver nanoparticles fluorescence resonance energy transfer system as a novel turn-on fluorescence probe for selective determination of cysteine. J Photoch Photobiol A, 2015, 309: 8-14.

[79] Shan X, Chai L, J M, et al. B-doped carbon quantum dots as a sensitive fluorescence probe for hydrogen peroxide and glucose detection. Analyst, 2014, 139: 2322-2325.

[80] Yang J, He X W, Chen L, et al. The selective detection of galactose based on boronic acid functionalized fluorescent carbon dots. Anal Methods, 2016, 8: 8345-8351.

第 3 章　石墨烯量子点荧光传感快速检测技术及应用

3.1　石墨烯量子点的定义

石墨烯基材料是建立在 sp^2 杂化碳原子上的二维原子晶体，它的家族包括石墨烯、氧化石墨烯（graphene oxide，GO）、还原氧化石墨烯和石墨烯量子点（graphene quantum dots，GQDs）。石墨烯是一类新型的二维、零光学带隙、单层碳材料，与一维碳纳米管和零维富勒烯不同，呈规则的蜂窝状排列，具有大表面积、高载流子迁移率、优异的机械柔韧性、优异的热稳定性和化学稳定性等特点，适用于光电子器件、储能介质和药物传递载体等领域。除了最高级的电子性质，最近的理论和实验研究表明，石墨烯的独特性质可以通过改变石墨烯的尺寸、破坏 π 系统的完整性和控制石墨烯的化学结构或层调节石墨烯的带隙来实现。2004 年，诺贝尔奖获得者 Geim 从石墨中分离得到单层石墨烯。尤其是近年来，许多不同领域的研究人员对石墨烯进行了探索性研究[1, 2]。石墨烯是一个双面的多环芳烃支架结构，具有比表面积超高（理论上是 $2630m^2/g$）、导电性和导热性优异、机械强度较好、生物相容性良好、价格低等特性，这些优良的特性，使得石墨烯广受欢迎[3-5]。理想情况下，石墨烯完全由 sp^2 杂化碳原子组成，由于零光学带隙，因此没有荧光。由于官能团的引入，氧化石墨烯、还原氧化石墨烯和 GQDs 由混合的 sp^2 和 sp^3 碳组成，打开了光学带隙，产生荧光。氧化石墨烯富含含氧官能团。化学修饰石墨烯是指通过共价键作用将含氧官能团，如—OH、—COOH 或—O—，修饰在石墨烯的基底面或原子级薄片边缘。这种石墨烯与普通石墨烯不同，其所含的电子结构异质性导致其在很宽波长范围内具有荧光性[6]。然而，其荧光并不稳定，通过连续紫外灯激发，其荧光很容易猝灭。一些研究者将 CdSe/ZnS 等量子点引入到石墨烯的表面，从而解决了这一难题。GQDs 从单层到多层石墨烯薄片的原子层被切割成几纳米的横向尺寸，典型的 GQDs 包含 sp^2 和 sp^3 碳原子，这是合成过程中固有的。由于量子限制，GQDs 具有与尺寸相关的光学带隙。GQDs 具有价格低、无毒、光稳定、水溶性、生物相容性和环境友好的优势，并且具有大表面积、大直径、利用 π-π 共轭网络或表面基团进行精细表面接枝等特殊物化性质的优异特性。此外，它们边缘的羧基和羟基使它们能够表现出优异的水溶性和对各种有机、无机、聚合或生物物种的连续功能化的适应性。它们除能表现出与激发波长有关的荧光外，它们的二维表面通过 π-π 堆积相互作用、静电力或氢键与吸附的生物分子表现出强烈的非共价作用，为生物偶联提供了化学可调的平台。因此，GQDs 近年来在荧光传感器中得到了广泛的应用。它们不仅可以用作可调荧光团，而且可以用作有效的荧光猝灭剂。

众所周知，量子点作为强大的无机生色团，具有许多独特的光学和电学性质，研究者们将其作为荧光标签检测生物分子或作为光电器件检测各种不同的分析物等[7-11]。量子点与石墨烯的结合，也是当今研究领域的一大热点。Geng 等制备了化学修饰的石墨烯和 CdSe 量子点的复合材料，通过石墨烯和吡啶修饰的量子点之间芳香结构的 π-π 堆积相互作用，运用从量子点到石墨烯之间电荷转移机制，制备得到了具有弹性的、透明的石墨烯-量子点的复合型光电薄膜[12]。Li 等使用聚二甲基二烯丙基氯化铵修饰石墨烯-CdSe 量子点的复合物，并将其用于电化学发光免疫传感检测人体的免疫球蛋白[13]。对于潜在的光伏应用，Yan 等合成了 CdS/CdSe 量子点灵敏的石墨烯纳米复合材料[14]。Lightcap 等研究了 CdSe 量子点和氧化石墨烯之间的激发态相互作用及光能转化[15]。Guo 等通过电子转移体系，使用简单的自下而上的自组装方法制备了一种新型的层状石墨烯-量子点的复合材料。石墨烯和量子点的复合材料的应用主要集中在电化学传感体系中增强光电流或光催化作用，很少有人报道将其应用于光学传感检测体系。碳基纳米材料以其不同的形态和独特的性能而闻名，在过去的几十年里有了大量的研究进展。自从零维富勒烯、一维碳纳米管和二维石墨烯相继被发现以来，它们已被应用于生物、化学、材料和环境领域。与传统的半导体量子点相比，它们在化学惰性、易于生产、耐光漂白、低细胞毒性和优异的生物相容性方面具有优势，因此使它们在传感器、生物成像、光电子器件等方面具有前景。虽然 GQDs 与氧化石墨烯等具有许多共同的优良性能，如易于功能化、光稳定性、水溶性、生物相容性和无毒性，但 GQDs 有其独特的性能。例如，GQDs 由于体积小，空间效应小得多，它可以很容易穿透细胞膜，这种独特的性质使 GQDs 成为给药、体内和体外生物成像的候选材料。Ianazzo 等已经将 GQDs 用于癌症靶向药物递送[16]。由于 GQDs 还具有激发波长依赖性的特性，在不同的激发波长下，它在生物成像中可以显示不同的颜色，并且可以扩展到其他光致发光器件，满足各种生物传感的需要[17]。GQDs 在细胞膜上的穿透能力也允许近红外光进行深度生物成像，极大地扩展了荧光生物成像的范围[18]。然而，与有机染料和无机量子点的尖锐荧光峰相比，GQDs 在存在大量含氧部分的情况下显示出宽的荧光峰。如果某些应用需要一个窄的荧光峰，就需要对其进行纯化和功能化。

3.2　石墨烯量子点的理化性质

自从石墨烯被报道以来，石墨烯的性质和应用就得到了研究人员广泛的研究和开发。在逐步的探索过程中，研究人员越来越意识到了石墨烯所具有的许多局限性，如零带隙和低吸收率等，为了克服石墨烯自身的缺点，越来越多的研究者们开始对石墨烯结构的改性作出了研究。2008 年，有研究团队借助前人对碳量子点所作出的研究，制备了 GQDs。同时，由于其量子的影响，GQDs 也具有了许多与石墨烯不同的新特性。

3.2.1　光学特性

1. 吸光度和光致发光

GQDs 的吸收峰位置取决于量子点的制备方法和尺寸。GQDs 在 230nm 附近显示出特征吸收，归因于石墨烯结构中 C═C 的 π-π^*跃迁，尾部延伸到可见范围。一些 GQDs 在 270～360nm 波长附近有吸收峰，这是由于 C═O 引起的 n→π 转变。例如，尺寸约为 60nm 的大型盘状 GQDs 在 280nm 处显示出弱吸收峰[19]，这接近于通过电化学方法获得的 N-GQDs（尺寸为 2～3nm），吸收带约为 270nm[20]。此外，制备方法和尺寸也与 GQDs 的光致发光特性相关，并且迄今为止，所得到的具有光致发光现象的 GQDs 已经在 365nm 紫外光下制备成从深紫色到蓝色、绿色、黄绿色、黄色和红色等不同颜色。尽管光致发光的确切机制仍然是未知的，但对光致发光现象提出的理论包括电子-空穴对复合，GQDs 尺寸效应，具有类卡宾基态三重态的自由锯齿形位点、掺杂、边缘结构和 GQDs 官能团中的表面缺陷。一般来说，当激发波长发生红移时，大多数发光 GQDs 表现出与激发相关的光致发光特性，发射峰向更长的波长移动，同时强度降低。然而，也有一些例外。来源于柠檬酸的 GQDs 显示出一种激发依赖的光致发光特征[21]。当激发波长从 300nm 变为 440nm 时，最大发射波长仍保持在 362nm，而强度降低。这种现象归因于 GQDs 中 sp^2 团簇的均匀尺寸和表面状态。另一份报告指出，当激发波长从 340nm 移动到 410nm 时，荧光发射峰保持不变[22]。GQDs 的荧光光谱表现出 pH 依赖性。例如，由光芬顿反应产生的 GQDs 的荧光光谱的中心峰值波长在 pH 3～10 时是不变的，但是在 pH = 10 时 GQDs 的荧光强度比在 pH = 3 时强得多。作为电子供体，GQDs 中带负电荷的羧酸基团可能在光致发光过程中起了关键作用[23]。在碱性条件下，GQDs 发出强荧光，但在酸性条件下荧光明显猝灭。如果溶液在 pH 1～13 反复切换，光致发光强度发生可逆变化[24]。基于提出的结构模型，可以很好地理解这种可逆现象。在酸性条件下，GQDs 的自由锯齿形位点被质子化，在锯齿形位点和 H^+之间形成可逆的复合物。因此，发射性三线态卡宾被破坏，在光致发光过程中变得无活性。然而，在碱性条件下，自由锯齿形位点被恢复，从而导致光致发光的恢复。类似的现象和方案也在其他研究中出现了。

2. 上转换发光

除了强光致发光外，GQDs 还具有上转换发光的特征。值得注意的是，上转换发光还显示出与激发波长红移无关的行为。这种上转换发光特性归因于多光子活动过程[25]，与其他报道的机制相同。然而，对于这一现象的解释仍然存在不同的观点。一种观点是当电子从最高占据分子轨道跃迁回到最低未占分子轨道时，可以观察到上转换发光，而 π 轨道跃迁到 σ 轨道的电子只产生正常的光致发光[26]。

3.2.2　细胞毒性

GQDs 非常稳定，不含重金属离子，因此显示出在各种生物领域的应用前景。到目前为止，GQDs 的固有毒性已经通过细胞生存力试验进行了评估（如 HeLa 细胞、MC3T3 细胞和 A549 细胞）。GQDs 具有良好的生物相容性和较低的细胞毒性。有研究表明，GQDs 在浓度小于 0.5mg/mL 时几乎没有细胞毒性，这表明生物相容性极好[27]。GQDs 和还原 GQDs 似乎对 MC3T3 细胞也几乎没有毒性，当添加量为 400mg/mL 时，相对细胞存活率高于 80%，当继续添加 400mg/mL 的化学修饰 GQDs 时，超过 40%的细胞受到抑制[28]。据推测，这种差异可归因于相连的甲胺，其中氮和烷基链都会影响细胞的生存环境。

3.2.3　电催化活性

GQDs 由于其较大的比表面积和带隙，具有丰富的边缘位点，可以有效地促进电子转移使得反应加快。纯 GQDs、掺杂型 GQDs 及功能化的 GQDs 所具有的基团均可能影响其电子转移，并且它们的存在表明含有一些可以作为氧化还原活性位点的特殊基团，所以 GQDs 可以作为一种较好的多价态的氧化还原物质参与反应。有研究表明，GQDs 具有优异的电催化特性和可模拟酶的特性，因此可以作为一种还原剂和稳定剂用来制备金属纳米颗粒。氮碳纳米管（carbon nanotubes，CNTs）和氮石墨烯也可以作为无金属催化剂，代替市售的铂基氧还原反应（oxygen reduction reaction，ORR）催化剂。水热处理后的 N-GQD/石墨烯薄膜具有约 40S/cm 的良好导电性和对 ORR 的优异电催化能力[20]。对于 N-GQD/石墨烯，在 O_2 饱和但 N_2 不饱和的氢氧化钾溶液中在约−0.16V 出现了一个明确的阴极峰，峰值约在−0.27V，这表明 N-GQD/石墨烯对 ORR 具有显著的催化能力。无氮掺杂的 GQDs/石墨烯没有明显的 ORR 电催化能力，这组对照结果表达了氮掺杂的关键作用。此外，由于电解质的扩散，电流密度依赖于转速。

更重要的是，在 O_2 饱和状态下的 0.1mol/L 氢氧化钾溶液中连续循环两天后，观察到的电流没有明显降低，这表明 N-GQD/石墨烯电极的催化能力是稳定的。在胶体状的 N-GQDs 中观察到类似的电催化能力[29]。此外，胶体状的 N-GQDs 对氧自由基的电催化能力与尺寸有关。

3.2.4 电化学发光

研究者得到的黄绿色的 GQDs（greenish-yellow GQDs，gGQDs）和亮蓝色 GQDs（bright blue GQDs，bGQDs）在 0.05mol/L Tris-HCl 缓冲溶液（pH = 7.4）和 0.1mol/L $K_2S_2O_8$ 作为共反应剂的情况下，在 512nm 处显示最大波长的电化学发光（electrochemiluminescence，ECL）行为，gGQDs 在−1.45V 时显示出强烈的 ECL 发射，在−0.9V 时具有初始电位。此外，除了在背景和 gGQDs 的电化学图谱中显示的在−0.8V 的 $S_2O_8^{2-}$ 的还原峰外，在−1.36V 处出现了一个与 gGQDs 的还原峰相关的小峰。gGQDs 的相对正电位表明，从石墨烯合成的 gGQDs 中高含量的 sp^2 碳结构域可以加速 ECL 过程中的电子传输。但 bGQDs 的 ECL 强度要弱于 gGQDs，这是因为 bGQDs 比 gGQDs 有更高的带隙和更大的还原阻力。一种说法是 ECL 机制释放了强氧化自由基、SO_4^{2-} 和 GQDs，在电化学还原剂 $S_2O_8^{2-}$ 和 GQDs 相互作用下，通过电子转移湮灭产生发光的激发态产物。

3.2.5 界面活性

GQDs 可以吸附且稳定地存在于油-水界面，基于 GQDs 的这种两亲性，并且具有类似于表面活性剂的作用，GQDs 已成功被应用于制备稳定的聚苯乙烯微球。GQDs 的边缘基团和内部的平面可分别被看作亲水基和疏水基，与 GO 相比，GQDs 具有更大的边缘体积比，也可通过控制其表面基团的数量及种类来调控 GQDs 的界面活性。GQDs 有其独特的吸收和荧光光谱，吸收峰可以通过化学或物理方法进行调节，形状、尺寸、官能团、溶剂、温度、激发波长等影响因素均对 GQDs 的吸收峰有影响，GQDs 的激发依赖性可能是由 GQDs 的尺寸和结构不同导致的。

3.3 石墨烯量子点的制备方法

迄今为止，具有优异光致发光性能的 GQDs 的合成可分为两种策略：尺寸大小调谐和表面化学。尺寸大小调谐的方法通常可以分为自上而下法和自下而上法。自上而下法是指将大型石墨烯基材料切割成纳米尺寸的 GQDs。然而，到目前为止，由于缺乏对尺寸和形态的精确控制，利用自上而下法在合成均匀直径的 GQDs 方面并未取得很大成功，自下而上法是指以有机分子作为碳源来制备 GQDs。虽然开发制备 GQDs 已经取得了很大进展，但反应程序通常是复杂的，因此获得具有高速率、高产率和操作简便的合成 GQDs 的方法仍然是一个挑战。表面化学调整法包括表面功能化和掺杂其他元素[20]。

3.3.1　尺寸大小调谐

总体来说，由于量子限制效应，GQDs 的光学性质在很大程度上取决于它们的尺寸，以及 GQDs 中可用的 sp^2 碳原子的密度和性质的变化。因此，量子点的带隙可以通过改变它们的尺寸来调节。

1. 自上而下法

1）C_{60} 的表面催化分解结构

基于石墨烯和富勒烯之间的柔性结构转变，通过钌（Ru）催化的 C_{60} 的笼状结构打开成功地合成了几何结构良好的 GQDs。C_{60}-Ru 的强相互作用保证了 C_{60} 分子在表面的嵌入和嵌入分子在高温下的断裂，然后得到的碳团簇在 Ru(0001)衬底上扩散和聚集形成 GQDs。通过控制退火温度和碳团簇的密度，可以定制 GQDs 的平衡形状。

2）酸性剥落和氧化

一些报道表明酸性剥离和氧化是制备 GQDs 的有效方法，并且它们已经通过酸处理和传统纳米级的沥青基碳纤维（carbon fiber，CF）的化学剥离而大规模获得（图 3-1）[30]。这些 GQDs 的大小随反应温度的变化（80℃、100℃和 120℃）而变化（1～4nm、4～7nm 和 7～11nm），会产生不同的发射颜色（蓝色、绿色和黄色），因此 GQDs 的带隙可以相应地调节。类似地，在 50～60℃水浴超声 1h，从碳纤维上剥离多层石墨烯，用硫酸和硝酸的混合物处理溶液，形成不同颜色的光致发光 GQDs（蓝色、绿色、黄色、红色和近红外）。单层和多层 GQDs（厚度为 1～3nm）可以通过用浓硝酸回流从 XC-72 炭黑中同时制备得到。所得溶液通过

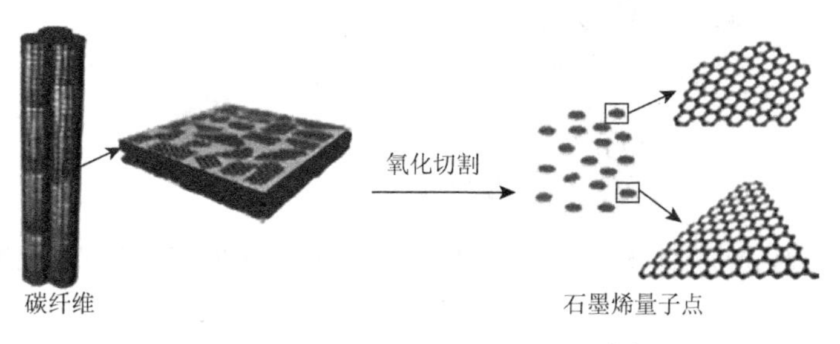

图 3-1　碳纤维氧化切割成 GQDs[30]

在酸性溶液中离心进一步分离，上清液和沉淀物在 365nm 激发波长下分别呈现绿色或黄色，得到的 GQDs 的光致发光特性主要位于石墨烯的锯齿形边缘。尽管这种方法仍然存在一些缺点，如条件苛刻、消除工艺中使用过量酸和反应时间长，但酸性剥离和氧化在易于生产、低成本、高产量和大规模生产方面是优越的。

3）电化学氧化

电化学氧化作为一种绿色、简单、可扩展的合成方法，有效地避免了使用过强酸和复杂的纯化与分离步骤等不足。基于水的阳极氧化和离子液体的阴离子嵌入之间的反应，通过离子液体辅助的电化学剥离从石墨电极中获得 GQDs（图 3-2）[31]。在这个过程中，水溶性离子液体（1-丁基-3-甲基咪唑四氟硼酸盐）可以以不同的比例与水混合，用作石墨电化学剥离的电解质。较高的含水量会降低电解质电阻，并缩小电化学电位窗口。同时，剥离的 GQDs 的化学组成和表面钝化随着电解质中离子液体与水的比例的变化而变化。在室温下，不添加任何聚合物或表面活性剂如稳定剂，用肼还原石墨进行电化学剥离，合成了荧光量子产率为 14%的水溶性、大小均匀、强黄光发射的 GQDs。对 GQDs 的结构和激发机制的研究表明，GQDs 的光致发光是由石墨烯边缘丰富的类邻苯二甲肼基团和酰肼基团引起的。更重要的是，这种方法能够大规模生产 GQDs 的水溶液。也可以由多壁碳纳米管（multi-walled CNTs，MWCNTs）通过电化学方法制备尺寸约为 3nm、5nm 和 8.2nm、边缘光滑、缺陷较少的 GQDs。以碳酸丙烯酯为原料，在 90℃和 30℃的荧光量子产率分别为 6.3%和 5.1%。实验结果表明，通过改变碳纳米管的直径、电场、电解质的浓度和反应温度，可以改变尺寸来得到 GQDs 不同的光致发光特性。对介质、阴离子和溶剂影响的研究表明，阳离子/碳酸丙烯酯复合物是氧化 MWCNTs 高产率剥离产生 GQDs 的主要原因。

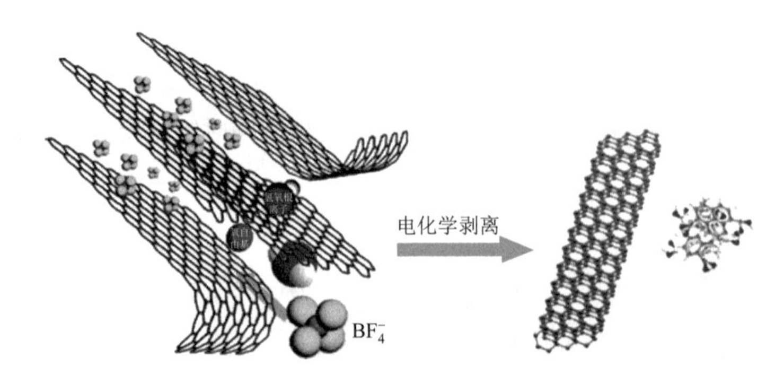

图 3-2　石墨边缘面的剥落过程表现为羟基和氧自由基对石墨边缘面的侵蚀，促进了 BF_4^- 离子的嵌入[31]

4）水热和溶剂热切割

使用热还原处理的GO产生微米大小的波纹状石墨烯片，可以将其用作起始材料，然后通过水热法制备小于10nm的功能化石墨烯[24]。在水热条件下，自由锯齿形位点的形成直接导致了所制备的GQDs的亮蓝色发射。2011年，Zhu等通过一步溶剂热法处理GO时，以11.4%的荧光量子产率大规模地获得了GQDs[32]。该GQDs尺寸为5.3nm，高度为1.2nm，显示出由表面效应产生的强绿色荧光，且该GQDs可以溶解在水和大多数极性有机溶剂中，无需进一步的化学修饰。

5）微波和超声波剪切

微波和超声波剪切作为高能技术，能够将大块石墨烯基材料切割成GQDs，有效地缩短了合成时间。使用微波-水热方案，用氧化钨水溶液，硝酸（65%）和硫酸（98%）的混合物制备GQDs，所得产物在强酸性介质和高浓度下表现出不寻常的发射转变，这是在受约束的π-π相互作用下由自组装J型聚集体诱导的。同样地，通过在酸性条件下裂解GO的双色GQDs也是使用微波辐射制备的。裂解和还原过程可以使用微波处理同时完成，无需加入额外的还原剂。用硼氢化钠进一步还原黄绿色GQDs，得到荧光量子产率高达22.9%的亮蓝色荧光GQDs。光致发光现象归因于从最低未占分子轨道到最高占据分子轨道的转变，具有类卡宾三重态基态。可以通过剥离和崩解MWCNTs和石墨薄片制备粒径约为20nm、单层厚度的水溶性GQDs。在这个过程中，置入钾-石墨层间化合物（potassium-graphite intercalation compounds，K-GIC）是通过较弱的范德瓦耳斯力将K原子插在MWCNTs中共价键合的石墨层间而形成的。在K-GIC和乙醇反应中产生氢气的同时剥离石墨薄片。将K-GIC短时间暴露在空气中会导致石墨烯壁存在许多缺陷。然而，在超声波作用下，K-GIC持续与乙醇-水剧烈反应，使MWCNTs脱落并分解，从而产生单分子层的GQDs。

6）其他化学方法

基于GQDs的新兴特性和正在进行的实际应用，对其制备的需求很高，目前已经开发了几种方法。微米级GO在紫外线照射下与芬顿试剂（$Fe^{2+}/Fe^{3+}/H_2O_2$）可有效反应，反应速率强烈依赖于GO的氧化程度[23]。GO的光芬顿反应是在与羟基和环氧基相连的碳原子上引发的，在紫外光照射下会产生大量的羟基自由基和/或过氧化物自由基。此外，新形成的含氧基团可进一步作为新的光芬顿反应位点，然后横向尺寸为微米的GO被逐渐切割成小碎片，甚至小分子，以及CO_2。该方法通过控制光芬顿反应的时间，提供了一种在温和条件下大规模制备具有外围羧基的GQDs的新方法。采用氧等离子体处理时可以在单层石墨烯中诱导产生强光致发光。值得关注的是，空间均匀的光致发光只在衬底上的单层石墨烯中产生，而在双层或多层薄片中不产生。此外，空间分辨荧光依赖于处理时间。在较短的处理时间内，发射是明亮、局部而强烈的。空间均匀的发射需要较长的处理时间。图 3-3 显示了使用自组装嵌段共聚物（block copolymer，BCP）作为蚀刻掩模在通过化学气相沉积生长的石墨烯薄膜上首次制备的石墨烯量子点[33]。结果表明，GQDs 由单层或双层石墨烯组成，尺寸分布窄，为 10～20nm，相当于 BCP 纳米球的尺寸。此外，通过额外的点等离子体处理来合理地控制 GQDs 中的氧含量，这揭示了氧含量对光致发光性能的影响。

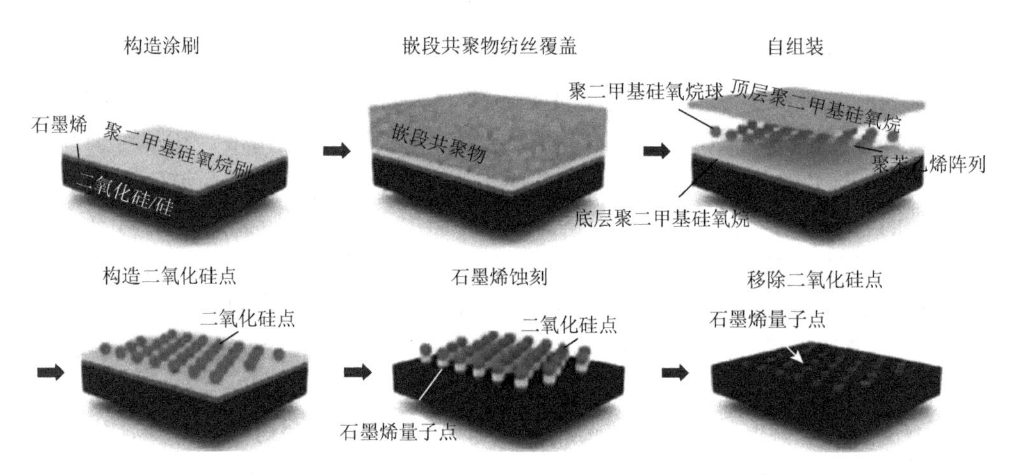

图 3-3　GQDs 的制备包括 BCP 的旋涂、二氧化硅点的形成和氧等离子体的蚀刻过程[33]

2. 自下而上法

许多课题组已经采用自下而上法来合成 GQDs。Tang 等报道了一种简单的微波辅助水热方法，用于从不同的糖（包括葡萄糖、蔗糖和果糖）中产生 GQDs[34]。通过将加热时间从 1min 延长到 9min，使得 GQDs 的尺寸可以在 1.65～21nm 调节。一般含有 C、H 和 O 比例约为 1∶2∶1 的碳水化合物，被认为是用于制备 GQDs 的碳源，因为 H 和 O 以羟基、羧基或羰基的形式存在，它们在水热条件下会脱水。2012 年，通过调节柠檬酸的碳化程度，并将碳化产物分散到碱性溶液中，Dong 等选择性地成功制备了发光 GQDs 和 GO[21]，获得的 GQDs 宽度约为 15nm，厚度为 0.5～2.0nm，而 GO 由数百纳米大小的颗粒组成。在中等碳化作用下获得的 GQDs 显示出强的、与激发无关的光致发光性能，这是因为其中含有丰富的小 sp^2 簇；而在高碳化纳米材料下产生的大尺寸 GO 显示出低得多的光致发光活性，这是因为 GO 中包含的 sp^2 簇被隔离在 sp^3C—O 基质中。多色光致发光 GQDs 首先使用未取代的六环六苯并冠醚（hexa-peri-hexabenzocoronene，HBC）作为前体，在碳化、氧化、表面功能化和还原的过程中制备（图 3-4）[19]。

结果表明，这些单分散的盘状 GQDs 具有明确的形貌和均匀的大小，直径约 60nm，厚度 2～3nm。虽然过程复杂耗时，但这种方法提供了一种可以利用不同芳香分子控制 GQDs 形状、大小和组成的新方法。这提供一种思路，使用简单的加热套装置一步热解 L-谷氨酸制备高荧光 GQDs。所选择的前体是无毒的、普通的且天然存在的材料，通常带有氮基团以便于表面改性，并且不需要进一步的纯化过程。所研制的 GQDs 的平均直径为（4.66±1.24）nm。通过氧化缩合反应的逐步进行来制备具有均匀尺寸（分别结合 168 个、132 个或 170 个碳原子）和厚度的胶体 GQDs。所得的胶体 GQDs 的稳定性会得到有效提高，并且可以获得最大的稳定胶体 GQDs。

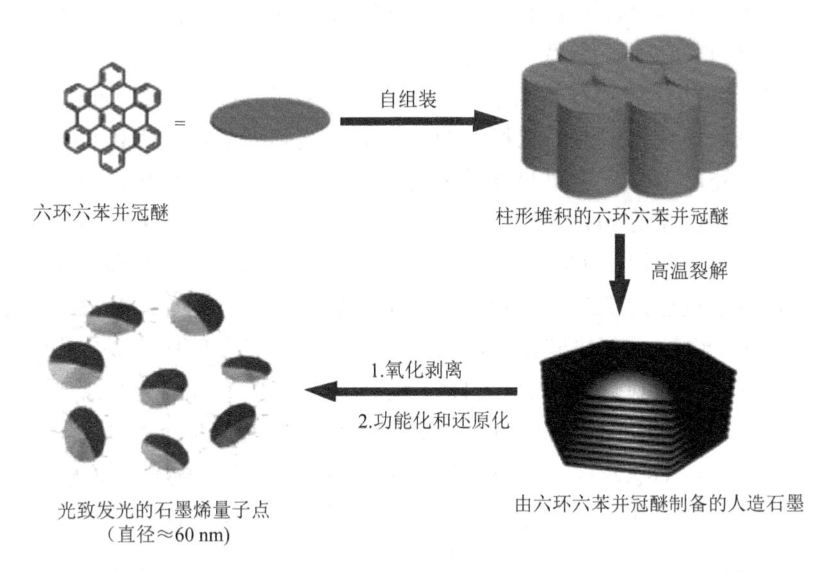

图 3-4　通过使用 HBC 作为碳源制备光致发光 GQDs 的工艺图[19]

3.3.2　表面化学调整策略

1. *表面功能化*

1）聚乙二醇钝化的 GQDs（GQDs-PEG）

通过将 PEG 的羟基（—OH）连接到 PEG 的羧基（—COOH）来制备 GQDs-PEG。制备的 GQDs-PEG 在 365nm 下显示出强蓝色荧光，荧光量子产率约为 28.0%。上转换发光图像可以在与 808nm 激光耦合的荧光显微镜下观察到。与光电极结构的 GQDs 相比，GQDs-PEG 似乎具有较高的光电转换能力。此外，低聚聚乙二醇二胺表面钝化的 GQDs 具有更好的荧光性能和上转换发光性能。首先，用硝酸进一步氧化 GO，切成小 GO 片。然后，用表面钝化剂处理前体，最后通过肼水合还原以制备 GQDs。该 GQDs 在 365nm 或 980nm 激发下显示出强蓝色和绿色荧光。GQDs 的荧光结果类似于带隙跃迁，而上转换发光性质类似于反斯托克斯荧光，激发光和发射光之间存在恒定的能量差。

2）胺官能化的 GQDs

胺功能化方法常用于石墨烯基材料的改性，可以有效减少荧光增强的表面缺陷。Tetsuka 等设计了一种以氧化石墨烯片（oxidized graphene sheets，OGSs）为起始原料，伯胺封端的新型石墨烯纳米结构。OGSs 在 70～150℃下使用氨水溶液进行温和的氨基水热处理，然后在 100℃进行热退火。在 OGSs 的处理过程中，氨通过亲核取代与环氧基团反应形成伯胺和醇，这使得环氧化物开环的同时伯胺与石墨烯边缘直接结合，sp^2 结构域的自限制提取成为可能，因此产生了用伯胺封端的尺寸可控的 GQDs。在另一项研究中，利用氧化还原的顺序，用氨基对制备的 GQDs 进行功能化。获得的 GQDs 厚度为 1～3 层，直径小于 5nm。这些功能化的 GQDs 显示出荧光发射的红移（约 30nm），这归因于官能团和 GQDs 之间的电荷转移。此外，由于官能团的质子化或去质子化，GQDs 和胺官能化的 GQDs 的光致发光发射也随着 pH 的变化而改变，首次实现了通过 GQDs 与官能团之间的电荷分布来调谐和识别 GQDs 中带隙的变化。以 OGSs、氨水和过氧化氢为起始原料，制备了直径为 7.5nm 的尺寸可控的胺官能化 GQDs[27]。在该过程中，过氧化氢和氨在 OGSs 上起协同作用，其中过氧化氢将 OGSs 切割成更小的尺寸，氨钝化活性表面，得到氨改性的 GQDs。这些 GQDs 在 420nm 处呈现多色荧光。GQDs 通过表面化学改性或还原可调节其发射光从绿色变为蓝色[28]。实验结果表明，改性 GQDs（m-GQDs）的—COOH 和环氧基团在改性过程中转变为—CONHR 和—CNHR，还原 GQDs（r-GQDs）的羰基、环氧和氨基基团在还原过程中转变为—OH。结果，局域电子-空穴对的非辐射复合减少，表面 π 电子网络的完整性增强，证明了本征态发射在 GQDs 的制备中起关键作用。时间分辨测量的结果也与证明的光致发光机制一致。

3）芳基修饰的 GQDs

重氮化学是功能化石墨烯基材料的有效方法。据报道，通过 Gomberg-Bachmann 反应（芳香重氮盐在碱性条件下与其他芳香族化合物偶联生成联苯或联苯衍生物），经化学修饰的 GQDs 可具有不同的芳基，包括苯基、4-羧基苯基、4-磺基苯基和 5-磺萘基（图 3-5）[35]。芳基修饰的 GQDs 是横向尺寸为 2～4nm 的纳米晶体，平均厚度小于 1nm。芳基的修饰不仅改变了 GQDs 的边缘结构，保护了 GQDs 的光致发光活性边缘位点，还引入了石墨烯基面与芳基接枝的相互作用。因此，由于芳基和石墨烯基面之间的共振效应，GQDs 的荧光带被系统地调谐，其荧光量子产率和对 pH 的耐受性大大提高。这一结果表明重氮化学是对 GQDs 进行化学修饰的一种方便、有效的方法，同时也揭示了 GQDs 的光致发光机制。

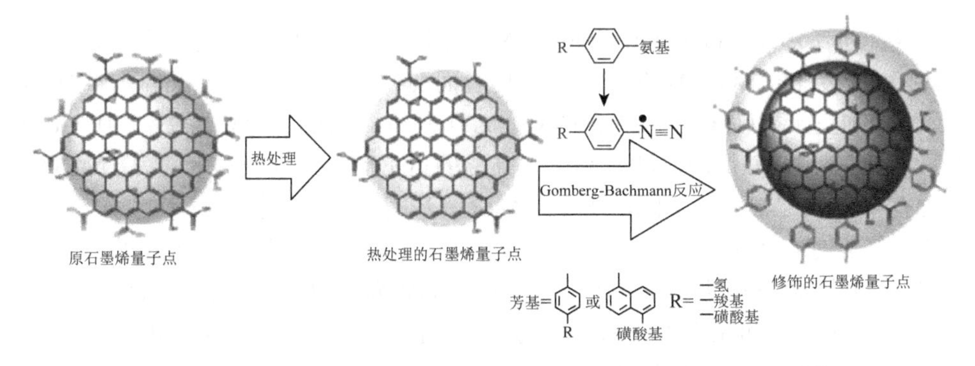

图3-5　通过 Gomberg-Bachmann 反应用芳基修饰 GQDs 的方案[35]

2. 掺杂其他元素

1）N 原子掺杂的 GQDs（N-GQDs）

氮掺杂是改变碳材料活性炭到石墨烯等性质的一种强有力的方法。因此，N-GQDs 被制备出来，结果显示氮原子化学键合的 GQDs 可以显著改变其电子特性并提供更多的活性位点，从而呈现出新的现象和意想不到的性质。Li 等报道了一种利用简单的电化学方法来制备具有含氧官能团的光致发光和电催化活性的 N-GQDs[20]。与类似尺寸（2～5nm）的绿色发光无氮 GQDs 相比，新生产的氮/碳原子比约为 4.3%时发出蓝色光。当在 180℃氨水下，未经强酸处理或进一步表面改性，可以采用水热法制备荧光量子产率为 24.6%的高蓝光 N-GQDs。N-GQDs 最早是在管式炉中，在氨气条件下保持 1h，300℃退火还原 GO 合成的。通过简单的水热法切割可以得到直径为 1～7nm，氮/碳原子比约为 5.6%的 N-GQDs。这种 N-GQDs 表现出明亮的荧光性能和优异的上转换发光性能。化学溶液法被应用于 N-GQDs 的合成[29]。除了两个氮原子，N-GQD1 和 N-GQD2 的共轭核分别含有 176 个和 128 个碳原子。当 N-GQDs 的数量受到控制，它们的成键构型被确定，因此 N-GQD1 和 N-GQD2 可以形成芳基环吩嗪型。这种方法产生了具有明确特性的纳米级 N-GQDs，这与以前研究纳米级 N-GQDs 的方法不同。

2）F 原子掺杂的 GQDs（F-GQDs）

F-GQDs 可以有效地在石墨烯的能谱中设计出可调的间隙，从而由于 F 原子的高电负性而产生新的现象和性质。Feng 等在氟/碳原子比约为 23.68%时，通过水热法切割合成了直径为 1～7nm 的 F-GQDs。F-GQDs 显示出明亮的蓝色和清晰的上转换发光，这可能会大大地拓展 F-GQDs 在环境和能源技术中的应用。而且与 GQDs 相比，F-GQDs 的最大发射峰出现红移，这可能是由于高度氟化导致的 F-GQDs 中相对较高的表面缺陷浓度。

荧光量子产率（quantum yield，QY）是衡量荧光传感应用的一个重要因素，可能随合成方法和 GQDs 的表面化学环境而变化，范围为 2%～86%。如表 3-1 所示，在通过逐步有机合成制备的 GQDs 中观察到最低的 QY 为 2%，而 GQDs 的最高 QY 为 86%，是通过涉及高压和高温的自下而上过程获得的。考虑到 GQDs 上含有丰富的结构含氧基团，由于结构含氧基团作为无辐射的电子-空穴对复合中心，一般对 GQDs 进行还原或表面钝化处理，使其失活以获得更高的 QY。例如，Li 等利用微波辅助酸性氧化策略获得了 QY 为 11.7%的黄绿色 GQDs。随后，通过用 $NaBH_4$ 温和减少 GQDs，QY 进一步提高到 22.9%[36]。Tetsuka 等在氨水溶液中通过水热切割石墨烯片合成了具有 29%的高 QY 的氨基官能化的 GQDs（amino-functionalized GQDs，af-GQDs）。随后，af-GQDs 被聚乙二醇钝化，从而将 QY 提高到 46%。

表 3-1 通过典型合成方法合成的量子点的荧光量子产率的简要总结

方法	子分类	QY	参考文献
自上而下	化学氧化	27.5%	[37]
自上而下	电化学氧化	14%	[22]
自上而下	水热和溶剂热切割	18.6%	[38]
自上而下	微波辅助方法	70%	[39]
自下而上	有机前体的碳化	78%	[40]
自下而上	GQDs 的分步有机合成	2%	[41]
自下而上	高压高温	86%	[42]

3.4 石墨烯量子点荧光传感检测技术

3.4.1 生物成像技术

先前，有机染料和无机半导体量子点荧光团通常分别用于细胞可视化和生物成像。然而，有机染料的光漂白和消光系数低，以及半导体量子点的水溶性差和固有毒性，是其实际生物成像应用的主要障碍。作为碳家族的零维成员，GQDs 具有可调节的强荧光团、光稳定性、良好的生物相容性和有效的肾清除率，因此具有积极替代这些荧光团的巨大潜力，从而为生物成像提供了前所未有的机会。GQDs 潜在的生物成像应用包括荧光成像、双光子成像、磁共振成像和双模成像，下面将重点讨论荧光成像。

自从 Pan 等在 2010 年首次合成荧光 GQDs 以来，GQDs 已被积极开发为用于监测细胞动力学及体外和体内肿瘤成像的荧光探针[43]。Li 等在 2016 年设计了一种基于 GQDs 的氧化还原敏感荧光探针[44]。通过使用该探针，可以实时监测细胞内氧化还原状态的还原或氧化应激诱导的动态变化。并且在这项研究中首次证明了 GQDs 在细胞动力学方面具有应用潜力。除了 GQDs 与识别元件或蛋白质的结合之外，Chen 的团队在 2017 年还报道了 GQDs 与单糖的功能化，以确定细胞表面碳水化合物受体的运输和总体分布。同一团队 Li 等在 2018 年进一步进行了活细胞中细胞内 H_2S 水平变化的实时估计[45]。具体地说，由于光诱导的电子转移，二硝基苯基（一种吸电子基团）对 GQDs 的表面功能化显著猝灭了 GQDs 的光致发光，而 H_2S 对这些基团的裂解恢复了 GQDs 的光致发光。因此，应该注意荧光强度和细胞内 H_2S 水平变化之间呈现正相关。与以前开发的基于 GQDs 的荧光探针相比，新设计的荧光探针确保了 H_2S 的高选择性测定。为了代替监测细胞动力学，Gao 等在 2017 年提出了用于体外肿瘤细胞成像的聚乙烯亚胺（polyethyleneimine，PEI）涂覆的 GQDs[46]。根据 PEI 的分子量（molecular weight，MW）制备的 GQDs 显示红色、黄色和蓝色发射光，可以使得 U87 肿瘤细胞在体外进行多色成像。他们认为 PEI 的涂层不仅决定了 GQDs 的核心结构，还改变了带隙，产生了多色发光的 GQDs。用热解方法制备单层超小 GQDs，而不是更大和更少层厚的 GQDs，可以得到与激发波长无关的蓝色荧光，此时的 QY 为 3.6%。值得注意的是，由于超小的尺寸，通过在荧光成像期间跟踪 GQDs 的蓝色荧光，GQDs 有效地渗透到 HeLa 细胞的细胞核中。考虑到 GQDs 的水溶性、良好的生物相容性和无毒性，Ding 等开发了一种以 GQDs 为基础的载有阿霉素（doxorubicin，DOX）的纳米治疗剂[47]。GQDs 发出的蓝色荧光可以跟踪纳米制剂的内在化，但由于距离较近，DOX 荧光被 GQDs 明显猝灭。然而，在内化后从 DOX 观察到明亮的绿色荧光，这表明 DOX 从纳米制剂中有效释放，导致显著的化疗杀伤和肿瘤抑制。同时，响应于组织蛋白酶 D 分子的过表达，纳米制剂释放红色荧光 Cy5.5 染料进一步证实了更高的化疗杀伤。除了非选择性摄取和细胞成像之外，蛋白质纳米纤维结合的 GQDs（protein nanofiber-conjugated GQDs，PNF-GQDs）由于附着的 RGD 受体作为靶组织，提供了靶向荧光成像。由于 PNF-GQDs 有效靶向，HeLa 细胞显示的 PNF-GQDs 荧光信号远比 CO-7 细胞亮，表明靶向 PNF-GQDs 探针具有优先的细胞摄取能力[48]。同时，带正电荷的 PNF 和带负电荷的细胞膜之间的强静电相互作用极大地促进了有效地内化，使得 PNF-GQDs 的细胞摄取比单独 GQDs 高 5 倍。随后，Zhang 等也报道了叶酸结合的 GQDs（folic acid-conjugated GQDs，FA-GQDs）用于靶向荧光成像[49]。在 SKOV3 细胞中观察到 FA-GQDs 的时间依赖性荧光增强，这证实了由于 FA 靶向引起的选择性内化，而共聚焦荧光显微镜显示 FA-GQDs 的内化与细胞表面 FA 受体的表达呈正相关。虽然这已经实现了荧光增强的靶向成像，但也有研究阐明靶向分子的结合降低了 GQDs 的光致发光[50]，并且设计了与生物表面活性剂或脂肪酸受体结合的普通 GQDs。生物表面活性剂-GQDs 的光致发光荧光量子产率由 12.8%显著降低到 10.4%，而 FA-GQDs 的光致发光则降到了 9.08%。他们认为，在生物共轭过程中，化学相互作用和局部电场发生在 GQDs 表面，导致 GQDs 的电子能量发生变化，光致发光荧光量子产率降低。

与 GQDs 不同的是，N-GQDs 也被用于细胞成像。例如，有团队报道了 HepG2 细胞的高效标记绿色荧光 N-GQDs。此外，由于 N-GQDs 具有敏感的氧化还原荧光开启/关闭的功能，因此被用作甲醛光学传感的荧光探针。有报道显示可以采用一锅无酸法制备不依赖于激发的光致发光的硼掺杂的 GQDs（B-doped GQDs，B-GQDs）。在 360nm 激发波长下，与 B-GQDs 培养的 HeLa 细胞中观察到明亮的蓝色荧光，这表明获得的 B-GQDs 具有用于细胞成像的潜力。随后，Wang 等提出了橙色荧光磷掺杂的 GQDs（phosphorus-doped GQDs，P-GQDs）和蓝色荧光 P-GQDs 用于体外成像[51]。由于能量水平匹配，他们认为是能量从 B-GQDs 快速转移到 P-GQDs，这导致 P-GQD 的 QY 增加。最近，可见光发射的硫掺杂 GQDs（S-doped GQDs，S-GQDs）也被用于细胞成像。用于体外可见和近红外成像的多色发射型 S 掺杂、N 掺杂和 B、N 共掺杂 GQDs 多次被报道。在不同的激发波长下，这些掺杂型 GQDs 发出蓝色（450nm）、绿色（535nm）和红色（750nm）光。值得注意的是，这种多色发射归因于 GQDs 的量子尺寸和电子态或表面缺陷的排列。此外，某些具有 pH 依赖性荧光发射的 GQDs 还可以检测健康细胞（HEK-293 细胞）和肿瘤细胞（HeLa 和 MCF-7 细胞）。不同的课题组也为细胞成像演示了杂原子共掺杂的 GQDs，如 P、N 共掺杂和 Fe、N 共掺杂的 GQDs。除了体外细胞成像，Zhang 及其同事最近利用 N、B 共掺杂的 GQDs 建立了近红外光谱区的体内成像，该 GQDs 显示出宽的光致发光（950～1100nm）。在 808nm 激发波长下，小鼠的肝脏和肾脏中清晰地观察到静脉注射的 N、B 共掺杂的 GQDs 的明亮荧光信号。此外，设计的 GQDs 还允许血管的有效可视化[52]。总体来说，N、B 共掺杂的 GQDs 作为近红外型纳米探针在体内器官和血管成像方面显示出巨大的潜力。

3.4.2 生物性材料检测技术

基于 GQDs 的荧光传感器的多功能性还体现在它们能够检测一系列生物性靶物质，包括碱性磷酸酶、DNA、凝血酶、蛋白激酶、*mecA* 基因序列、微 RNA（miRNA）、胰蛋白酶、乙酰胆碱酯酶、心肌肌钙蛋白 I（cardiac troponin I，cTnI）和人免疫球蛋白 G。检测生物材料最常用的方法是利用 FRET 原理。利用 GO 作为猝灭剂，开发用于选择性和灵敏检测 DNA 的高效荧光传感平台。可以通过连接DNA（cDNA）和被$NaBH_4$还原的GQDs之间的缩合反应制备荧光单链DNA官能化GQDs（single-stranded DNA-functionalized GQDs，ssDNA-rGQDs）。ssDNA-rGQDs探针的荧光猝灭发生在添加GO猝灭剂时[53]，因为ssDNA-GQDs探针通过静电吸引和π-π堆积相互作用吸附在GO表面上。通过将靶DNA（tDNA）引入到含有ssDNA-rGQD和GO的测试溶液中来恢复探针的荧光，ssDNA-rGQDs和tDNA之间杂交会使ssDNA-rGQDs从GO上分离。当用具有单碱基错配的DNA代替tDNA时，恢复的荧光强度比使用tDNA获得的低得多，表明传感器对tDNA的高选择性。开发的脱氧核糖核酸传感器在6.7～46.0nmol/L的线性范围内呈现较好的线性效果，最低检出限为75.0pmol/L。最近，Bhatnagar及其同事使用石墨烯作为猝灭剂，构建了一种基于GQDs的新型荧光传感器，基于FRET原理检测血液中的心脏标记抗原cTnI[54]。cTnI的检测通过以下3个步骤完成：af-GQDs与抗心肌肌钙蛋白I（anti-cardiac troponin I，anti-cTnI）抗体共价结合，形成荧光anti-cTnI/af-GQDs纳米探针。anti-cTnI/af-GQDs探针通过π-π堆积相互作用被吸附到石墨烯猝灭剂的表面，由于它们之间的FRET而导致荧光猝灭。最后，通过将cTnI添加到anti-cTnI/af-GQD/石墨烯系统中，从石墨烯中释放出anti-cTnI/af-GQDs，实现了目标抗原cTnI的定量检测，从而导致了荧光恢复。由于cTnI与anti-cTnI的强相互作用，与非特定的抗原相比，所构建的传感器对cTnI具有较高的选择性。研究人员在0.001～1000ng/mL的较大范围内实现了对氯化萘的检测，其最低检出限为0.192pg/mL。除了石墨烯和GO之外，金纳米颗粒和碳纳米管也被用作猝灭剂来检测基于FRET的生物材料。然而，应该注意的是，这些GQDs需要经过功能化来制备传感器。因此，已经开发了一些用于检测生物材料的新型无标记GQDs基荧光传感器。例如，可以基于细胞色素c（cytochrome c，Cyt c）诱导产生GQDs。通过自组装制备了一种新型胰蛋白酶荧光传感器[55]。通过向GQDs中引入Cyt c，GQDs的荧光被猝灭，接着由于Cyt c和GQDs之间的静电相互作用及Cyt c中的Fe^{3+}和GQDs的酚羟基之间的特定的配位相互作用，GQDs在Cyt c存在下聚集。然后通过向Cyt c/GQDs系统中加入目标胰蛋白酶来恢复GQDs的荧光，因为随着Fe^{3+}和GQDs的减少，Cyt c猝灭剂被胰蛋白酶切割成更小的片段（精氨酸和赖氨酸残基），可以通过荧光强度的变化反映胰蛋白酶的添加量，提供了最低检出限为33ng/mL的胰蛋白酶荧光传感器。与牛血清白蛋白、溶菌酶、木瓜蛋白酶和胃蛋白酶相比，该传感器对胰蛋白酶具有高选择性。用于肝素和硫酸软骨素检测的类似基于GQDs的荧光传感器也是通过用具有多个正电荷的树枝状纳米颗粒代替Cyt c来实现的。此外，随着GQDs在检测各种酶中的应用，如酸性磷酸酶、碱性磷酸酶、酪氨酸酶、乙酰胆碱酯酶等，基于同源基因的酶检测有望在未来实现。

3.4.3 荧光检测机制

如前所述，GQDs 已经被很好地用作选择性和灵敏检测无机离子、小有机分子和大生物材料的荧光探针。虽然有各种各样的目标，但基于关闭（荧光猝灭）和开启（荧光恢复）的荧光响应，所构建的荧光传感平台是主要的检测原理。对于猝灭响应，目标对 GQDs 或功能化 GQDs 的荧光猝灭是静态猝灭（络合）、动态猝灭（碰撞失活）或有时涉及静态和动态猝灭混合机制，此时通常可以基于荧光寿命的评估进行分析。对于开启的荧光响应，基于 GQDs 的传感器的机制通常被认为包含两个步骤。首先，由于 GQDs（或功能化 GQDs）和猝灭剂之间的强相互作用，GQDs 或功能化 GQDs 发生荧光猝灭。其次，随着靶物质的加入，预先形成的 GQDs 和猝灭剂的复合结构被破坏，导致荧光 GQDs 释放到溶液中并恢复相应的荧光。然而，当 GQDs、猝灭剂和靶标共存时，对荧光恢复过程的认识仍然模糊。

1. 依赖激发的光致发光机制

图 3-6 显示了一系列与激发相关的光致发光及其相应的光谱[56]。当激发从 300～500nm 变化时，相应地记录了从 400～600nm 的发射。光致发光光谱的半峰全宽（full width at half maximum，FWHM）约为 100nm。在光致发光激发（photoluminescence excitation，PLE）光谱中，在 250nm 和 330nm 附近出现两个固定的带，分别归因于 π-π^*跃迁和 δ-π^*跃迁。这两个跃迁也通过在这种依赖于激发的发射现象中被注意到。这种依赖于激发的荧光发射，作为一种容易调谐的荧光发射，在广泛的应用中是极其有利的，因此引起了相当大的关注。目前提出了各种模型来解释激发相关的发射。

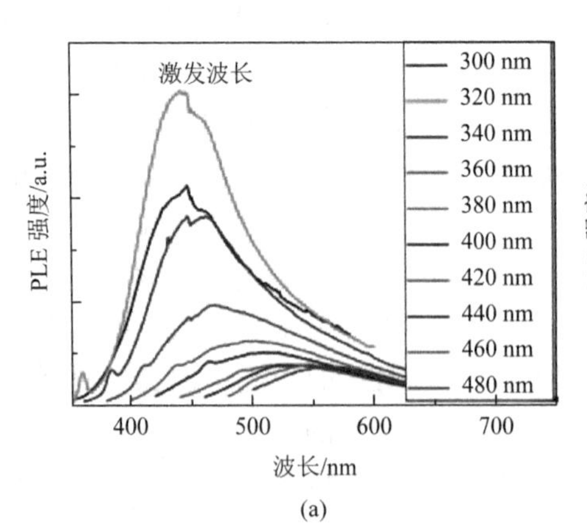

(a)

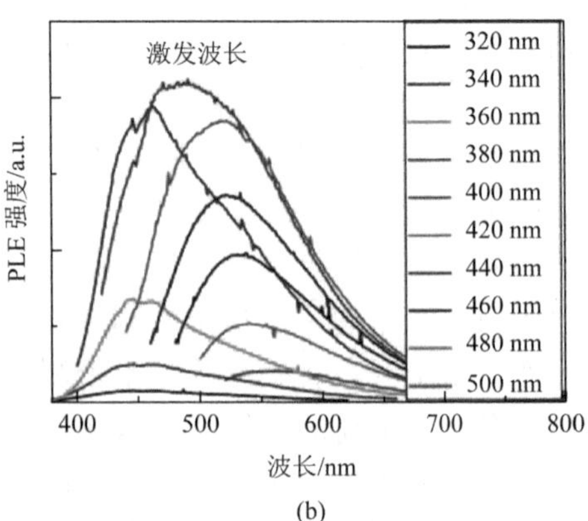

(b)

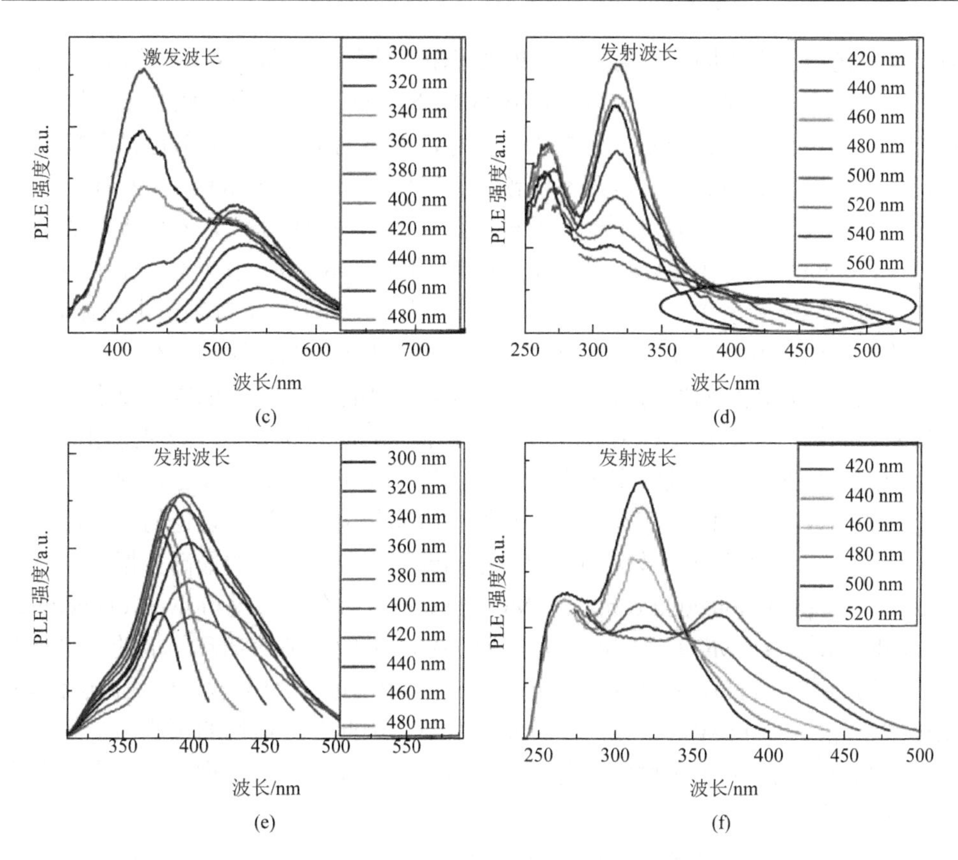

图3-6 由不同波长激发的rGO（a）、抗坏血酸-rGO（b）和*N,N*二甲基甲酰胺-rGO（c）的荧光发射光谱，以及由不同波长发射的rGO（d）、抗坏血酸-rGO（e）和*N,N*二甲基甲酰胺-rGO（f）的荧光激发光谱

1）量子限制效应

量子限制效应称为尺寸效应，是最广泛接受的机制模型之一。GQDs的带隙由粒子的形状和尺寸决定，不同尺寸的CQDs会产生不同的发射颜色，进一步证明了尺寸依赖性。同样，有研究者通过控制热解温度制备了平均直径分别为2.42nm（CD200）、3.51nm（CD300）和4.46nm（CD400）的分散良好的CDs。CDs的荧光光谱具有典型的激发依赖性，与尺寸效应完全匹配，不同热解温度得到的CDs在同一激发线下发射出明显不同的颜色。具体而言，在365nm紫外光下，CD200、CD300和CD400分别显示出强的蓝色、橙色和白色荧光，相应的荧光峰分别在379nm、464nm和424nm。虽然由不同课题组制备的GQDs的尺寸分布波动很大，但是从尺寸小于5nm的超致密颗粒到直径约为70nm的纳米球，发射总是在可见范围内。虽然也有一些工作观察到了来自GQDs的激发相关的光致发光光谱，但是在365nm的紫外灯下，不同尺寸的GQDs（3.2nm、10.7nm、21.0nm）

的光致发光峰位于相同的发射峰上，超出了激子玻尔半径和尺寸效应的框架。Dai等还发现，不同尺寸的纳米 GO（nano GO，NGO）片显示出相似的光吸收、PL和 PLE，考虑到分离的 NGO 片的物理尺寸，明显高于量子限制效应的预期。为了解释该结果，他们提出，这种不可预料的结果表明，在 NGO 片上存在小的共轭芳族结构域（分离的 sp^2 团簇）。此外，正如他们进一步推断，不同大小的小共轭域（1～5nm）可能单独存在并通过物理吸附连接 NGO。事实上，原子力显微镜成像清楚地显示了 1～5nm 的小畴状结构。如今，嵌入 sp^3 碳基质中的孤立 sp^2 团簇的存在已被普遍接受，并通过高分辨率透射电子显微镜图像进行了验证，可以认为激发波长依赖的发射来自局部 sp^2 结构中的电子-空穴对的辐射复合。一个有说服力的解释是尽管 GQDs 的大小不同，但 sp^2 团簇的大小可能保持相似。因此，一定波长的光只激发特定大小的 sp^2 团簇，而不考虑其他成分，导致了与大小无关的光致发光。Eda 等通过基于高斯和时间相关密度泛函理论的数值计算进一步完善了 sp^2 团簇尺寸效应的模型。根据计算，单个苯环的最高占据分子轨道（highest occupied molecular orbit，HOMO）和最低未占分子轨道（lowest unoccupied molecular orbit，LUMO）之间的带隙约为 7eV，对于由 20 个芳环组成的团簇，带隙降至约 2eV。而直径约为 3nm 的 sp^2 团簇应该由 100 多个芳香环组成。这种 sp^2 团簇的带隙约为 0.5eV，不能产生可见光发射。因此，在他们的预测中，观察到的蓝色光致发光应归因于由较少芳环或其他类似尺寸的 sp^2 构型组成的小得多的石墨碳域[57]。

量子限制效应成功地将不同激发下的可动光致发光解释为尺寸漂移的关系，并被广泛采用。然而，一些实验结果证明了完全相反的一点，这是指与大小无关的特点。这种光致发光特性是由单个粒子的光致发光光谱提供的。在 400nm 激发的许多单个 GQDs 的光致发光光谱可能出现，在 266nm 脉冲激光激发下，四种代表性的量子点的光致发光光谱与所猜想的结果是不同的。由于实验中使用的二氧化硅盖玻片的亲水性，GQDs 沉积良好，没有任何聚集效应，这可以通过衍射限制图像斑点得到验证。尽管单个量子点的尺寸分布相对较大，但根据光谱峰值的位置和线形，它们的光致发光光谱基本相同。单个 GQDs 的尺寸无关性可能意味着 GQDs 的光致发光主要来自连续的缺陷态。

2）表面陷阱

在氯化萘、乙二醇单丁醚的表面，有大量的陷阱态。①氧相关基团，如—COOH、—OH 和 C—O—C 普遍存在于不同的制备方法中；②表面的连接键由于其尺寸小而不可忽略；③在薄片中有 sp^2 和 sp^3 杂化碳。因此，缺陷可能出现在除了完美的 sp^2 结构域之外的任何位点。事实上，表面陷阱态是松散定义的，可能是由于可能的分子结构的多样性和不确定性。这里表面陷阱态是广义的，包括官能团、与氧相关的无序诱导的局域态和表面缺陷。如前一节所述，基于对单个GQDs的单粒子光谱测量，有人认为GQDs的光发射可能主要源于连续缺陷态。不同的缺陷态容易产生不同波长的辐射。有研究发现通过一步水热法处理可以产生氮和硫与柠檬酸和半胱氨酸共掺杂的GQDs，提出了一个模型来解释三种GQDs的光致发光过程。据他们报道，含氧基团的规则GQDs具有相对广泛的能级分布，与不同类型的表面状态（标记为氧态）有关。这些表面态产生了宽的紫外-可见吸收带和激发相关的光致发光光谱，而氮掺杂引入了另一种新的表面态（标记为氮态）。新形成的氮态捕获的受激电子能够提高辐射复合的产量。如果氮态的密度与GQDs中氧态的密度相当，光致发光光谱应该仍然保持宽且依赖于激发。而事实上，氮掺杂硫化镉的荧光光谱是无激发依赖性的。这是因为引入的硫原子将通过协同效应加速氮原子对掺杂碳纳米材料性能的影响。也就是说，对于氮掺杂硫化镉，引入的硫原子似乎能够消除奥斯特效应并增强氮态，导致氮、硫共掺杂的GQDs中原始表面态几乎可忽略的情况，这最终使氮、硫共掺杂的GQDs产生高的光致发光QY和与激发无关的发射。此外，有更多的研究集中在激发依赖性和激发不依赖性之间的转变，将在后面一节进行详细讨论。

最终，表面陷阱模型也很好地解释了与激发相关的光致发光，从而使其更有说服力。然而，如上所述，表面陷阱的定义是松散的。对于解释激发相关光致发光的特定表面陷阱，仍然没有一致的共识。官能团常被用于解释表面陷阱模型，但目前具体机制还不清楚，尚存在争议。更模糊的是，在其他几篇文献中，官能团被视为非辐射陷阱。例如，Gao等报道了关于纳米颗粒的聚集诱导发射增强[58]。他们认为亲水基团和溶剂分子之间的相互作用会促进非辐射衰变。那么聚集将使这种非辐射发射失效。因此，在他们的分析中，水热途径在GQDs上产生羧基和环氧官能团，然后，亲水基团和溶剂分子之间的相互作用增强了非辐射衰变过程，最终导致了QY的下降。所以理性地说，在他们看来，官能团是无辐射的表面态。单层GQDs的荧光也指示了类似的结论。某些具有单水平荧光粒子的荧光强度通常低于多步波动的荧光强度。较低的发射率表明较低的荧光QY，结合观察到更高百分比的还原GQDs颗粒表现出多步荧光波动（还原GQDs为60%，而氧化GQDs为30%），结果可归因于氧化缺陷可能充当荧光猝灭剂的假设。

此外，考虑到从GO制备rGO或GQDs，观察到的蓝色荧光随还原程度逐渐增强，表明氧官能团可以被排除在荧光源之外。事实上，众所周知，没有表面钝化的GQDs通常具有较低的QY，而具有表面钝化的GQDs可以表现出显著增强的QY。不同分子量的有机分子如有机硅烷和聚乙二醇被用于钝化GQDs。钝化后，表面官能团发生变化，其他缺陷陷阱减少，而发射波长几乎不变，光致发光QY增加，这与目前的表面陷阱模型有很大冲突。

3）红边效应

Wu和他的同事报告说，红边效应是GO强激发依赖荧光的起源。一般来说，如 Kasha 法则所描述的[59]，荧光不依赖于激发能量，因为所有被激发的电子，无论初始激发光子的能量如何，在荧光发射之前都会松弛到导带底部。其中，在非极性溶剂（如戊烷）中，GO 的荧光发射峰相对较窄，且与激发无关。相反，在极性溶剂中，GO 荧光峰的位置强烈依赖于激发波长。作者声称 GO 中的强激发波长依赖荧光源于“巨红边效应”，打破了 Kasha 法则。当 GO 片存在于极性溶剂中时，由于 GO 片的局部环境，溶剂动力学减慢到与荧光发射相同的时间尺度。如果溶剂动力学不是比荧光寿命快一个数量级，荧光团可以同时发射到被降低的激发态能量，产生依赖于时间的发射能量。这种现象被称为“红边效应”，它使光致发光峰值位置取决于激发波长。

红边效应很好地解释了激发波长增加时发射红移的现象。此外，它还完美地再现了当波长增加时光致发光强度降低，这是经常观察到的。然而，这种机制还很少被承认。本质上，红边效应源于溶剂偶极和荧光团偶极之间的相互作用。一个具有挑战性的事实是，PEG/CQDs 复合固体薄膜也显示出从蓝色到红色的可调发射范围。换句话说，红边效应对于所有依赖于激发的发射行为不是强制性的。

4）边缘状态

Pan 等认为 GQDs 的光致发光起源于边缘态[60]。Radovic 和 Bockrath 建立的石墨烯片结构模型表明，自由扶手椅型的位置是碳炔状，具有单重态基态，而自由锯齿形位置是碳烯状的，具有三重态基态。流动 π 电子的定位优势通过 σ-π 耦合稳定了碳烯中心在锯齿形位置。三重态基态由 $\sigma_1\pi_1$ 描述，这意味着 σ 和 π 两个轨道被单独占据。而对于单重态基态，两个非键电子在 σ 轨道配对，描述为 σ_2，留下 π 轨道空着。σ 轨道和 π 轨道之间的能量差（energy difference，δE）导致了卡宾基态的多重性。Hoffmann 声称，对于三重态基态，δE 应该低于 1.5eV。由于三线态卡宾在锯齿形边缘非常常见，光谱中的两个带：320nm（3.86eV）和 257nm（4.82eV）通常被认为是从 σ 和 π 轨道到 LUMO 的跃迁。因此，δE 计算为 0.96eV，满足三线态卡宾所需的值（低于 1.5eV），这表明 PLE 带的分配是合理的。由于这两个跃迁与观察到的蓝色荧光直接相关，蓝色发射应该是 LUMO 和 HOMO 之间激发电子的辐射复合。

边缘态模型也是一个著名的来解释 GQDs 的光致发光模型。激发跃迁与以前建立的电子构型完全匹配，蓝色发射随 pH 变化而变化也得到很好的解释。GQDs 粒子依赖于 pH 的蓝色发射也可以通过边缘态观察和解释。遗憾的是，这个简单的能级只能说明蓝色发射的来源，而没有任何关于依赖于激发的发射的想法。

5）杂原子模型的电负性

有人报道了不同的 GQDs 具有相似的尺寸、大小分布和不同的荧光特征（半峰全宽、斯托克斯位移、激发-发射关系、荧光强度、寿命等），并且揭示了GQDs中的表面活性基团和杂原子是影响GQDs荧光行为的关键因素。具体来说，杂原子的电负性决定了重掺杂GQDs的发射波长，例如，S和Se由于电负性低，可以作为电子供体。当GQDs被S或Se掺杂时，荧光峰发生红移。相比之下，当GQDs被作为电子受体的氮元素掺杂时，荧光光谱发生蓝移。因此，不同的杂原子在荧光过程中扮演着多重荧光中心的角色。
各种掺杂，包括主动掺杂和被动掺杂，如晶格掺杂、边缘掺杂或仅仅是化学含氮键，经常发生在许多碳纳米结构。然而，杂原子模型的电负性需要重掺杂，这种掺杂可能不常发生。因此，这种模式只能在有限的范围内发挥作用。

6）协同模型

如上所述，到目前为止，还没有一个单独的模型可以作为一个普遍的机制来解决来自不同课题组的关于所有观察到的与激发相关的光致发光特征的所有困惑。事实上，尺寸效应、官能团和边缘状态在大多数情况下共存，并且共同影响材料的性能。例如，Kumar等对一大组实际的rGO结构进行了经典分子动力学和离散傅里叶变换计算，以分解不同官能团对稳定性、功函数和光致发光的影响[61]。他们通过在固定的氧浓度下调节含氧官能团的组成，证明了rGO功能的高灵活性，当高达2.5eV时，发射也可以通过改变环氧基和羰基的比例来调节。来自不同大小的碳域的可调谐的光致发光起源，作为贡献部分，官能团也将显著影响发射波长，反之亦然。考虑到这一点，在一些出版物中，依赖于激发的光致发光被模糊地归因于量子限制效应、官能团和边缘态的协同效应。

2. 依赖激发的光致发光与不依赖激发的光致发光

与激发相关的光致发光被广泛报道，同时在GQDs中也观察到与激发无关的光致发光。已经有人分离出在单波长紫外光下从蓝色发射到红色（440～625nm）的GQDs，并且发现发射是与激发无关的，即每个样品只指向荧光光谱中的一个特定峰，发现不同样品的发射取决于表面。由于本节的重点是依赖于激发的光致发光，因此有必要与不依赖于激发的光致发光进行比较。一些出版物报道说，可以通过改变CQDs或GQDs的表面修饰、形状或碳化程度来获得依赖于激发和不依赖于激发的PL。

（1）依赖于激发和不依赖于激发的光致发光之间的转变的机制具体包括以下几种类型：①表面修饰。在之前的一项研究中，为了生产季铵化的碳量子点（quaternized CQDs，QCQDs）和聚乙二醇[poly(ethylene glycol)，PEG]/QCQDs复合固体薄膜，QCQDs被开发并用PEG钝化。水溶液中QCQDs的光致发光和PLE光谱正如预期的那样，光致发光光谱显示出与激发波长相关的发射，这归因于量子限制效应。当QCQDs在硅晶片上形成薄膜时，光致发光峰被钉扎在约

650nm 处，不再符合量子限制效应。为了确定 650nm 光致发光带的来源，仔细检查了 QCQDs 薄膜的激发光谱。所有的激发光谱都固定在 365nm，说明该 QCQDs 对发射波长没有依赖性。红外光谱结果表明，对于 QCQDs 固体薄膜，与碳氧比相关的振动变得更加普遍和强烈，表明与氧相关的表面态增加。因此，推测 QCQDs 的红色发射与氧相关结构有关，类似于 GO 的红色发射氧相关结构。在用 PEG-羟基对 QCQDs 进一步钝化之后，出现了 PEG_{60}/QCQDs 复合膜的光致发光和 PLE 光谱，固体膜在蓝-红区域再次显示出强的激发相关光致发光。随着激发波长的变化，光致发光峰的移动源于 QCQDs 尺寸的量子限制。这是因为，在用 PEG-羟基进一步钝化后，大多数非辐射复合缺陷被去除，因此，带间跃迁控制了发射。同样，也可以通过表面工程控制发光碳点（luminescent GQDs，L-GQDs）的激发依赖性或独立性。L-GQDs 可以通过柠檬酸和尿素之间的聚合和碳化反应制备。表面状态及其与氨基的钝化依赖于反应温度（在 160℃和 240℃制备的样品分别命名为液晶显示器-160 和液晶显示器-240）。液晶显示器-160 的发射峰被认为与激发无关，而液晶显示器-240 随着激发波长的增加明显向长波长移动。由于已知表面态能够引入 HOMO 和 LUMO 之间的发射能级，因此表面态被认为是可以影响这些特性的。正如报告中所说，液晶显示器-160 只包含一个转换模式，而液晶显示器 240 有多个转换模式。在不同的激发波长下，不同的跃迁模式对荧光起主导作用，从而解释了液晶显示器-160 的激发不依赖性和液晶显示器-240 的激发依赖性。然而，他们所有的讨论都是基于这样一个假设，即在不同的反应温度下制备的 L-GQDs 只是改变了表面。事实上，碳化程度（如局部 sp^2 区域）也高度依赖于反应温度，这也可能导致激发依赖性和激发不依赖性之间的转变。②碳化程度。Dong 等开发了一种简单的自下而上法，通过自下而上法调节柠檬酸的碳化程度来制备光致发光的 GQDs 和 GO。GQDs 和 GO 分别通过 30min 和 2h 的加热过程获得。GQDs 的发射波长几乎与激发波长无关，最大发射波长固定在 460nm。激发无关性解释了 GQDs 中 sp^2 团簇的大小和表面态是一致的。然而，当激发波长从 300nm 逐渐增加到 480nm 时，GO 的最大发射波长基本取决于激发波长（从 450nm 移动到 542nm）。GO 的宽范围和激发依赖的发射是由于不同大小的 sp^2 和每个 sp^2 簇的不同发射位置。然而，此结论缺乏关键的证据。③形状。据报道对于固体荧光碳纳米颗粒（solid fluorescent carbon nanoparticles，SFCNs）和具有中空内部的 FCNs（FCNs with hollow interiors，HFCNs）[62]，HFCNs 的发射光谱没有随着激发波长的变化而发生变化。因此，可以猜想与激发无关的发射可能是由荧光共振能量转移引起的。也有报道显示在紫外线激发下，较小尺寸的 HFCNs 发射蓝色的荧光，该荧光可以被吸收以获得更大的激发，从而 HFCNs 产生绿光。与 HFCNs 不同，SFCNs 在紫外光下发射蓝绿色光，随着激发波长从 375nm 变为 430nm，它们的光致发光波长逐渐从 450nm 变为 500nm。激发依赖性的差异归因于不同的石墨化温度。与在 90℃下获得的 SFCNs 相比，HFCNs 在相对较高的温度（117℃）下生产，石墨化程度较高。因此，HFCNs 将获得相对较大的石墨纳米状，并在长波长下表现出与激发无关的发射。

（2）依赖激发和不依赖激发的光致发光共存。如前所述，通常在荧光光谱中，依赖激发的荧光和不依赖激发的荧光共存。对于rGO和功能化的rGO，当激发波长从300nm增加到350nm时，蓝色发射几乎是固定的（圆形），而长波长（long-wavelength，LW）发射显著且均匀地红移。尽管样品制备方法不同，但这种光致发光特征也可以在其他关于rGO、GQDs和CQDs的出版物中找到，可以合理地假设蓝色发射和LW发射的来源不同。GO还原后总能观察到强蓝光发射，其位置几乎与还原过程无关。因此，蓝色发射必须来自还原过程中形成的稳定和最常见的结构，以便从大量的GQDs中始终可以观察到强蓝色发射。通过进行FTIR分析、高分辨率透射电子显微镜观测和第一性原理计算，强蓝色发射与碳缺陷状态相关联。在一些现象中经常观察到与激发相关的光致发光由两部分组成，分别是缺陷态的蓝光发射和尺寸效应引起的局域能级的可调长波长发射。此外，该模型在GQDs中进一步得到证实，一般情况下随着水热反应时间的延长，GQDs的蓝色发射逐渐下降。与碳缺陷相关的890cm^{-1}红外伸缩振动峰随着反应时间的延长而减小，与蓝色发射趋势一致。可以说，碳化程度和缺陷密度是通过改变反应时间来控制的，从而导致蓝色发射强度的变化。根据GQDs的生长模型，碳缺陷被认为是蓝色发射的原因。

3. 氧化还原过程中的光致发光变化

对氧化还原过程中光致发光变化的清晰理解，对于理解激发相关的光致发光是至关重要的。在本节中，GO 具体指的是通过 Hummers 法和改进的 Hummers 法制备的 GO，不涉及通过自下而上法制备的 GO。值得注意的是，原始 GO 及其还原产物（rGO 和 GQDs）的光致发光特性有很大不同。有报道显示了 GO 的光致发光出现在约 650nm 处，从 rGO 也可以获得类似波长的发射。当激发波长从 450nm 增加到 580nm 时，GO 的光致发光峰位置是固定的，而 rGO 的光致发光峰位置发生了明显的红移。此外，这两个光谱的半峰全宽也不同。这两个特征意味着两个 650nm 的发射源在 GO 和 rGO 中一定是不同的。有人提出，结构无序诱导的局域化态可能是 GO 的光致发光（红光发射）的原因。化学还原后，氧相关基团被消除，导致 π-π^*间隙内无序诱导态的减少。同时，来自新形成的小的孤立 sp^{2}结构域的簇状状态的数量增加。如果是这样，将激发无关的蓝色发射和激发相关的长波长发射归因于化学还原期间出现的结构应该是相当合理的。

此外，我们要强调的是，在化学还原 GO 的过程中，不仅氧含量单独降低，而且其他相应的结构也发生了本质上的变化。化学还原似乎是光致发光的原因，但实际上这种光谱变化可被视为红色发射强度的降低和在约 430nm 处出现新的蓝峰。实际上，在各种还原条件下制备的 rGO 中，蓝色荧光峰的位置几乎没有变化。尽管在以前的出版物中已经频繁地讨论了 rGO 中的光致发光机制，直到最近才有几部出版物将蓝色和红色的发射分别归因于不同的起源。

在聚合物点（polymer dots，PDs）中也经常观察到非常相似的依赖于激发的光致发光行为，包含碳核和包裹的聚合物链的非共轭聚合物点（non-conjugated PDs，NCPDs）也被认为是特定的 GQDs。由于聚合物链的存在，光致发光被交联增强发射（crosslink-enhanced emission，CEE）效应放大。据报道，对一系列基于 PEI 的 NCPDs 纳米光子晶体进行了 CEE 研究。在这种交联的基于 PEI 的聚合物点光子晶体中，潜在荧光团的振动和旋转受到限制，导致发射增强。聚合物点骨架还起到防止光致发光中心再吸收的作用，因此光致发光保留在干燥的样品中。虽然聚二甲基硅氧烷的结构不同于规则的 GQDs，但光致发光的起源接近于大多数报道的 GQDs。此外，GQDs 没有任何明显的晶格条纹，这表明它们的聚合物点无定形性质也表现出激发依赖的光致发光，同时结晶碳结构不是激发依赖的光致发光的先决条件。

3.5　石墨烯量子点在食品品质检测中的应用

GQDs 是一种廉价、无毒、光稳定、水溶性、生物相容性和环境友好的荧光体。它们在荧光生物传感器和化学传感器中有广泛的应用，可以作为荧光团或猝灭剂。作为荧光团，它们显示出可调的光致发光和“红边效应”。作为猝灭剂，它们通过电子转移或 Förster 共振能量转移（Förster resonance energy transfer，FRET）等过程表现出显著的猝灭效果。因而 GQDs 在食品品质的检测过程中显现了巨大的应用价值。

3.5.1　无机离子检测

GQDs 已被广泛用作检测无机离子的荧光传感探针，包括金属阳离子和非金属阴离子。

1. 检测金属阳离子

虽然金属阳离子在环境、生物和化学系统中起着重要作用，但它们可以通过食物链在人体中积累，导致肾脏、肝脏和大脑的严重损伤。因此，迫切需要开发对金属阳离子具有高灵敏度和选择性的传感器。GQDs 显示出很强的荧光效应，并且在其表面上具有丰富的有机基团，这使得它们适合用于制作金属阳离子检测的荧光传感探针。迄今为止，已经使用不同的基于 GQDs 的荧光传感器检测到各种金属阳离子，包括 Fe^{3+}、Hg^{2+}、Cu^{2+}、Cr^{6+}、Cd^{2+}、Pb^{2+}、Ag^{+}、Au^{3+}和 Ni^{2+}。

大多数研究主要集中在Fe^{3+}、Hg^{2+}和Cu^{2+}的检测上，可能是因为它们在生物系统中的突出作用或高毒性。Zhou等使用纯化过的显示绿色荧光的GQDs作为检测Fe^{3+}的敏感荧光探针，实现了对Fe^{3+}的较高的选择性，检出限为5×10^{-9}mol/L，且几乎不受Cu^{2+}、Fe^{2+}和Hg^{2+}的干扰，检测机制是由Fe^{3+}和GQDs的酚羟基之间的特定的配位作用引起的，也可以通过一种可控的自上而下法，以介孔二氧化硅为纳米反应器，制备显示黄色荧光的新型GQDs[63]，得到的含有丰富含氧基团如酚羟基和羧基的GQDs可以用于检测自来水中Fe^{3+}的高选择性荧光传感器，基于荧光关闭机制，得到了较高的回收率。用NaOH对GQDs的表面状态进行修正分析，以研究GQDs的猝灭机制和对Fe^{3+}的高选择性。在中性溶液中，NaOH处理的GQDs对Cu^{2+}、Co^{2+}、Mn^{2+}和Ni^{2+}表现出比其他金属离子更明显的猝灭信号，特别是对Fe^{3+}的抑制反应。这些结果表明，原始GQDs对Fe^{3+}的高选择性主要依赖于GQDs的酚羟基与Fe^{3+}之间的配位。杂原子掺杂可以极大地改变GQDs的电子特性，从而导致不寻常的荧光性质和新的应用。Li等用蓝绿色的荧光通过电化学方法合成了S-GQDs荧光探针，该探针显示出比纯GQDs对Fe^{3+}具有更敏感的荧光响应[64]。这是因为S掺杂调节了GQDs的电子局部密度，从而促进了Fe^{3+}和S-GQDs表面的酚羟基之间的配位相互作用。这种特定的配位相互作用导致了S-GQDs的荧光猝灭。S-GQDs对Fe^{3+}具有高选择性，最低检出限为4.2nmol/L，线性范围为0～0.70μmol/L。重要的是，这种新型荧光探针成功地用于人血清中Fe^{3+}的直接分析，显示了在临床诊断中的潜在应用。

表面功能化的GQDs最近已用于荧光测定Fe^{3+}。用离子液体$BMIMPF_6$制备的功能化的GQDs，借助$BMIMPF_6$的电化学裂解方法显示出蓝色荧光。基于猝灭机制，离子液体功能化的GQDs也可以被用于Fe^{3+}的光学检测。$BMIM^+$的咪唑环既可以改善GQDs的分散性，又赋予了它们对Fe^{3+}的强结合亲和力。与Mg^{2+}、Fe^{2+}、Zn^{2+}、Co^{2+}、Ni^{2+}、Cd^{2+}和K^+相比，该传感器对Fe^{3+}具有良好的选择性，理论最低检出限约为7.22μmol/L。研究人员也可以使用罗丹明B衍生物（rhodamine B derivative，RBD）-功能化GQDs（表示为RBD-GQDs）作为有效的荧光探针，基于罕见的荧光开启机制灵敏地检测Fe^{3+}。RBD-GQDs探针在癌症干细胞中显示为0.02μmol/L的检出限。他们发现，当RBD共价连接到GQDs时，RBD的水溶性、敏感性、光稳定性和生物相容性显著提高。基于RBD-GQDs的荧光传感器与Ca^{2+}、Cd^{2+}、Co^{2+}、Cu^{2+}、Hg^{2+}、K^+、Mg^{2+}、Mn^{2+}、Na^+、NH_4^+、Ni^{2+}、Pb^{2+}、Zn^{2+}和Fe^{2+}相比显示出对Fe^{3+}的高选择性，其中Al^{3+}会有轻微的干扰。与Fe^{3+}的检测类似，纯GQDs、杂原子掺杂GQDs和表面功能化GQDs已被用于检测有重毒性的Hg^{2+}，可以通过直接使用纯GQDs作为荧光探针，基于荧光关闭机制开发了食品水溶液中Hg^{2+}的新型传感平台。通过比较仅存在Hg^{2+}时，GQDs溶液的荧光猝灭强度与存在其他金属阳离子（Li^{+}、Na^{+}、K^{+}、Ca^{2+}、Mg^{2+}、Mn^{2+}、Fe^{3+}、Cu^{2+}、Zn^{2+}、Al^{3+}、Co^{2+}、Ag^{+}、Cr^{3+}、Ni^{2+}、Cd^{2+}和 Pb^{2+}）用稳态和时间分辨光谱研究了猝灭机制。作者报道 Hg^{2+}在 GQDs 表面的吸附导致探针的电子结构改变，最终导致荧光猝灭。该传感器对 Hg^{2+}的计算得到的最低检出限约为 3.36μmol/L。也有人使用富氧氮掺杂 GQDs（oxygen-rich nitrogen-doped GQDs，N-OGQDs）开发了一种有效的荧光探针，用于灵敏地检测水中的 Hg^{2+}。N-OGQDs 的荧光猝灭机制归因于从 N-OGQDs 的激发态到 Hg^{2+}的 d 轨道时的无辐射电子转移。该荧光传感器对 Hg^{2+}显示出高灵敏度，最低检出限为 8.6nmol/L。但是，此时 Pb^{2+}、Cd^{2+}、Cu^{2+}、Ni^{2+}、Fe^{3+}都在一定程度上干扰了 Hg^{2+}的检测，因此可以加入三乙醇胺和六偏磷酸钠作为 Pb^{2+}、Cd^{2+}、Cu^{2+}、Ni^{2+}、Fe^{3+}的螯合剂来除去干扰。基于荧光猝灭机制，可以使用富含胸腺嘧啶的 DNA 修正的 GQDs（DNA-modified GQDs，DNA-GQDs），DNA-GQDs 荧光探针实现了对 HeLa 细胞中 Hg^{2+}的高选择性荧光检测[65]。这次开发的 Hg^{2+}传感器不仅具有 0.25nmol/L 的超低检出限和 1nmol/L～10μmol/L 的相对宽的线性范围，而且对 Hg^{2+}的选择性高于其他金属阳离子（Na^{+}、K^{+}、Li^{+}、Ag^{+}、Pb^{2+}、Mg^{2+}、Ni^{2+}、Zn^{2+}、Co^{2+}、Cd^{2+}、Cu^{2+}、Mn^{2+}、Ca^{2+}和 Fe^{3+}）。DNA-GQDs 对 Hg^{2+}的优异选择性归因于空间分离的胸腺嘧啶碱基与 Hg^{2+}的强配位。更重要的是，他们发现，与 DNA-GQDs 探针相比，非修正的 GQDs 对 Hg^{2+}仅表现出很小的荧光反应。这表明荧光猝灭机制涉及 DNA-GQDs 的非辐射电子转移猝灭，通过 Hg^{2+}与 DNA 的胸腺嘧啶碱基结合形成 T—T 错配发夹结构。

Cu^{2+}是一种对生态环境和人体的健康都极具破坏力的重金属污染物，且极容易通过食用水或者农产品等进入人体中，所以对其实现快速而精准的检测是极为重要的。为了检测 Cu^{2+}，Wang 等利用显示蓝色荧光的 GQDs 作为荧光探针。他们基于 GQDs 荧光猝灭的探针成功地检测了水中的 Cu^{2+}。该传感器对 Cu^{2+}的灵敏度高于对 Fe^{3+}、Al^{3+}、Mn^{2+}、Zn^{2+}、Ca^{2+}、Mg^{2+}、Ag^{+}、Ni^{2+}、Co^{2+}、Pb^{2+}、Cd^{2+}、Hg^{2+}、Li^{+}、Na^{+}和 K^{+}等其他金属阳离子的灵敏度，且具有较高的选择性[66]。此外，它的线性范围为 0～15μmol/L，最低检出限为 0.226μmol/L。作者还研究了这种探针的荧光猝灭机制，他们认为荧光猝灭主要是由于 Cu^{2+}和作为电子供体的 GQDs 的含氧基团之间形成了非荧光络合物。也有报道显示了基于荧光关闭机制的 af-GQDs 探针来检测 Cu^{2+}。研究发现 af-GQDs 对 Cu^{2+}的荧光响应比对 Al^{3+}、Ag^{+}、Co^{2+}、Cd^{2+}、Ni^{2+}、Mg^{2+}、Mn^{2+}、Pb^{2+}、Zn^{2+}、Fe^{2+}、Fe^{3+}和 Hg^{2+}的响应更大。相反，纯 GQDs 对 Cu^{2+}没有选择性，此时 Al^{3+}、Co^{2+}、Cd^{2+}、Mn^{2+}、Pb^{2+}、Fe^{2+}和 Fe^{3+}的干扰不可忽略。一个可能的原因是氨基的引入增加了表面共存的氮和氧对 Cu^{2+}的结合亲和力，与其他金属阳离子相比，增加了 Cu^{2+}的螯合动力学。构建的可在活细胞中使用的用于 Cu^{2+}检测的荧光传感器的线性范围为 0～100nmol/L，最低检出限为 6.9nmol/L。

2. 检测非金属阴离子

最近，GQDs 还被用作荧光探针通过“开-关-开”荧光响应来检测包括亚硫酸盐、硫酸盐和焦磷酸盐（pyrophosphate，PYP）离子在内的非金属离子。类似于用于检测 PYP 高选择性的碳量子点，可以通过赖氨酸和 GO 的水热处理制备具有黄绿色荧光的 N-GQDs。基于以下考虑构建了一种 Eu^{3+}调制的 N-GQDs 开关荧光探针用于 PYP 检测：①Eu^{3+}可以通过 Eu^{3+}与 N-GQDs 表面上的羧基和酰胺基的配位来猝灭 N-GQDs 的荧光效应；②PYP 可以通过去除 Eu^{3+}来恢复 N-GQDs 的猝灭荧光信号，因为 PYP 对 Eu^{3+}的亲和力高于 N-GQDs 的羧基，而如 F^-、Cl^-、Br^-、I^-、HCO_3^-、CO_3^{2-}、Ac^-、NO_2^-、S^{2-}和 PO_4^{3-} 等一些阴离子没有恢复荧光信号，表明该系统选择性检测 PYP 的良好潜力。开发的 PYP 传感器显示线性范围为 0.3～5μmol/L，最低检出限为 0.074μmol/L，并成功检测到尿样中的质子泵抑制剂（proton pump inhibitor，PPI）。

3.5.2 有机小分子检测

食品中经常会存在一些尿素等污染物，急需通过快速、有效的方法进行检测，以保证食品品质的安全性。与用于敏感检测有机分子的碳量子点类似，用荧光 GQDs 检测有机小分子也成为近年来一个有趣的目标。基于打开或关闭的荧光响应，使用荧光 GQDs 探针光学检测了有机材料，如 H_2O_2、抗坏血酸、双酚 A、二羟基苯、对苯二酚、尿素、三聚氰胺、葡萄糖和 2,4,6-三硝基苯酚（2,4,6-trinitrophenol，TNP）。受成功检测金属阳离子的启发，研究人员最近使用 GQDs 作为直接或间接传感探针来检测有机小分子。作为直接传感探针，GQDs 的荧光可以被特定的有机分子直接猝灭或增强。例如，Lin 等制备了显示强蓝色荧光的 N-GQDs，其被 TNP 直接猝灭[67]。基于这一发现，作者直接用 N-GQDs 作为探针构建了一个线性范围为 1～60μmol/L、检出限为 0.30μmol/L 的 TNP 传感器。构建的 TNP 传感器的选择性也用结构相关的芳香物质（甲苯、苯酚和硝基苯、4-硝基甲苯、2,4-二硝基甲苯、2,4-二硝基苯酚和 2,4,6-三硝基甲苯）和金属阳离子（Ca^{2+}、Co^{2+}、Ag^+、Pb^{2+}、Mn^{2+}、Cd^{2+}、Ba^{2+}、K^+、Na^+、Al^{3+}、Zn^{2+}、Cu^{2+}、Cr^{3+}、Ni^{2+}、Fe^{3+}和 Hg^{2+}）进行了研究。该传感器显示出对 TNP 的高选择性，对 Fe^{2+}、Fe^{3+}和 Hg^{2+}只有小的荧光响应，通过加入乙二胺四乙酸可以有效地消除这些响应。研究人员推测，TNP 对 N-GQDs 的荧光猝灭是由电子转移及通过 N-GQDs 和 TNP 之间的强静电相互作用形成非荧光复合物引起的。Zhang 及其同事制备了表面带有硼酸基团的 B-GQDs[68]。B-GQDs 的荧光强度随着葡萄糖浓度 0.1～10mmol/L 线性增加，检出限为 0.03mmol/L。他们假设葡萄糖中的两个顺式二醇单元可以与 B-GQDs 表面上的两个硼酸基团反应，形成结构刚性的 B-GQDs-葡萄糖聚集体，限制分子内旋转，从而导致荧光效应的增强。与果糖、半乳糖和甘露糖相比，该传感器对葡萄糖具有良好的选择性。这是因为果糖、半乳糖和甘露糖不含顺式二醇单元，通过交联诱导的聚集来增强 B-GQDs 的荧光效应。

在金属离子或氧化剂的帮助下，GQDs 的荧光可以被检测到的有机分子直接猝灭。研究表明通过在 Hg^{2+}的存在下直接荧光猝灭以芳香族 sp^2 结构域为主的 GQDs，开发了一个快速检测的三聚氰胺的荧光传感平台。他们推测将三聚氰胺加入含有 Hg^{2+}的 GQDs 溶液中，三聚氰胺首先通过其氮原子（胺和三嗪基团）与 Hg^{2+}配位，然后 Hg^{2+}通过 GQDs 和三聚氰胺之间的 π-π 堆积与 GQDs 表面相互作用，构建的三聚氰胺荧光传感器的线性范围为 0.15～20μmol/L，检出限为 0.12μmol/L，并成功用于原料奶中三聚氰胺的检测。

3.6 展　　望

作为一种新型石墨烯基纳米材料，GQDs 因其低细胞毒性、优异的稳定性等优点在食品、环境、生物等领域引起了广泛的研究。有许多方法可以用来制备具有特殊性质的 GQDs，如吸收、光致发光和电致发光，这些性质可以通过独特的尺寸调谐和功能修饰来监测带隙获得。然而，现今仍有一些问题需要进一步研究：

（1）尽管到目前为止，对 GQDs 的光致发光性质已经提出了一些可能的机制，如尺寸效应、表面修饰和掺杂其他元素，但依旧没有达成统一的共识。

（2）从所产生的 GQDs 的光学性质推导出的机制各不相同，因此研究 GQDs 光致发光的详细机制将是非常重要的。

（3）制备具有均匀尺寸和形态的高质量 GQDs 的探索仍在进行中。

（4）由于从大的石墨烯基材料得到的 GQDs 在尺寸和形态上是不均匀的，我们期望通过合适的合成方法从小分子中得到 GQDs。

（5）尽管已经获得了具有不同颜色的光致发光性质的 GQDs，包括近红外区域的光致发光，但是大多数 GQDs 的量子产率仍然低于 20%，因此改进 GQDs 是势在必行的，因为它们在许多领域的应用由于其较低的量子产率而受到限制。

（6）可以考虑用金属增强荧光来提高量子产率。

（7）与量子点的环境应用相比，量子点在食品检测领域的应用还有待进一步研究。

为了应对这些挑战，更先进的光谱技术，如单粒子光谱和超快光谱可能在未来发挥重要作用。例如，单个粒子水平的光谱学可以用于分析是单独的粒子负责不同激发波长的发射，还是单个粒子负责多个波长的发射。除了对类似结构的深入了解，如聚合物点，还将为内在机制提供非常有用的信息。在实际应用中，荧光碳纳米结构有望成为生物传感、生物成像、照明和显示等领域的材料。对激发相关发光机制的深入和复杂的理解对调节发光非常有指导意义，这对它们的应用是非常有益的。此外，众所周知，长波长发射有利于生物成像。如果发现了长波长发射的结构，最终可以通过结构工程来选择性增强长波长发射。同样可能的是，如果可以在单波长紫外光的激发下获得从蓝色到红色的全部发射，那么将很容易实现紫外转换的白光发射，这可能会给下一代照明和显示带来革命性的变化。毫无疑问，需要开发新的表面改性策略来应用于食品分析。凭借其均匀的尺寸、优异的光致发光和高量子产率，GQDs 无疑将被用于更具创造性的领域。

参考文献

[1] Geim A K, Novoselov K S. The rise of graphene. Nat Mat, 2007, 6: 183-191.

[2] Geim A K. Graphene: status and prospects. Science, 2009, 324(5934): 1530-1534.

[3] Stoller M D, Park S J, ZhuY W, et al. Graphene-based ultracapacitors. Nano Lett, 2008, 8(10): 3498-3502.

[4] Chen H Q, Muller M B, Gilmore K J, et al. Mechanically strong, electrically conductive, and biocompatible graphene paper. Adv Mat, 2008, 20(18): 3557-3561.

[5] Matthew J A, Vincent C T, Richard B K. Honeycomb carbon: a review of graphene. Chem Rev, 2010, 110(1): 132-145.

[6] Loh K P, Bao Q L, Eda G, et al. Graphene oxide as a chemically tunable platform for optical applications. Nat Chem, 2010, 2: 1015-1024.

[7] Bruchez Jr M, Moronne M, Gin P, et al. Semiconductor nanocrystals as fluorescent biological labels. Science, 1998, 281 (5385): 2013-2016.

[8] Chan W C W, Nie S. Quantum dot bioconjugates for ultrasensitive nonisotopic detection. Science, 1998, 281(5385): 2016-2018.

[9] Tang B, Niu J Y, Yu C G, et al. Highly luminescent water-soluble CdTe nanowires as fluorescent probe to detect copper(Ⅱ). Chem Commun, 2005, (33): 4184-4186.

[10] Tu R Y, Liu B H, Wang Z Y, et al. Amine-capped ZnS-Mn^{2+}nanocrystals for fluorescence detection of trace TNT explosive. Anal Chem, 2008, 80(9): 3458-3465.

[11] Chen C, Peng J, Xia H S, et al. Quantum dots-based immunofluorescence technology for the quantitative determination of HER2 expression in breast cancer. Biomaterials, 2009, 30(15): 2912-2918.

[12] Geng X, Niu L, Xing Z, et al. Aqueous-processable noncovalent chemically converted graphene-quantum dot composites for flexible and transparent optoelectronic films. Adv Mat, 2010, 22(5): 638-642.

[13] Li L L, Liu K P, Yang G H, et al. Fabrication of graphene-quantum dots composites for sensitive electrogenerated chemiluminescence immunosensing. Adv Funct Mat, 2011, 21(5): 869-878.

[14] Yan J, Ye Q, Wang X, et al. CdS/CdSe quantum dot co-sensitized graphene nanocomposites via polymer brush templated synthesis for potential photovoltaic applications. Nanoscale, 2012, 4(6): 2109-2116.

[15] Lightcap I V, Kamat P V. Fortification of CdSe quantum dots with graphene oxide. Excited state interactions and light energy conversion. J Am Chem Soc, 2012, 134(16): 7109-7116.

[16] Iannazzo D, Pistone A, Salamò M, et al. Graphene quantum dots for cancer targeted drug delivery. Int J Pharmaceut, 2017, 518(1): 185-192.

[17] Feng L L, Wu Y X, Zhang D L, et al. Near infrared graphene quantum dots-based two-photon nanoprobe for direct bioimaging of endogenous ascorbic acid in living cells. Anal Chem, 2017, 89(7): 4077-4084.

[18] Qu D, Zheng M, Li J, et al. Tailoring color emissions from N-doped graphene quantum dots for bioimaging application. Light-Sci Appl, 2015, 4(12): e364-e364.

[19] Liu R, Wu D, Feng X, et al. Bottom-up fabrication of photoluminescent graphene quantum dots with uniform morpholog. J Am Chem Soc, 2011, 133(39): 15221-15223.

[20] Li Y, Zhao Y, Cheng H, et al. Nitrogen-doped graphene quantum dots with oxygen-rich functional groups. J Am Chem Soc, 2012, 134(1): 15-18.

[21] Dong Y, Shao J, Chen C, et al. Blue luminescent graphene quantum dots and graphene oxide prepared by tuning the carbonization degree of citric acid. Carbon, 2012, 50(12): 4738-4743.

[22] Zhang M, Bai L, Shang W, et al. Facile synthesis of water-soluble, highly fluorescent graphene quantum dots as a robust biological label for stem cells. J Mat Chem, 2012, 22(15): 7461-7467.

[23] Zhou X, Zhang Y, Wang C, et al. Photo-fenton reaction of graphene oxide: a new strategy to prepare graphene quantum dots for DNA cleavage. ACS Nano, 2012, 6(8): 6592-6599.

[24] Pan D, Zhang J, Li Z, et al. Hydrothermal route for cutting graphene sheets into blue-luminescent graphene quantum dots. Adv Mat, 2010, 22(6): 734-738.

[25] Zhuo S, Shao M, Lee S T. Upconversion and downconversion fluorescent graphene quantum dots: ultrasonic preparation and photocatalysis. ACS Nano, 2012, 6(2): 1059-1064.

[26] Shen J H, Zhu Y H, Chen C, et al. Facile preparation and upconversion lumen escence of graphene quantum dots. Chem Commun, 2011, (47): 2580-2582.

[27] Jiang F, Chen D, Li R, et al. Eco-friendly synthesis of size-controllable amine-functionalized graphene quantum dots with antimycoplasma properties. Nanoscale, 2013, 5(3): 1137-1142.

[28] Zhu S, Zhang J, Tang S, et al. Surface chemistry routes to modulate the phot oluminescence of graphene quantum dots: from fluorescence mechanism to up-conversion bioimaging applications. Adv Funct Mater, 2012, 12: 4732-4740.

[29] Li Q Q, Zhang S, Dai L M, et al. Nitrogen-doped colloidal graphene quantum dots and their size-dependent electrocatalytic activity for the oxygen reduction reaction. J Am Chem Soc, 2012, 134: 18932-18935.

[30] Peng J, Gao W, Gupta B K, et al. Graphene quantum dots derived from carbon fibers. Nano Lett, 2012, 12: 844-849.

[31] Lu J, Yang J, Wang J, et al. One-pot synthesis of fluorescent carbon nanoribbons, nanoparticles, and graphene by the exfoliation of graphite in ionic liquids. ACS Nano, 2009, 3: 2367-2375.

[32] Zhu S, Zhang J, Qiao C, et al. Strongly green-photoluminescent graphene quantum dots for bioimaging applications. Chem Commun, 2011, 47: 6858-6860.

[33] Lee J, Kim K, Park W I, et al. Uniform graphene quantum dots patterned from self-assembled silica nanodots. Nano Lett, 2012, 12: 6078-6083.

[34] Tang L, Ji R, Cao X, et al. Deep ultraviolet photoluminescence of water-solub le self-passivated graphene quantum dots. ACS Nano, 2012, 6: 5102-5110.

[35] Luo P H, Ji Z, Li C, et al. Aryl-modified graphene quantum dots with enhan ced photoluminescence and improved pH tolerance. Nanoscale, 2013, 5: 7361-7367.

[36] Li L L, Ji J, Fei R, et al. A facile microwave avenue to electrochemiluminescent two-color graphene quantum dots.

Adv Funct Mater, 2012, 22(14): 2971-2979.

[37] Ananthanarayanan A, Wang Y, Routh P, et al. Nitrogen and phosphorus co-doped graphene quantum dots: synthesis from adenosine triphosphate, optical properties,and ceuular imaging. Nanoscale, 2015, 7: 8159-8165.

[38] Zhang B X, Gao H, Li X L. Synthesis and optical properties of nitrogen and sulfur co-doped graphene quantum dots. New J Chem, 2014, 38(9): 4615-4621.

[39] Kundu S, Yadav R M, Narayanan T N, et al. Synthesis of N, F and S co-doped graphene quantum dots. Nanoscale, 2015, 7(27): 11515-11519.

[40] Qu D, Zheng M, Du P, et al. Highly luminescent S, N co-doped graphene qua ntum dots with broad visible absorption bands for visible light photocatalysts. Nanoscale, 2013, 5(24): 12272-12277.

[41] Mueller M L, Yan X, McGuire J A, et al. Triplet states and electronic relax ation in photoexcited graphene quantum dots. Nano Lett, 2010, 10(7): 2679-2682.

[42] Zhu C, Yang S, Wang G, et al. Negative induction effect of graphite N on graphene quantum dots: tunable band gap photoluminescence. J Mater Chem C, 2015, 3(34): 8810-8816.

[43] Pan D, Zhang J, Li Z, et al. Hydrothermal route for cutting graphene sheets into blue-luminescent graphene quantum dots. Adv Mater, 2010, 22: 734-738.

[44] Li N, Than A, Sun C, et al. Monitoring dynamic cellular redox homeostasis using fluorescence-switchable graphene quantum dots. ACS Nano, 2016, 10: 11475-11482.

[45] Li N, Than A, Chen J, et al. Graphene quantum dots based fluorescence turn-on nanoprobe for highly sensitive and selective imaging of hydrogen sulfide in living cells. Biomater Sci, 2018, 6: 779-784.

[46] Gao T, Wang X, Yang L Y, et al. Red, yellow, and blue luminescence bygrap hene quantum dots: syntheses, mechanism, and cellular imaging. ACS Appl Mater Inter, 2017, 9: 24846-24856.

[47] Ding H, Zhang F, Zhao C, et al. Beyond a carrier: graphene quantum dotsasa probe for programmatically monitoring anti-cancer drug delivery, release, and response. ACS Appl Mater Inter, 2017, 9: 27396-27401.

[48] Su Z, Shen H, Wang H, et al. Motif-designed peptide nanofibers decorated with graphene quantum dots for simultaneous targeting and imaging of tumor cells. Adv Funct Mater, 2015, 25: 5472-5478.

[49] Zhang Q, Deng S, Liu J, et al. Cancer-targeting graphene quantum dots: fluorescence quantum yields, stability, and cell selectivity. Adv Funct Mater, 2019, 29: 1805860.

[50] Bansal S, Singh J, Kumari U, et al. Development of biosurfactant-based grap hene quantum dot conjugate as a novel and fluorescent theranostic tool for cancer. Int J Nanomed, 2019, 14: 809-818.

[51] Wang G, He P, Xu A, et al. Promising fast energy transfer system between graphene quantum dots and the application in fluorescent bioimaging. Langmuir, 2019, 35: 760-766.

[52] Wang H, Mu Q, Wang K, et al. Nitrogen and boron dual-doped graphene quantum dots for near-infrared second window imaging and photothermal therapy. Appl Mater Today, 2019, 14: 108-117.

[53] Qian Z S, Shan X Y, Chai L J, et al. A universal fluorescence sensing strategy based on biocompatible graphene quantum dots and graphene oxide for the detection of DNA. Nanoscale, 2014, 6(11): 5671-5674.

[54] Bhatnagar D, Kumar V, Kumar A, et al. Graphene quantum dots fret based sensor for early detection of heart attack in human. Biosens Bioelectron, 2016, 79: 495-499.

[55] Li X, Zhu S, Xu B, et al. Self-assembled graphene quantum dots induced by cytochrome c: a novel biosensor for trypsin with remarkable fluorescence enhancement. Nanoscale, 2013, 5(17): 7776-7779.

[56] Gan Z, Xiong S, Wu X, et al. Mechanism of photoluminescence from chemically derived graphene oxide: role of chemical reduction. Adv Optical Mater, 2013, 1(12): 926-932.

[57] LeCroy G E, Sonkar S K, Yang F, et al. Toward structurally defined carbon dots as ultracompact fluorescent probes. ACS Nano, 2014, 8(5): 4522-4529.

[58] Gao M X, Liu C F, Wu Z L, et al. A surfactant-assisted redox hydrothermal route to prepare highly photoluminescent carbon quantum dots with aggregation-induced emission enhancement properties. Chem Commun, 2013, 49(73): 8015-8017.

[59] Kasha M. Characterization of electronic transitions in complex molecules. Discuss Faraday Soc, 1950, 9: 14-19.

[60] Pan D Y, Zhang J C, Li Z, et al. Hydrothermal route for cutting graphene sheets into blue-luminescent graphene quantum dots. Adv Mater, 2010, 22(6): 734-738.

[61] Kumar P V, Bernardi M, Grossman J C. The impact of functionalization on the stability, work function, and photoluminescence of reduced graphene oxide. ACS Nano, 2013, 7(2): 1638-1645.

[62] Fang Y X, Guo S J, Li D, et al. Easy synthesis and imaging applications of cross-linked green fluorescent hollow carbon nanoparticles. ACS Nano, 2012, 6(1): 400-409.

[63] Xu H, Zhou S, Xiao L, et al. Nanoreactor-confined synthesis and separation of yellow-luminescent graphene quantum dots with a recyclable SBA-15 template and their application for Fe(III) sensing. Carbon, 2015, 87: 215-225.

[64] Li S, Li Y, Cao J, et al. Sulfur-doped graphene quantum dots as a novel fluorescent probe for highly selective and sensitive detection of Fe^{3+}. Anal Chem, 2014, 86(20): 10201-10207.

[65] Zhao X, Gao J, He X, et al. DNA-modified graphene quantum dots as a sensing platform for detection of Hg^{2+} in living cells. RSC Adv, 2015, 5(49): 39587-39591.

[66] Wang F, Gu Z, Lei W, et al. Graphene quantum dots as a fluorescent sensing platform for highly efficient detection of copper(Ⅱ) ions. Sensor Actuat B-Chem, 2014, 190: 516-522.

[67] Lin L, Rong M, Lu S, et al. A facile synthesis of highly luminescent nitrogen-doped graphene quantum dots for the detection of 2,4,6-trinitrophenol in aqueous solution. Nanoscale, 2015, 7: 1872-1878.

[68] Zhang L, Zhang Z Y, Liang R P, et al. Boron-doped graphene quantum dots for selective glucose sensing based on the "abnormal" aggregation-induced photoluminescence enhancement. Anal Chem, 2014, 86(9): 4423-4430.

第4章 上转换荧光纳米材料传感快速检测技术及应用

4.1 上转换荧光纳米材料的定义

物质将吸收的能量以光辐射的方式散发出去，这是我们常见到的发光现象。其本质是物质的原子或离子吸收外界光照或电磁辐射等能量，从基态跃迁至激发态，在从激发态恢复至基态的过程中，被吸收的能量会以光或热的形式释放出来，以光的电磁波辐射形式表现出来即为发光现象。大部分的发光现象都遵循斯托克斯定律，即物质受到较短波长的光的激发时，会发射较长波长的光。而上转换发光是不遵循斯托克斯定律的反斯托克斯发光，发射波的波长短于激发波的波长，发射的光子能量高于所吸收的能量。具有上转换发光特征的纳米材料即为上转换荧光纳米材料（upconversion fluorescent nanoparticles，UCNPs）。

关于上转换发光的记录最早可以追溯到 1959 年，研究人员在使用 960nm 近红外光激发多晶的 ZnS 时意外地发现了 525nm 处发射的绿色荧光。1966 年，法国科学家 François Auzel 在研究钨酸镱钠玻璃时，发现当基质材料中掺入 Yb^{3+}、Ho^{3+}、Er^{3+}和 Tm^{3+}等离子时，上转换发光强度提高了接近两个数量级，于此正式提出“上转换发光”的概念。

上转换荧光纳米材料通常是过渡金属掺杂或稀土元素掺杂的化合物，极少数碳量子点也具有上转换发光的特性。上转换荧光纳米材料由主基质、敏化剂和激活剂组成。当用近红外光照射到上转换荧光纳米材料颗粒表面时，敏化剂可以吸收多个光子，并把这些能量传递给激活剂，使激活剂达到激发态。当激活剂连续从敏化剂中吸收能量并达到相应的激发态时，便可以发射出波长短于激发光的高能光子，即在近红外光的激发下，发射出紫外到近红外范围内的光。上转换荧光纳米材料的掺杂组成决定激发和发射的波长。如图 4-1 所示，根据激活剂离子类型的不同，可以得到不同的发射带。此过程是一个非线性的光学过程，主要利用稀土元素的核外电子在跃迁过程中发生反斯托克斯效应，其量子产率取决于纳米颗粒的组成、尺寸、表面结构及激发光的能量。

上转换荧光纳米材料受近红外激发，可以有效降低组织对光的吸收和散射，减少自发光的干扰，信噪比高，具有较强的组织穿透力。此外，其光化学性质稳定，不易被光漂白，长时间或强光的照射下仍能够保持较高的光学稳定性，因此已广泛用于生物标记、细胞成像、病变检测、DNA 检测、生物传感、光热疗法等领域。

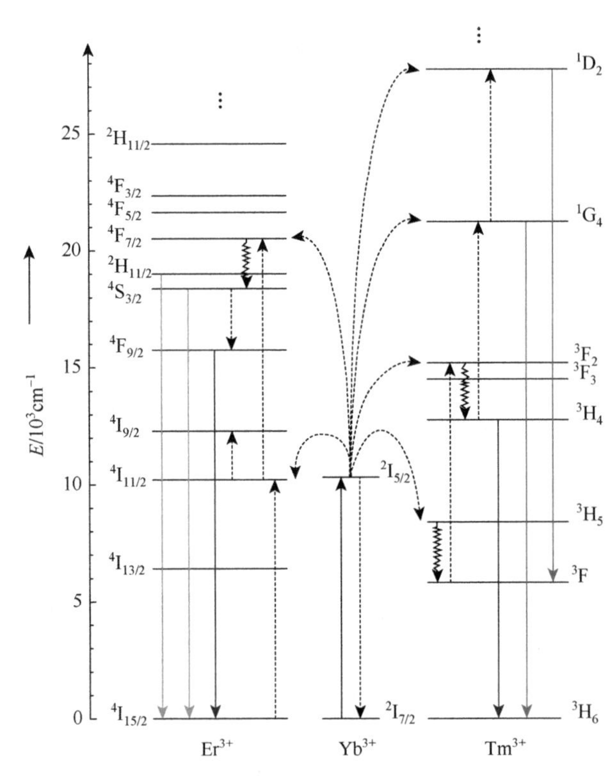

图 4-1　$NaYF_4$: Yb, Er, Tm 上转换荧光纳米材料反斯托克斯过程的能级图

4.2　上转换荧光纳米材料的特性

4.2.1　上转换荧光纳米材料的光学特性

上转换荧光纳米材料以其上转换发光的独特光学特征引起了研究学者的关注，通过相关工作对发光原理进行探究。上转换发光机制主要为激发态吸收（excited state absorption，ESA）、能量传递上转换（energy transfer up-conversion，ETV）、光子雪崩（photon avalanching，PA）三种（图 4-2）。

激发态吸收的机制是上转换发光最基本的过程，是同一个离子由基态能级连续吸收多个光子到达较高发光能级的过程。激发态吸收是单个离子吸收能量的过程，所以理论上与激活剂在基质中的掺杂浓度无关。

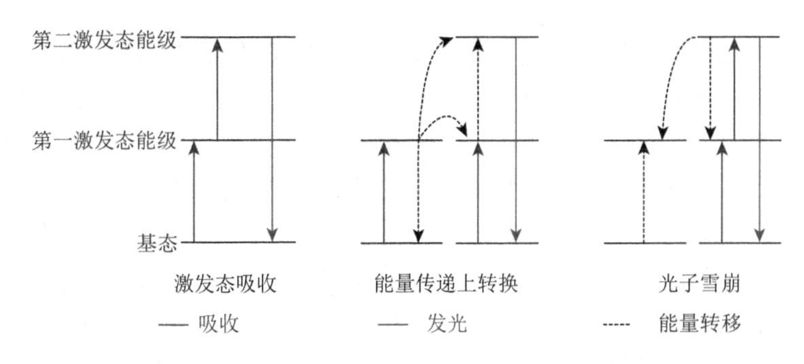

图4-2　上转换荧光纳米材料的上转换发光机制

能量传递是间接地将激活剂激发到激发能级而发生上转换发光的过程，其机制是处于激发态的施主离子能将能量传递给受主离子，使受主离子跃迁至更高能级，而施主离子则通过无辐射跃迁返回基态能级。按照不同能量传递方式其机制可以分为伴随激发态吸收能量传递、连续能量传递、交叉弛豫、协同敏化和协同发光五类。

（1）伴随激发态吸收能量传递是指处于激发态能级的敏化剂离子将能量传递给激活剂离子，使后者跃迁至激发态能级，而前者则通过无辐射跃迁方式返回基态。位于激发态能级的激活剂离子再发生激发态吸收，跃迁到更高的激发态能级。

（2）连续能量传递是在伴随激发态吸收能量传递的基础上，已经位于激发态的激活剂离子还能再与敏化剂离子发生第二次能量传递而跃迁到更高的激发态能级。

（3）交叉弛豫是指同时位于激发态能级上的两种相同离子之间其中一个离子将能量传递给另一个离子，使后者跃迁到更高的能级，而前者则以无辐射跃迁的形式回到较低的能级。交叉弛豫中的敏化剂离子和激活剂离子为同一离子。

（4）协同敏化是一种发生在三个或多个离子之间的作用，位于激发态的两个或多个敏化剂离子同时将能量传递给另一个处于基态的激活剂离子，使后者跃迁到更高的激发态能级，而这几种敏化剂离子则以无辐射跃迁的形式回到基态。

（5）协同发光是指两个互相作用的激发态离子同时回到基态能级，发射一个能量等于这两个离子跃迁释放能量之和的光子，但此过程不存在真实的发光能级。

能量传递上转换均为离子之间的相互作用，掺杂离子（敏化剂和激活剂）在基质中的掺杂浓度是关键因素。一般来说，为能保证掺杂离子之间的距离足够小，掺杂离子的浓度必须足够大，从而才能实现能量传递过程。

光子雪崩的过程也可以理解为激发态吸收和交叉弛豫两种机制协同作用的结果。

由以上机制看出，上转换发光是非常复杂的过程，也可能是几种机制同时存在并相互影响的结果。有无敏化剂、掺杂离子类型、浓度及不同激发光波长决定了能否发生上转换发光。

上转换荧光纳米材料独特的发光机制有多种显著的特点，如极弱的背景荧光、大的反斯托克斯效应、窄的发射带宽、不易光漂白、荧光稳定、更少的光散射和更深的组织穿透力等，使得其能够在光学生物成像中脱颖而出。尤其是这些纳米颗粒的荧光稳定且不闪烁的特点，使得其能够更好地实现在小动物体内或体外的细胞成像而无背景荧光干扰。上转换荧光纳米材料是由近红外光激发的，又可以发射近红外光，因此，其在体内成像时可以有较少的光散射和较深的组织穿透能力。因而，上转换荧光纳米材料可以在单一激发光源的激发下，同时发射出不同颜色的可见光，可用于活体内的多色成像，还可以用于小动物体内或其浅表组织的成像。

4.2.2　上转换荧光纳米材料的化学特性

上转换荧光纳米材料颗粒形状、大小可控，并且具有较大的比表面积，因此可以很好地结合配体或药物。上转换荧光纳米材料与配体可以通过非共价键或共价键进行偶联。此外，上转换荧光纳米材料表面可以进行调整来使其有多种配位功能，由此可以提供一个有效的药物输送系统以进行目标细胞定位，确保细胞摄取和载体释放。

4.2.3　上转换荧光纳米材料的生物相容性

上转换荧光纳米材料具有低细胞毒性的优势，这对于生物传感和活体成像等实际应用是非常重要的。赵军伟对上转换荧光纳米材料的细胞毒性进行了评估。通过上转换荧光纳米材料和小鼠肝癌 H22 细胞系孵育 48h 后，用四甲基偶氮唑盐微量酶反应比色法对细胞的存活率进行检测，结果表明上转换荧光纳米材料基本对细胞没有明显的毒性作用，并且不会影响细胞的增殖能力。Xiong 等也对上转换荧光纳米材料的细胞毒性进行探究，在小鼠体内注射 15mg/kg 上转换荧光纳米材料，长期的活体成像和毒性分析实验结果表示，上转换荧光纳米材料在体内主要滞留在脾和肝脏，并且大多数上转换荧光纳米材料可以随着代谢排出体外。在监测的 115d 内，小鼠未出现异常反应。通过组织和血液分析对上转换荧光纳米材料的毒性进行评估，验证了上转换荧光纳米材料低细胞毒性的特征[1]。

4.3　上转换荧光纳米材料的制备方法

4.3.1　上转换荧光纳米材料的合成方法

上转换荧光纳米材料能级的转化主要定域在敏化剂和激活剂之间，通过偶极或其他相互作用改变传递能量。反应物的均一分散和比例优化、对掺杂元素氧化态的控制是制备过程中的重点。随着对上转换荧光纳米材料研究的不断深入，研究人员开发了多种上转换荧光纳米材料的合成方法，主要包括共沉淀法、水热合成法、热分解法、溶胶-凝胶法、微乳液法等。

1. 共沉淀法

共沉淀法通过络合反应先使被沉淀组分与络合剂形成络合物，接着再与沉淀剂发生沉淀反应，使沉淀从溶液中析出，将生成的产物洗涤后，再通过加热干燥或者煅烧而制备上转换荧光纳米材料。Yi等报道了使用乙二胺四乙酸作为络合剂，采用共沉淀的方法，通过调节乙二胺四乙酸和稀土离子的比例来控制所得到的$NaYF_4$: Yb, Er纳米颗粒粒径，使粒径处于37～166nm。但是刚制备得到的颗粒仅具有较弱的上转换发光，需要经过高温煅烧后才能有较强的上转换发光。而经过高温煅烧后，往往导致纳米颗粒粘连，因而限制了此种方法的广泛应用。

2. 水热合成法

水热合成法是指在特制的反应容器（如高压反应釜）中，采用水溶液作为反应体系，通过将反应体系加热，产生高压环境继而使得体系有一定的压力和温度，反应物质在水溶液中进行化学反应而合成上转换荧光纳米材料。Wang等采用温和的水热合成法，通过调节反应溶液中Y^{3+}和F^-的比例，控制$NaYF_4$颗粒的形态和结构。虽然通过改变控制条件可以得到令人满意的上转换荧光纳米材料，但是水热合成法往往制备过程耗时较长。

3. 热分解法

将稀土元素的有机化合物前驱物在绝氧无水条件下加入到高沸点的有机溶剂中，前驱物迅速分解、成核、生长的方法为热分解法。Zhang等首次用三氟乙酸镧作为前驱物，在280℃油酸-十八烯混合液中合成单分散的LaF_3单晶三角形纳米片。Boyer将前驱物$(CF_3COO)_3RE$和CF_3COONa的十八烯混合溶液加热至125℃，再缓慢加入油酸-十八烯混合液中，在310℃下制备得到了α-$NaYF_4$: Yb, Er, Tm，粒径平均在22～32nm，但是α晶型的材料发光性能不佳。Wei等采用了一种新颖的思路，把制得的稀土油酸盐作为前驱物溶解在十八烯中，随后将其迅速注入含有NaF的高温十八烯溶剂中，在260℃下得到β-$NaYF_4$: Yb, Er, Tm。Mai等采用类似的方法，将前驱物$(CF_3COO)_3RE$和CF_3COONa在混合溶液（油酸-十八烯和油酸-油胺-十八烯）中发生热分解反应，并通过研究前驱物中溶液组成、Na/RE的摩尔比、反应温度及反应时间等条件来调节纳米颗粒的尺寸、形貌和晶型，同时还解释了可控合成机制，分别得到了α晶型和β晶型的$NaYF_4$: Yb, Er, Tm上转换纳米颗粒。

Yi 等首次用油胺代替了油酸-十八烯混合液，将三氟乙酸金属盐前驱物在330℃的油胺中反应 1h，合成了粒径为 11nm 的 β-$NaYF_4$: Yb, Er, Tm 上转换荧光纳米颗粒。采用热分解法得到的上转换荧光纳米颗粒具有结晶性好、尺寸统一、形貌可控及粒度可调节等优点。但上转换荧光纳米颗粒表面通常包覆油酸和油胺等有机分子，导致水分散性不好，需要进一步表面修饰方可使用。

4. 溶胶-凝胶法

应用此方法制备的上转换荧光纳米材料，产物的形貌和粒径很难得到控制，且分散性不好，而且在制备过程中，上转换荧光纳米材料通常会受到污染。此方法也是制备一些无机材料如玻璃、薄膜等的常见方法，并且成本非常低，制备条件也非常简单，但是其产物比较容易产生团聚现象，在合成过程中所产生的污染也相对来说比较大，合成过程所需要的周期较长，影响产物粒径及形貌的因素也相对较多。另外，该法还需要特定的陈化一段时间。

5. 微乳液法

微乳液法就是反应体系在一定的乳化剂的作用下，其中的水相以微液滴的形式分散在油相中，从而得到了全新的反应体系，即在彼此互不相溶的两种液体组成的反应体系下，通过一系列的特定反应，来合成上转换荧光纳米材料。利用此方法制备上转换荧光纳米材料，产物的粒径可控，尺寸均匀，分布范围较窄。但是所需原料较多，工艺较复杂，且需要控制的条件也比较苛刻。

4.3.2 上转换荧光纳米材料的改性和修饰方法

一般合成上转换荧光纳米材料的方法导致上转换荧光纳米材料的表面经常带有疏水基团，水溶性较差。然而在实际的分析应用中，需要使上转换荧光纳米材料分散在水性溶剂中，这就需要对其进行改性处理而转变为水溶性。此外，为起到特定的靶向识别作用，需要将上转换荧光纳米材料和合适的官能团或配体进行偶联。因此，表面修饰是上转换荧光纳米材料在实际应用前进行改性和修饰。目前，对上转换荧光纳米材料进行改性、修饰和功能化的方式主要包括表面钝化和表面功能化修饰（图 4-3）。

1. 上转换荧光纳米材料的表面钝化

表面钝化是对上转换荧光纳米材料表面进行覆盖。常见的是通过 Stöber 法进行包覆，基本原理是在乙醇中及氨水存在的条件下，通过四乙氧基硅烷的水解，在上转换荧光纳米材料表面包覆上一层无定形的二氧化硅壳，表面的硅烷醇基团使二氧化硅涂层的上转换荧光纳米材料可以分散在水中，从而实现改变上转换荧光纳米材料水溶性的作用。

如以聚乙烯吡咯烷酮为配体，通过溶剂热法合成可以在水及多种有机溶剂中均匀分散的上转换荧光纳米材料。基于上转换荧光纳米材料表面结合了聚乙烯吡咯烷酮分子，纳米颗粒可以在不借助任何表面活性剂的情况下直接进行表面二氧化硅包覆，包覆二氧化硅壳的上转换荧光纳米材料呈现出良好的单分散性。

但是，上转换荧光纳米材料表面的二氧化硅壳易与蛋白质或细胞发生非特异性结合，可能会给食品成分的检测分析带来干扰。因此，通过氨基硅氧烷的水解进一步在表面修饰其他的官能团或配体，以调节和目标分子的相互作用力，实现特异性识别。

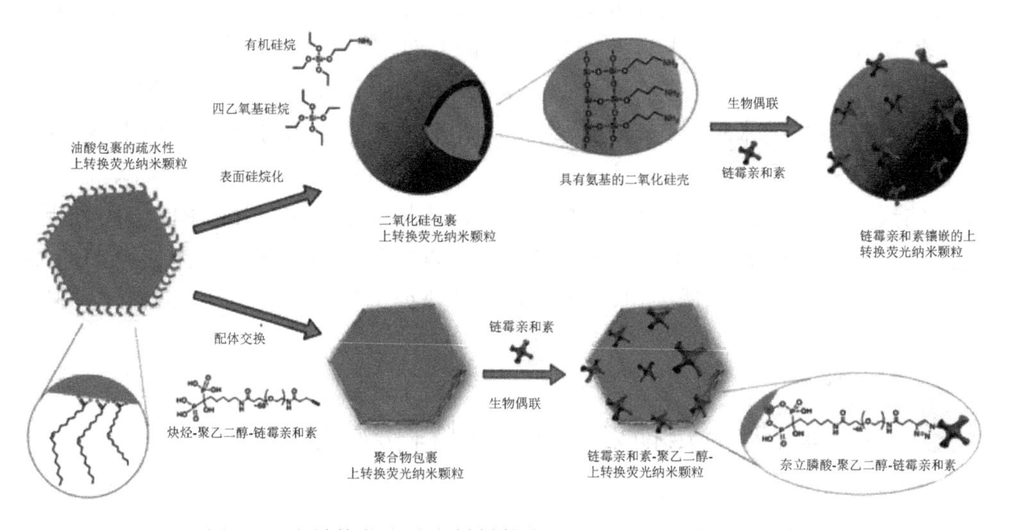

图4-3　上转换荧光纳米材料的表面钝化和配体修饰机制图

2. 上转换荧光纳米材料的表面功能化修饰

上转换荧光纳米材料的表面功能化修饰，就是在上转换荧光纳米材料的表面修饰有机配体，其主要方法包括配体氧化法、配体交换法等。

对于疏水性的上转换荧光纳米材料颗粒，一种方法是可以用两亲性聚合物来包裹其表面，如辛胺、异丙胺嫁接到聚丙烯酸酯上。疏水端链的聚合体可以吸附到上转换荧光纳米材料的表面配合体（如油酸），通过疏水基团连接的聚合体相互作用，聚丙烯酸的羧基基团提供修饰位点。上转换荧光纳米材料也可以利用其两亲性的特性在其表面上包裹一层磷脂。另一种对疏水上转换荧光纳米颗粒的表面功能化修饰的方法是硅烷化，利用这种方法，可以通过水解四乙氧基甲硅烷前驱物来产生二氧化硅壳层。表面修饰位点可以通过包含硅烷的氨基基团来引入。因为镧系掺杂的上转换荧光纳米材料有着高的化学稳定性，所以可以采用较为严格的表面处理技术。利用高连通性的反应物，如柠檬酸盐、聚磷酸盐、聚丙烯酸、巯基丙酸和亚硝镝离子等来取代上转换荧光纳米材料表面原始的疏水配体。由此得到的上转换荧光纳米材料有很好的发光特性，并且可以避免被酸腐蚀。强氧化剂，如臭氧和高锰酸钾可以破坏油酸碳碳双键的束缚，并且在其周围偶联上亲水的羧酸。

4.3.3 上转换荧光纳米材料的表征

上转换荧光纳米材料需经过修饰以实现传感分析的目的，因此需要确认上转换荧光纳米材料的表面已被壳或配体成功修饰，还需确认上转换荧光纳米材料分散于生物分析环境中，其上转换发光效率和稳定性是否由于表面修饰而改变。

通常通过透射电子显微镜（transmission electron microscope，TEM）观察合成的上转换荧光纳米材料，多呈现为大小、形状均匀的圆球形、六边形或立方体。通过 X 射线衍射（X-ray diffraction，XRD）可以对其形貌进行确认。纳米晶体的尺寸可以通过 XRD 谱图的峰宽表示，结晶纯度也可以用 XRD 谱图分析。通过电子衍射（electron diffraction，ED）可以得到上转换荧光纳米材料的结晶度信息。通过高分辨率透射电子显微镜可以获得上转换荧光纳米材料晶格间距等信息。

4.4 上转换荧光纳米材料传感检测技术

4.4.1 基于荧光共振能量转移的传感

荧光共振能量转移以能量受体的吸收光谱与供体的发射光谱重叠为基础，当供体与受体距离小于 10nm 时，能量从供体转移到受体。上转换荧光纳米材料的激发波长在近红外范围内，与大多数受体分子的激发波长相距甚远，因此通常是荧光共振能量转移体系中优质的供体材料。

Kuningas 等建立荧光共振能量转移体系用于 17β-雌二醇的传感分析[2]。该方法中，La_2O_2S: Yb^{3+}, Er^{3+}上转换荧光纳米材料与 17β-雌二醇的抗体片段偶联作为能量供体，17β-雌二醇与小分子染料相连为受体。在 980nm 波长的激发下，上转换荧光纳米材料显示出反斯托克斯发射并激发受体。受体发射的荧光强度与 17β-雌二醇浓度成反比，在血清样品中，检出限为 0.9nmol/L。Zhang 等开发了另一种类似的方法用于特定核酸的检测[3]。其中，Er^{3+}掺杂的 $NaYF_4$ 上转换荧光纳米材料用作能量供体，而羧基四甲基罗丹明被用作“三明治”型检测形式的荧光团。该传感器方法可用于定量检测特定的目标 DNA，检出限为 1.3nmol/L。该体系可作为 DNA/RNA 检测及蛋白质-DNA/RNA 相互作用研究的有效工具。上转换荧光纳米材料也可以用于研究 DNA 杂交。$NaYF_4$: Yb^{3+}, Tm^{3+}上转换荧光纳米材料作为供体，染料（SYBR Green I）作为受体。这种基于上转换荧光纳米材料的光学探针可用于定量识别互补的 DNA。Kumar 等同样使用“三明治”型杂交形式实现与镰状细胞病相关的点突变的核苷酸的检测[4]。其中 $NaYF_4$: Yb^{3+}, Er^{3+}上转换荧光纳米材料作为供体，*N*, *N*, *N′*, *N′*-四甲基-6-羧基罗丹明为受体。受体发射强度的增加表明该 DNA 的存在，检出限为 0.65nmol/L。该方法的成功应用表明上转换荧光纳米材料作为寡核苷酸传感器存在巨大潜力。

纳米颗粒也是常见的猝灭剂。Wang 等合成具有三个发射带（655nm、540nm 和 525nm 处）的 $Na(Y_{1.5}Na_{0.5})F_6$: Yb^{3+}, Er^{3+}上转换荧光纳米材料[5]。在 980nm 激发波长、520nm 发射波长下，水中的上转换荧光纳米材料发出的绿光可以用肉眼观察到。金纳米颗粒与 $Na(Y_{1.5}Na_{0.5})F_6$: Yb^{3+}, Er^{3+}上转换荧光纳米材料的上转换发射光谱有重叠。为了增加纳米传感器的选择性，将上转换荧光纳米材料和金纳米颗粒分别与生物素结合。生物素化的上转换荧光纳米材料与生物素化的 Au NPs（作为能量受体）结合在一起，基于荧光共振能量转移实现痕量抗生物素蛋白的定量检测。Wang 等报道了一种新的适配体生物传感器用于凝血酶的检测[6]。该传感器基于上转换荧光纳米材料与碳纳米颗粒之间的荧光共振能量转移。将聚丙烯酸修饰的上转换荧光纳米材料共价连接到凝血酶适配体上，该凝血酶适配体可以通过 π-π 堆积与碳纳米颗粒的表面相互作用。当能量供体和受体彼此靠近时，上转换荧光纳米材料的荧光被猝灭。添加凝血酶诱导适配体形成四链体结构，减弱了 π-π 堆积相互作用，导致受体和供体彼此分离。于此，上转换荧光纳米材料荧光的恢复与凝血酶浓度呈现线性关系。该方法可用于血清样品中 0.5～20nmol/L 的凝血酶的测定，检出限为 0.25nmol/L。Wang 等采用类似的方法，用聚乙烯亚胺修饰的 $NaYF_4$: Yb, Er 作为供体，用于血液中的一种蛋白酶的测定[7]。在 10～500pg/mL，荧光恢复与该蛋白酶的浓度成正比。Saleh 等基于链霉亲和素标记的 $NaYF_4$: Yb, Er 上转换荧光纳米材料和生物素标记的金纳米颗粒之间的荧光共振能量转移建立自参考亲和力系统的模型[8]。在链霉亲和素标记的上转换荧光纳米材料存在的情况下，可以通过在 523nm 和 665nm 处的发射强度的比值实现生物素标记的金纳米颗粒浓度的检测。

除染料和纳米颗粒外，氧化石墨烯（GO）也可用作荧光共振能量转移体系中的能量受体。Zhang 等基于荧光共振能量转移建立的传感检测平台就是以 GO 为能量受体[9]。该体系中，供体和受体通过各自修饰的配体之间的分子识别而相互靠近，从而实现对上转换荧光纳米材料的荧光猝灭作用。当目标物存在时，由于其与供体和受体修饰的配体的亲和力不同而破坏分子识别作用，促使供体与受体距离上的疏远，从而恢复荧光。通过探寻目标物浓度与荧光强度的线性关系实现目标物的定性定量分析。其他使用相同机制的方法也可用于 0.5～100μmo/L 浓度的三磷酸腺苷的测定，检出限为 80nmol/L，也可以实现血清样品中的硫酸卡那霉素检测，线性范围为 0.03～3nmol/L，检出限 18pmol/L。

上述研究均通过供体-受体能量转移系统实现对目标物的测定，并通过对能量转移效率的影响间接对目标物进行定量。但是，在一些方法中，目标物充当受体，也可以定量猝灭上转换荧光纳米材料的荧光。

Gao 等报道了一种用于定量分析血清样品中的前列腺特异性抗原的方法[10]。以聚丙烯酸功能化 Mn^{2+}掺杂的 $NaYF_4$: Yb, Tm 上转换荧光纳米材料与前列腺特异性抗原相结合，作为体系的能量供体，抗前列腺特异性抗原与修饰过的金纳米棒作为体系的能量受体。在前列腺特异性抗原存在的情况下，由于抗原和抗体相互作用，供体和受体彼此靠近，引起荧光猝灭。

4.4.2　基于辐射能量转移的传感

辐射能转移机制涉及吸收光后供体的光子发射，然后被受体分子重新吸收所发射的光子。在这种机制中，受体和供体分子之间没有特定的相互作用，因此，即使供体与受体之间的距离较大，也可能发生辐射能转移。Guan 等基于介孔二氧化硅涂层的 $NaYF_4$: Yb^{3+}, Tm^{3+}@$NaYF_4$ 上转换荧光纳米材料的传感材料实现半胱氨酸的检测[11]。通过将识别目标物的荧光探针连接于介孔二氧化硅的表面，可以有效地避免探针的降解和提高检测灵敏度。研究人员表明，从上转换荧光纳米材料到荧光探针的发射-重吸收是该传感器的一种可能的传感机制。

当样品包含可以吸收荧光团激发或发射范围内的波长的生色团时，它充当荧光团荧光发射的调制器和/或过滤器。因此，在不同浓度的分析物中监测荧光团荧光促进了基于内滤效应的分析物测定方法的发展。在此基础上，Long 等基于 $NaYF_4$: Yb^{3+}, Tm^{3+}上转换荧光纳米材料开发了尿酸的定量检测方法[12]。在这项研究中，利用尿酸酶将尿酸氧化为尿囊素和过氧化氢，然后再将其氧化为邻苯二胺。由于内部过滤效应，上转换荧光纳米材料的荧光被氧化的邻苯二胺猝灭。因此，上转换荧光纳米材料的荧光猝灭程度与尿酸在 20～850μmol/L 浓度成比例，检出限为 6.7μmol/L。Chen 等基于 $NaYF_4$: 12%Yb^{3+}, 0.2%Tm^{3+}上转换荧光纳米材料和方酸-Fe^{3+}之间的内部过滤效应，建立了对葡萄糖的测定方法[13]。葡萄糖氧化酶将葡萄糖氧化为葡萄糖酸和过氧化氢，生成的过氧化氢将 Fe^{2+}转化为与方酸配位的 Fe^{3+}，形成方酸-Fe^{3+}复合体。方酸-Fe^{3+}复合体的吸收光谱与上转换荧光纳米材料的发射光谱完全重叠，导致上转换荧光纳米材料的荧光被有效地猝灭。该方法的线性范围 7～340μmol/L，检出限为 2.3μmol/L。Ren 等也报道了类似的工作。以黑磷/聚多巴胺作为猝灭剂，在 0.1～1000nmol/L，实现己烯雌酚的定量分析[14]。

4.4.3　基于电子转移的传感

与能量转移不同，在电子转移的情况下，供体的荧光在电子交换后猝灭，而受体是不发光的。例如，Deng 等制备了核壳结构的 $NaYF_4$: Yb, Tm@$NaYF_4$ 上转换荧光纳米材料，并用 MnO_2 纳米片覆盖其表面形成复合材料[15]。以复合材料为特异性探针，用于测定活细胞和水溶液中的谷胱甘肽（图 4-4）。覆盖在表面的 MnO_2 纳米片作为上转换荧光纳米材料的荧光猝灭剂。谷胱甘肽可以将 MnO_2 还原为 Mn^{2+}，从而引起荧光恢复。该复合传感材料对谷胱甘肽的检出限为 0.9μmol/L。Jing 等也作了类似的工作，用于测定 H_2O_2 和葡萄糖含量[16]。他们使用 MnO_2 纳米片修饰的 $NaYF_4$: Yb, Tm@$NaYF_4$ 上转换荧光纳米材料作为定量分析 H_2O_2（0～350μmol/L）和葡萄糖（0～400μmo/L）的探针。Liu 等以多巴胺作为覆盖在 $NaYF_4$: Yb, Er 上转换荧光纳米材料外层的猝灭剂，而这种猝灭被葡萄糖氧化产生的 H_2O_2 抑制，可用于间接测定 0～300μmol/L 的葡萄糖[17]。

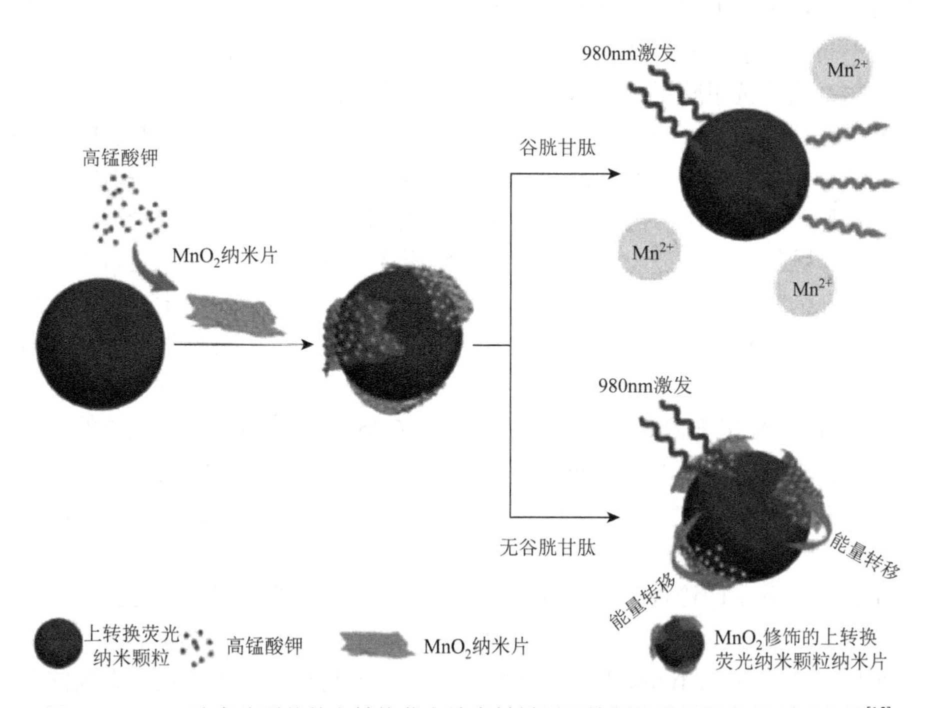

图 4-4　MnO_2 纳米片覆盖的上转换荧光纳米材料用于检测谷胱甘肽的机制示意图[15]

Zhang 等以 Mn^{2+}掺杂的 $NaYF_4$: Yb, Tm 上转换荧光纳米材料的发光响应建立氧化还原反应体系用于 L-半胱氨酸、抗坏血酸和谷胱甘肽的定量分析[18]。上转换荧光纳米材料由于功能化修饰而吸附 Fe^{3+}并被其猝灭。L-半胱氨酸、抗坏血酸和谷胱甘肽可以将 Fe^{3+}还原为 Fe^{2+}，从而引起荧光恢复，并且分别在 0.5～875μmol/L、0.5～350μmol/L 和 0.25～300μmol/L，与荧光恢复呈现线性关系，检出限分别为 0.5μmol/L、0.2μmol/L 和 0.2μmol/L。

4.4.4 基于非能量转移的传感

Päkkilä 等开发了一种基于 $NaYF_4$: Yb^{3+}, Er^{3+}上转换荧光纳米材料的多分析物免疫测定法定量检测促甲状腺激素、促黄体生长激素和前列腺特异性抗原[19]。每种分析物的生物素化抗体被滴加在链霉亲和素包被的微量滴度孔上。使用抗体包被的上转换荧光纳米材料对控制点和结合的分析物进行鉴定。使用微孔成像仪对阵列进行成像，使用 ImageJ 软件量化斑点的平均强度，构建每个分析物的标准图。该多分析方法中促甲状腺激素、促黄体生长激素和前列腺特异性抗原的检出限分别为 0.64mU/L、0.45U/L 和 0.17ng/mL，与单一分析物的结果接近。

Liu 等使用 $NaGdF_4$: Yb, Tm@$NaGdF_4$: Eu@NaEuF 上转换荧光纳米材料对甲胎蛋白进行定量分析[20]。捕获的抗甲胎蛋白抗体孵育后首先固定在 96 孔微孔板上，由于高结合亲和力和特异性识别，与甲胎蛋白抗原的分析溶液结合。随后，加入生物素化的抗甲胎蛋白抗体溶液，该溶液通过链霉亲和素连接剂与生物素化的纳米探针结合，以标记分析物。因此，在 0.01～60ng/mL，通过测定 96 孔微孔板上的纳米探针中 Eu^{3+}在 980nm 激发的上转换发光，可以定量分析甲胎蛋白。

Wu 等基于适配体构建了用于氯霉素的检测传感体系[21]。通过将适配体修饰于磁性纳米颗粒表面，适配体的互补 DNA 修饰于上转换荧光纳米材料表面。无氯霉素存在的情况下，磁性纳米颗粒上的适配体与上转换荧光纳米材料上适配体的互补链杂交。加入氯霉素后，与适配体特异性结合，导致磁性纳米颗粒表面的发光信号下降。该方法可用于浓度在 0.01～1ng/mL 的氯霉素的定量分析，检出限为 0.01ng/mL。采用类似方法，Fang 等测定了 0.05～100ng/mL 浓度范围的土四环素，检出限为 0.036ng/mL[22]；Ouyang 等测定 0.01～100ng/mL 浓度范围的四环素，检出限为 0.0062ng/mL[23]；Hu 等在 0.1～100μg/L 浓度范围进行食物样品中磺胺喹噁啉的测定[24]。

Guo 等将分子印迹技术的高选择性与上转换荧光纳米材料的发光特性结合，用于细胞色素 C 的测定[25]。模板分子洗脱后，为目标物留下了特异性结合位点。当细胞色素 C 在 1～24μmol/L 时，上转换荧光纳米材料的分子印迹聚合物的上转换发光强度随着细胞色素 C 浓度的增加而降低。在牛血清白蛋白和溶菌酶的存在下评估了该方法的选择性，通过结果分析印证了分子印迹技术优异的特异性识别作用，并且该方法的检出限为0.73μmol/L。采用类似方法，Tian等报道了磺胺甲嘧啶在50～700ng/mL浓度的检测(检出限为34ng/mL)[26]；Tang等报道了恩诺沙星在0.063～60μg/L浓度的检测(检出限为8ng/L)[27]；Guo等报道了牛血红蛋白测定的线性范围为0.1～0.6mg/mL，检出限为0.062mg/mL[28]；Tang等对鱼组织中的喹诺酮类进行了检测，恩诺沙星线性范围为0.001～0.28μmol/L，依诺沙星线性范围为0.004～0.25μmol/L、左氧氟沙星线性范围为0.007～0.28μmol/L、氟罗沙星线性范围为0.002～0.22μmol/L及环丙沙星线性范围为0.008～0.3μmol/L[29]。

4.5 上转换荧光纳米材料在食品品质检测中的应用

食品的安全性与营养性对于维持生命和健康发展至关重要。食源性疾病严重影响了人类的正常生活。根据世界卫生组织的数据，全球每年约有6亿例食源性疾病的报道。食源性疾病严重威胁人类的身体健康和生命安全的同时，不可避免地制约着经济水平的发展。导致食源性疾病暴发的危害物质主要包括农药和兽药的残留、生物毒素、病原微生物、重金属、非法使用的食品添加剂及其他化学污染物（如二噁英、多氯联苯、多环芳烃等）。对食品中危害物有效的监测有利于更好地控制食品安全问题。

此外，食品中多种成分对食品品质的影响不可忽略。随着工业化的发展，食品原材料距离城镇居民越来越远。经历从生产、加工、包装、运输、储存到消费等环节，食品中成分不可避免地会发生一定的变化。由于食品基质复杂，分离纯化后进行定性定量分析的难度较大，不利于快速地对食品品质进行监控。因此针对食品中成分建立高效的识别检测技术对保证食品的安全和营养特性有重要意义。

4.5.1 农药残留检测

农药可以有效地防御或控制病虫害对粮食产量的影响，但是食品中残留的农药通常通过日常饮食摄入进入人体，日久蓄积会对人体健康造成严重损害。开发精准、快速的农药残留测定方法，能有效地帮助政府和相关部门实施监管工作，也可以帮助消费者认识和选择安全的食品。上转换荧光纳米材料具有良好的信噪比和光稳定性、极易较快的响应速度，有利于从复杂的环境背景中实现针对目标物的快速检测分析。Saleh将上转换荧光纳米材料和染料固定于聚氯乙烯膜上以实现嗪草酮含量的精准检测[30]。当嗪草酮存在时，染料位于656nm的吸收峰出现明显蓝移，使得染料的吸收光谱与上转换荧光纳米材料的红色荧光发射有所重叠，引发内部过滤效应，致使上转换荧光纳米材料在659nm处的红色荧光猝灭；而上转换荧光纳米材料在 545nm 处的绿色荧光则不受嗪草酮浓度的影响，通过红色荧光峰值与绿色荧光峰值的比率（I_{659}/I_{545}），可以消除背景干扰。另外，值得一提的是，该方法无需进行任何样品前处理工作，即可实现嗪草酮含量的测定。然而，农药直接与上转换荧光纳米材料作用并不具有很强的特异性，无法建立通用的方法实现在复杂的食品基质中农药的区分识别及定量分析。

乙酰胆碱酯酶（AChE）能快速催化乙酰胆碱（acetyl choline，ACh）水解产生硫代胆碱（thiocholine，TCh）。有机磷类农药如甲基对硫磷、久效磷、乐果、二嗪农、敌百虫、敌敌畏等通过不可逆地抑制 AChE 的活性，而对神经系统产生毒害作用，引起一系列的损伤甚至死亡。目前，基于有机磷类农药的作用机制，研究人员开发了大量用于有机磷类农药的检测方法。以 Long 等的研究为例，基于上转换荧光纳米材料和金纳米颗粒构建了一种光学传感检测平台用于有机磷类农药的检测[31]。当上转换荧光纳米材料和金纳米颗粒混合时，二者通过静电作用紧密相连，以上转换荧光纳米材料为供体，金纳米颗粒为受体，发生荧光共振能量转移使上转换荧光纳米材料的荧光被猝灭。当无有机磷类农药存在时，硫代胆碱通过静电作用和 Au—S 键共同作用与金纳米颗粒聚合，金纳米颗粒与上转换荧光纳米材料的解聚，从而恢复上转换荧光纳米材料的荧光；当有机磷类农药存在时，AChE 的活性被抑制，阻止了硫代胆碱的产生，上转换荧光纳米材料与金纳米颗粒保持聚合状态，抑制了荧光的恢复。基于上述原理，对农药浓度与抑制率（抑制率是 550nm 处存在不同浓度有机磷类农药情况下，体系的荧光强度与无有机磷类农药情况下体系的荧光强度的比值表示）的关系进行进一步探究，结果表明农药浓度的对数和农药对酶活性的抑制作用成正比，对甲基对硫磷、久效磷和乐果 3 种有机磷类农药的检出限分别为 0.67ng/L、23ng/L 和 67ng/L。基于同样的原理，使用铜离子替换金纳米颗粒而充当上转换荧光纳米材料的荧光猝灭剂，在农产品中可以实现二嗪农、草甘膦等有机磷类农药的检测分析。但是，基于 AChE 的催化作用建立的传感平台可能受到其他有机磷类农药或其他可以抑制 AChE 活性的物质的干扰，虽然相较于农药与上转换荧光纳米材料直接作用的方法呈现出一定的特异性选择的优势，但是还是难以落实在多种农药或干扰下对农药残留的定性和定量分析。

免疫分析是基于抗原抗体的特异性结合而有效地实现定性和定量分析的方法。基于抗体修饰的上转换荧光纳米材料和与抗原相连的金纳米颗粒可以构建农药的检测体系。其中上转换荧光纳米材料作为供体，金纳米颗粒为受体，通过内部过滤效应实现农药的检测。该检测方法比单纯的 ELISA 或荧光偏振免疫分析法的灵敏度高出三倍。此外，抗体修饰的上转换荧光纳米材料和抗原功能化的磁性纳米颗粒也可归于农药的免疫测定法。

适配体是经过筛选得到的一段 DNA 或 RNA 序列，具有高度特异性识别的功能。将上转换荧光纳米材料和适配体结合是建立定向识别特定目标物的有效方法。以新烟碱类农药啶虫脒的检测分析方法为例，基于上转换荧光纳米材料和适配体同样可以构建多种检测方法。Hu 等通过上转换荧光纳米材料和啶虫脒适配体修饰的金纳米颗粒之间的荧光共振能量转移实现对食品中的啶虫脒的传感分析[32]。在该传感体系中，啶虫脒通过和金纳米颗粒表面的适配体结合而影响金纳米颗粒的聚集状态，上转换荧光纳米材料的荧光得以恢复。当啶虫脒的浓度在 50～1000nmol/L，荧光恢复率和啶虫脒的浓度呈现线性关系，检出限为 3.2nmol/L。以茶为实际样品的检测和加标回收实验对可行性进行评估，97.57%～102.25%的回收率证明了该方法优异的精准性和实用性。Sun 等同样以啶虫脒为检测的目标物，构建由适配体偶联的磁性纳米颗粒和适配体互补的 DNA 链偶联的上转换荧光纳米材料组成的传感平台[33]。其中机制大致相同，但由于适配体偶联的磁性纳米颗粒具有从基质中分离和富集浓缩啶虫脒的作用，便于在稻田水、土壤、梨、苹果、小麦和黄瓜中进行啶虫脒的定量分析，检出限为 0.65μg/L。Yang 通过比色和荧光分析建立啶虫脒的特异性检测[34]，其作用机制同样通过改变啶虫脒浓度，引起适配体互补链修饰的金纳米颗粒与适配体修饰的上转换荧光纳米材料之间相互作用的变化，进而探索其中的线性关系以实现啶虫脒污染的样品中啶虫脒残留量的检测分析。基于适配体实现上转换荧光纳米材料与金纳米颗粒的能量转移也可用于有机磷类农药如马拉硫磷等以及其他类别农药的定量分析。

分子印迹技术是以目标物或其结构类似物为模板分子，通过与功能单体之间形成共价键或非共价键相结合，在交联剂的作用下聚合进而合成分子印迹聚合物。随后将聚合物中的模板分子去除以产生结合位点，同样可以提供对目标物的特异性识别的功能。Yu 等以上转换荧光纳米材料为荧光响应单元，啶虫脒为模板分子，甲基丙烯酸为功能单体，乙二醇二甲基丙烯酸酯为交联剂合成聚合材料[35]。通过与分子印迹技术的结合显著地增强了对啶虫脒的选择性，当啶虫脒与聚合材料结合时，由于电子转移，上转换荧光纳米材料的荧光被猝灭，当啶虫脒浓度在 20～800ng/mL，降低的荧光强度与啶虫脒呈现良好的线性关系，检出限为 8.3ng/mL。在以苹果和草莓为实际样品的加标回收实验中获得了 89.6%～97.9%的良好回收率，验证了真实的水果样品中进行啶虫脒定性定量分析的可行性。

4.5.2　兽药残留检测

上转换荧光纳米材料由于上转换发光特性、强穿透力被广泛用于生物传感和医学成像，有利于动物源食品中穿透动物组织进行兽药残留量的精准检测。

己烯雌酚是一种合成的雌性激素，具有促进动物生长的作用。然而，随着食物链进入人体后，己烯雌酚可能会引起激素分泌异常，甚至导致乳腺癌和胚胎畸形等严重后果。基于上转换荧光纳米材料与抗原抗体的结合可用于建立对多种兽药残留的检验检测方法。Hu 等以抗原功能化的聚苯乙烯颗粒为免疫感应探针，抗体功能化的上转换荧光纳米材料作为荧光信号探针，构建用于动物源食品中氟喹诺酮类抗生素的检测平台[36]。使用该方法获得的结果与使用市售 ELISA 试剂盒获得的结果相吻合。并且该方法的灵敏度更高，以诺氟沙星为例，该方法在牛奶样品的检出限（0.01ng/mL）比市售 ELISA 试剂盒的检出限（0.5ng/mL）高 50 倍。Liu 等的研究独特之处是通过制备核壳型的上转换荧光纳米材料显著改善了其上转换发光特性[37]。随后通过与头孢氨苄的单克隆抗体结合，成功制备出用于头孢氨苄残留量测定的上转换发光探针。

纳米金颗粒、纳米金棒、Cu^{2+}等是常见的上转换荧光纳米材料猝灭剂。以抗原抗体的特异性识别为基础，Hu 开发了两种荧光探针用于磺胺喹噁啉的结果可视化检测[38]。其中，上转换荧光纳米材料和量子点用作供体，与抗体偶联胶体金为受体实现上转换荧光纳米材料的荧光猝灭。当磺胺喹噁啉存在时，游离的磺胺喹噁啉与抗体结合，减弱了胶体金对上转换荧光纳米材料的猝灭作用，进而实现对磺胺喹噁啉的定量分析。该方法的检出限（8μg/kg）明显低于常规的胶体金检测法的检出限（80μg/kg）。

土霉素是一种广谱抗生素，以其低成本、高效率的优势成为畜牧业和水产养殖中最常见的生长促进剂。适配体与抗体具有一定的相似性，是经过筛选获得的具有选择性识别的单链核酸分子。Zhang 将土霉素适配体与 $NaYF_4$: Yb, Tm 上转换荧光纳米材料偶联，将适配体的互补链与荧光染料偶联，以此构成供体-受体对，通过荧光染料与上转换荧光纳米材料发射光强度的比值与土霉素浓度之间的线性关系可以实现土霉素的定量分析[39]。

磺胺二甲嘧啶是一种广谱抑菌剂，常作为饲料添加剂。在 2017 年，国际癌症研究机构将其认定为III类致癌物。因此，需要对食品中的磺胺二甲嘧啶建立易于操作、耗时短的检测分析方法，避免其摄入对人体造成毒害作用。上转换荧光纳米材料与分子印迹技术结合也是实现对目标物高灵敏度、高特异性识别的方式。Tian 等通过溶剂热法合成上转换荧光纳米材料，通过与引发剂、功能单体、交联剂和模板分子发生聚合反应，随后通过模板分子的洗脱而在聚合物上留下磺胺二甲嘧啶的特异性识别位点[26]。以上转换荧光纳米材料的发光信号的聚合材料可以快速地结合鸡肉中的磺胺二甲嘧啶，用于磺胺二甲嘧啶含量的测定。该方法结合上转换荧光纳米材料灵敏的光学响应特性和分子印迹技术特异性识别的优势，大幅地提高了实际应用性，检出限为 34ng/mL。

4.5.3　生物毒素检测

生物毒素是由各种生物代谢产生的有毒有害物质，按来源不同可分为微生物毒素、动物毒素和植物毒素。其中，微生物毒素影响范围广，危害极大，食用被污染的食品会对人体健康造成严重损伤甚至失去生命。最常见的微生物毒素包括黄曲霉毒素、曲霉毒素、伏马菌素、曲霉烯、玉米赤霉烯酮等。尽管相关部门已经制定了严格的限量标准，但是用于霉菌毒素的常规检测方法需要冗长的提取步骤、大量的化学药品及昂贵的大型仪器。因此，对农副作物和食品中常见的微生物毒素建立灵敏快速的检测方法具有重要意义。

基于上转换荧光纳米材料建立传感方法可代替常规检测手段实现对微生物毒素的分析。He 等建立了针对两种镰刀菌霉菌毒素（玉米赤霉烯酮和伏马菌素）的检测方法[40]，分别用玉米赤霉烯酮和伏马菌素的适配体对上转换荧光纳米材料进行修饰，金纳米颗粒与上转换纳米粒子适配体的互补 DNA 序列结合进行功能化修饰。当玉米赤霉烯酮和伏马菌素不存在时，上转换荧光纳米材料和金纳米颗粒通过 DNA 序列缔合，基于内部滤波效应实现对荧光的猝灭作用；当玉米赤霉烯酮和伏马菌素存在时，上转化荧光纳米材料和金纳米颗粒的结合变得不稳定并彼此分离，引起荧光信号的恢复。当玉米赤霉烯酮和伏马菌素浓度在 0.05～100μg/L 时，在 980nm 波长的激发下，606nm 和 753nm 发出的发射强度随着玉米赤霉烯酮和伏马菌素浓度的增加而增加，并且呈现出良好的线性关系，检出限分别为 0.01μg/L 和 0.003ng/L。通过玉米样品的加标回收实验对该方法的可行性进行评估，89.9%～106.6%的加标回收率证明了该方法的实用性。采用抗原-抗体对代替适配体进行识别可以获得相似的效果。

基于适配体的的特异性识别，通过与磁性材料结合可有利于分离和富集。Chen 等通过对反应时间、反应温度和掺杂离子的浓度进行优化，合成了两种上转换荧光纳米材料（$NaYF_4$: Yb, Ho，Gd 和 $NaYF_4$: Yb, Tm，Gd）[41]。通过抗体对上转换荧光纳米材料进行修饰，以制备用于黄曲霉毒素 B_1 和脱氧雪腐镰刀菌烯醇检测的荧光探针。通过磁性材料修饰过的抗原实现未与霉菌毒素结合的上转换荧光纳米材料的分离，其余与霉菌毒素结合的上转换荧光纳米材料可以通过对荧光强度的分析实现对两种霉菌毒素的检测。

相思子毒素存在于豆科植物，是一种高毒性的天然植物蛋白，人体摄入后容易导致肠胃炎甚至脱水和死亡。Liu 等基于上转换荧光纳米材料灵敏的上转换发光响应和抗原-抗体对的识别作用开发了对食品中相思子毒素的检测方法[42]。该方法在固体和粉末状样品中的检出限为 0.5～10ng/g，在液体样品中的检出限为 0.30～0.43ng/mL，并且可以在 20min 内完成食品样品中的定量分析，便于现场操作，尽早检测出相思子毒素的含量，预防暴露于相思子毒素而导致食物中毒的发生。

将上转换荧光纳米材料与磁性纳米颗粒结合也广泛地用于微生物毒素的检测。Wu 基于适配体修饰的磁性纳米颗粒实现了玉米赤霉烯酮的特异性识别和分离，结合上转换荧光纳米材料的荧光信号与玉米赤霉烯酮浓度之间的强烈的线性关系，在 0.05～100μg/L 可以实现准确的定量检测分析[43]。该方法在玉米和啤酒中的检出限分别为 0.126μg/kg 和 0.007μg/L，远低于现有方法的检出限。此外，他们还通过和其他方法的检测结果比对，验证该方法的实用性和对快速准确检测玉米赤霉烯酮的应用潜力。磁性纳米颗粒与上转换荧光纳米材料结合也可用于黄曲霉毒素 B_1 检测，检出限可低至 9pg/mL。

与便携设备结合实现结果的可视化是目前快速检测分析的趋势。Yang 等将多色上转换纳米条形码技术与智能手机的荧光图像处理相结合，为曲霉毒素和玉米赤霉烯酮开发了定量检测平台[44]。通过智能手机等便携设备的摄像头收集间接竞争性免疫结果的图像，用自编写的 Android 应用程序对图像进行分析，在 1min 时间内即可获得可靠且准确的结果，其检出限为 1ng，远低于限定标准的检出限。

4.5.4 食源性致病菌检测

致病菌存活性强，在环境中易于扩散，影响范围广，食用被污染的食品对人类的健康造成严重威胁。动物源性食品中最常见的致病细菌包括大肠杆菌、沙门氏菌、单核细胞增生李斯特菌、空肠弯曲菌和产气荚膜梭菌等。尽管普通大肠杆菌无害，但是作为食品卫生安全的检测指标之一，与食品品质息息相关；沙门氏菌在自然界中广泛分布，可引起胃肠道疾病及伤寒；空肠弯曲菌是人类最重要的细菌性肠病原体之一；单核细胞增生李斯特菌可能引起血液和脑组织感染等问题。目前，食源性致病菌的检测包括传统的菌落计数方法、聚合酶链式反应（polymerase chain reaction，PCR）、ELISA 和基于荧光的检测。传统的检测方法具有良好的灵敏度和准确性，然而较长的富集培养及鉴定周期限制了其广泛的使用；PCR 需要复杂的操作和特定的仪器，并且存在假阳性的干扰；ELISA 无需昂贵的试剂和设备，但是酶活性的保持需要对环境条件有严格的要求；基于荧光的检测操作简单，但是光漂白、背景荧光的干扰问题仍是当前需要克服的难点。上转换荧光纳米材料以其独特的上转换发光响应和较强的组织穿透性，成为食品中致病菌检测分析的强有力工具。

细菌病原体与功能化的上转换荧光纳米材料相结合，会引起上转换发光强度的改变，以此可以针对多种目标微生物建立不同的检测方法。例如，Pan 等将上转换荧光纳米材料与抗体偶联制备了用于大肠杆菌敏感检测的荧光探针[45]。大肠杆菌浓度在 $42\sim42\times10^6$CFU/mL 范围内，荧光强度随着大肠杆菌浓度的增加而降低，并且呈现良好的线性关系，该方法的检出限为10CFU/mL。如图4-5所示，Yin等使用盐酸胍修饰的上转换荧光纳米材料建立了同时检测7种病原微生物的方法[46]。在这种方法中，由于细菌病原体表面带有负电荷，胍基两个平行氢供体位点的正电荷用作识别单元，通过二者之间的静电作用或氢键相结合；被过氧化氢氧化的单宁酸用于提高整个传感体系稳定性和灵敏度。该方法可用于检测大肠杆菌、沙门氏菌、阪崎肠杆菌、副血液杆菌、费氏链球菌、金黄色葡萄球菌和单核细胞增生李斯特菌的存在，并且其发光强度与致病菌的浓度呈现线性关系，其线性范围为10^3～10^8CFU/mL，检出限为1.30×10^2CFU/mL，并以水、牛奶和牛肉为实际样品，验证了该方法在复杂的食品基质中对致病菌定量分析的优秀效果。基于上述基础，该课题组通过苯基硼酸、磷酸基团和咪唑离子液体分别对上转换荧光纳米材料进行功能化修饰，构建了由三个上转换荧光纳米材料探针组成的传感阵列，通过线性判断分析实现对7种代表性食源性致病菌的识别[48]。

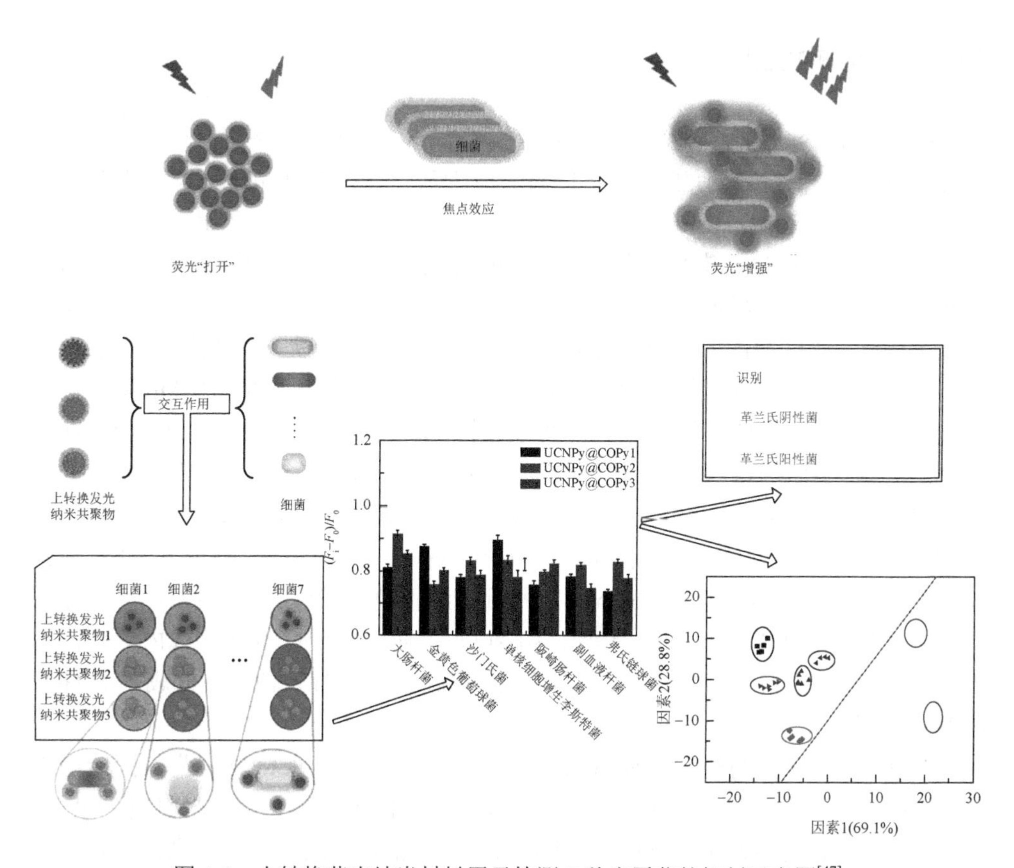

图4-5　上转换荧光纳米材料用于检测7种病原菌的机制示意图[47]

此外，还可以通过和适配体、金纳米颗粒等其他材料联用，建立对于细菌灵敏快速的检测方法。Kurt 等将细菌适配体修饰于上转换荧光纳米材料上，并制备含有与适配体互补的 DNA 序列的磁珠，用于分离未和细菌病原体结合的上转换荧光纳米材料[48]。双激发的检测消除了荧光信号串扰对结果的干扰，利于金黄色葡萄球菌和鼠伤寒沙门氏菌的检测，检出限分别为 16CFU/mL 和 28CFU/mL。再如，上转换荧光纳米材料与金纳米颗粒或金纳米棒相结合。通过适配体对金纳米颗粒或金纳米棒进行功能化修饰，而上转换荧光纳米材料用适配体的互补序列功能化。在无细菌存在的情况下，金纳米颗粒或金纳米棒与上转换荧光纳米材料基于互补序列的相互作用相结合，前者作为能量受体（猝灭剂）有效地猝灭上转换荧光纳米材料的荧光；当细菌存在时，细菌与适配体的结合导致上转换荧光纳米材料与猝灭剂解离，从而引起荧光的恢复。基于该方法，在采用金纳米颗粒为猝灭剂建立针对大肠杆菌的检测方法中，检出限为 3CFU/mL[49]；使用金纳米棒为猝灭剂实现鼠伤寒沙门氏菌的检测方法中，检出限为 11CFU/mL[50]。

4.5.5　重金属检测

以 Hg^{2+}和 Pb^{2+}为首的重金属不能被生物降解，易在体内蓄积而产生毒害作用。上转换荧光纳米材料具有独特光学性质，成为基质复杂的食品及环境中重金属检测的有力工具。Saleh 等系统地研究了 Ag^{+}、Cu^{2+}、Hg^{2+}、Pb^{2+}、Cd^{2+}、Co^{2+}、Zn^{2+}和 Fe^{3+}8 种重金属对上转换荧光纳米材料的荧光猝灭作用，并发现 Hg^{2+}在 543nm 处和 657nm 处的荧光猝灭都最为显著[30]。但是上转换荧光纳米材料大多需要和其他技术结合，通过配体的作用实现对目标离子的选择特异性。以 Hg^{2+}为例，Kumar 等将 DNA 共价修饰到上转换荧光纳米材料上作为能量供体，以嵌有 DNA 的染料为能量受体[51]。在 Hg^{2+}的存在下，通过分析受体与供体发射比率的变化和 Hg^{2+}浓度的关系，建立 Hg^{2+}的定量检测方法，检出限为 0.06nmol/L。基于上转换荧光纳米材料的 Hg^{2+}传感检测方法还可以使用罗丹明 B 硫代内酯进行功能化修饰[52]。当 Hg^{2+}存在时，上转换发光共振能量转移可以在 1min 内完成对 Hg^{2+}的特异性识别，在水中的检出限低至 3.7nmol/L。并且，经 980nm 波长的激发，Hg^{2+}的存在引起上转换荧光纳米材料的颜色变化肉眼可见，通过将罗丹明 B 硫代内酯修饰的上转换荧光纳米材料和滤纸相结合，可以制备出高选择性、便捷、低成本的 Hg^{2+}纸基传感器。

除了对于 Hg^{2+}的检测，还有大量基于上转换荧光纳米材料的荧光探针用于 Pb^{2+}的传感分析。例如，Zhang 等以聚乙烯亚胺封端的上转换荧光纳米材料为供体，11-巯基十一烷酸封端的金纳米颗粒为受体，通过带正电的上转换荧光纳米材料和带负的电金纳米颗粒的静电相互作用，引起上转换荧光纳米材料荧光猝灭[53]。当

加入 Pb^{2+}后，引起金纳米颗粒与上转换荧光纳米材料的分离，从而荧光得以恢复。该方法具有良好的选择特异性，检出限为 20nmol/L。最近，Wu 等设计出一种新颖的双重荧光共振能量转移系统[54]。该方法使氨基修饰的适配体和羧基官能团化的上转换荧光纳米材料共价交联，将巯基修饰的适配体互补序列和金纳米材料通过 Au—S 键相连，以上转换荧光纳米材料作为供体，金纳米材料为受体，基于两对供体-受体之间相互独立且不会相互干扰，建立双重荧光共振能量转移系统，呈现荧光猝灭。在 Pb^{2+}和 Hg^{2+}存在的条件下，荧光共振能量转移被破坏，上转换荧光得以恢复，从而实现 Pb^{2+}和 Hg^{2+}的定量分析，检出限分别为 50pmol/L 和 150pmol/L，可用于食品样品（鱼、虾）中 Pb^{2+}和 Hg^{2+}的精准检测。

在 Cu^{2+}的检测方法中，Zhang 等首先构建用于 Cu^{2+}检测的光学传感材料[55]。以对 Cu^{2+}高度敏感的罗丹明 B 酰肼为受体，$NaYF_4$: Yb^{3+}, Er^{3+}为供体，通过荧光共振能量转移实现 Cu^{2+}的检测。还有方法同样以罗丹明 B 酰肼为荧光探针，进一步优化了对 Cu^{2+}的检测，通过荧光探针与上转换荧光纳米材料的介孔二氧化硅壳表面共价交联[56]，刚性多孔的二氧化硅结构保护荧光探针不受环境的影响，可以有效防止光漂白和光降解的发生，从而更精准地实现 Cu^{2+}的检测。

将生色团组装在上转换荧光纳米材料的表面是常用的成像分析方法。Peng 等将生色团和上转换荧光纳米材料进行组装[57]。由于荧光共振能量转移，生色团有效地猝灭上转换荧光纳米材料的发光。当 Zn^{2+}存在时，荧光恢复，通过对患有阿尔茨海默病的小鼠脑切片和斑马鱼中 Zn^{2+}的成像分析证明了在体外和体内定量检测的可行性。同样，对具有严重毒害作用的重金属 Hg^{2+}的检测也可以通过上述原理进行设计。将 Hg^{2+}存在能引起吸收光谱蓝移的生色团修饰于上转换荧光纳米材料表面，减少光谱的重叠，促使上转换荧光纳米材料荧光的恢复，可以用于活细胞中 Hg^{2+}成像。甲基汞（$MeHg^{+}$）在体内的生物成像也可以实现[58]。在上转换荧光纳米材料表面上修饰用于 $MeHg^{+}$的识别的七甲炔花青染料，由于 $MeHg^{+}$的存在能引起七甲炔花青染料结构的改变，吸收光谱表现出明显的红移，从而导致上转换发光的减弱。通过比例上转换发光作为检测信号，其内置校正作用可以抵消环境的影响，检出限低至 0.18ppb，并且可以成功地应用于体外和体内 $MeHg^{+}$分布变化的成像分析。

4.5.6　其他化学危害物检测

由于城镇化和工业化发展，城市居民远离食品原材料。农副产品经历较长周期才能到达消费者的手中。在此过程中，常见的如动物源食品中的激素类、加工机械或产品包装中的化学危害物等具有多种来源和途径污染食品，进而影响食品品质与可食用性，甚至引发食品安全问题。

瘦肉精是克伦特罗、沙丁胺醇、莱克多巴胺等一类物质的统称，有促进生长和增加体重的作用，常作为动物的饲料添加剂使用，因此需要开发高效检测瘦肉精的方法。Tang 等致力于瘦肉精的检测分析，分别建立对于克伦特罗和莱克多巴胺的传感分析方法。针对克伦特罗的检测，他们合成了具有灵敏的光学响应的上转换荧光纳米材料，结合分子印迹技术以大幅提高对克伦特罗的选择特异性[59]。克伦特罗能够引起上转换荧光纳米材料荧光的猝灭，随着瘦肉精浓度的增加，上转换荧光纳米材料的发射光强度逐渐降低。当克伦特罗浓度在 5.0～100.0μg/L 范围内时，二者呈现良好的线性关系，检出限为 0.12μg/L。并且，他们通过对水和猪肉样品中克伦特罗含量的测定实验及相应的加标回收实验验证了该方法的实际应用性。针对莱克多巴胺的检测与克伦特罗相似，同样基于上转换荧光纳米材料和分子印迹技术的结合，这表明两者的结合不局限于单一的目标物，通过适度的调整，可以拓展其应用的范围，实现对于不同目标物的快速、灵敏、精准的识别和检测。

双酚 A 广泛应用于塑料瓶、一次性纸杯等食品的包装材料中。基于其在机体内蓄积作用会引起多种生理问题，需要建立快速、精准的检测方法用于可食用食品中双酚 A 含量的分析。Ren 等制备了核壳结构的 $NaYF_4$: Yb, Er@$NaYF_4$: Nd 上转换荧光纳米材料，并通过偶联适配体功能化，进而作为双酚 A 灵敏的发光信号实现定性和定量分析[60]。该方法检测时间缩短至 10min，满足对食品中双酚 A 含量快速检测的需求。通过河水和牛奶中双酚 A 的检测分析结果和高效液相色谱的检测结果进行比较，验证了该方法的准确性。

4.5.7　食品中其他成分检测

食品在提供视觉、嗅觉和味觉等感官刺激的同时，提供满足日常所需的能量。分析食品成分及其在生产、加工、储存和运输过程中的变化可以更好地建立对食品品质的评价体系、维护消费者利益、减少粮食的浪费、促进食品行业的创新、提高食品产业的附加值和拓展贸易市场。建立对于食品基础成分和功能因子的分离提取方法，开发用于食品基质的快速检验检测方法，可为食品行业的进步发展提供基础性的技术支持。

谷胱甘肽能使蛋白质中的半胱氨酸巯基保持还原状态，并保护细胞免受自由基和活性氧的影响。建立对食品中谷胱甘肽含量的快速测定方法可以帮助消费者进行食品品质的分析和筛选，也便于食品行业的从业者进行相关产品的研发。Zhang 等充分利用上转换荧光纳米材料的光学特性和目标物谷胱甘肽的理化性质，实现在复杂环境下谷胱甘肽的定性和定量分析[61]。他们首先通过水热法成功制备出聚丙烯酸修饰的上转换荧光纳米材料，并通过氢键与静电作用和多巴胺醌相连。多巴胺醌通过电子转移引起上转换荧光纳米材料荧光的猝灭。当体系中加入谷胱甘肽后，由于谷胱甘肽的还原性将多巴胺醌还原为多巴胺，抑制电子转移，促使上转换荧光纳米材料的荧光得到恢复，荧光的恢复量与谷胱甘肽的加入量呈现良好的线性关系，由此便可以通过检测上转换荧光纳米材料的荧光信号强度对谷胱甘肽的含量进行分析，检出限为 0.29μmol/L。通过选择性实验探究苯丙氨酸、组氨酸、赖氨酸、丙氨酸、亮氨酸、丝氨酸、缬氨酸、天冬酰胺、蛋氨酸、精氨酸、甘氨酸、酪氨酸及半胱氨酸对该体系检测的干扰作用，其结果表明谷胱甘肽对上转换荧光纳米材料荧光强度的恢复能力远远高于其他氨基酸，证明了该方法优异的选择特异性。

胆碱是细胞膜的关键成分之一，可以促进脂肪分解和传递神经信号。将胆碱添加到婴幼儿饮食中可以提高记忆能力，对于大脑发育有重要意义，因此，需要评估婴儿食品中胆碱的含量。Zhang 等基于上转换荧光纳米材料开发了一种用于婴儿配方食品中胆碱测定的新型传感材料[62]。胆碱氧化酶水解胆碱的同时产生 H_2O_2，导致 Fe^{2+}转化为 Fe^{3+}。基于 Fe^{3+}对聚丙烯酸包覆的上转换荧光纳米材料的荧光猝灭作用，探索胆碱浓度与荧光强度的关系，实现对胆碱的敏感性检测，检出限为 0.5μmol/L，并可以在婴儿配方奶粉中实现精准性检测。

葡萄糖是食品中常见的糖类物质，也是人体主要的能量来源，在食品及生命科学领域的研究中具有重要意义与地位。建立食品中葡萄糖的灵敏、快速的检测方法，有利于食品的数字化分析。基于荧光共振能量转移可以建立用于葡萄糖的传感检测平台。例如，Zhang 等基于以伴刀豆球蛋白 A 标记的 $NaYF_4$: Yb, Er 上转换荧光纳米材料设计了用于葡萄糖含量测定的传感平台[63]。上转换荧光纳米材料依旧作为能量供体，壳聚糖标记的 GO 为能量受体，伴刀豆球蛋白 A 与壳聚糖的结合猝灭了上转换荧光纳米材料的荧光。由于葡萄糖和壳聚糖之间竞争性地与伴刀豆球蛋白 A 结合，在葡萄糖存在时，上转换荧光纳米材料的荧光得以恢复。该方法可以测量 0.56～2.0μmol/L 浓度范围内的葡萄糖，检出限为 0.025μmol/L。

氨基酸是食品中主要的营养物质之一，与人类日常的生理活动和能量需求密切相关。上转换荧光纳米材料也可用于精氨酸、酪氨酸、半胱氨酸等氨基酸类成分的检测分析。

4.6　展　　望

上转换荧光纳米材料可以作为保障食品安全的有力工具，同时也可以为食品功能属性的目标物分析提供帮助。反斯托克斯发光的上转换荧光纳米材料具有受近红外激发、多个发射带、稳定的光化学性质、优异的生物相容性、强组织穿透能力等优势，促使其作为荧光探针应用于多种目标物的分析。构建以上转换荧光纳米材料为发光信号的传感体系，可以有效地消除背景干扰，为食品基质中各种目标物的分析提供可能，特别是经过官能团、抗体、适配体等修饰或与分子印迹技术等其他技术联用，赋予了上转换荧光纳米材料特异性识别功能，从而成功应用于复杂的食品基质中农兽药残留、重金属、致病菌、生物毒素等危害物质的灵敏检测，克服了传统检测分析方法中检测周期长、操作烦琐等难点。开发新方法，提高食品检验检测水平，对更有效地控制食品安全问题、保障食品安全具有重要意义。此外，构建用于识别特定目标物的传感体系也可应用于食品中营养成分和功能因子的分析，有利于监测目标物在生产、加工、储存和消费过程中的变化，有利于食品工业对食品中营养物质的研究和新型食品的开发。甚至，可以通过生物成像进一步地探究食品组分被人体摄入后的代谢途径，为食品成分与人体健康关系的研究提供新方法。

基于上转换荧光纳米材料为分析探针的开发已经取得了巨大进展，但作为光学材料，上转换荧光纳米材料的发光效率需要大幅地提高。如果不解决这一难题，上转换荧光纳米材料将脱离实际应用价值。此外，上转换荧光纳米材料的上转换发光是一个非线性的光学现象，目前的荧光量子产率不适于用作其发光效率的评价标准，因此，还需要建立一种新的合理的方法用于量化上转换荧光纳米材料的发光效率。其他如长期毒性、稳定性的进一步改善及合成、修饰途径的拓展等问题，仍需要在不断的研究中解决。

总而言之，尽管上转换荧光纳米材料仍存在应用有关的问题，但其独特的光学和化学特征为未来的研究和开发带来巨大的希望。

参考文献

[1] Xiong L, Yang T, Yang Y, et al. Long-term *in vivo* biodistribution imaging and toxicity of polyacrylic acid-coated upconversion nanophosphors. Biomaterials, 2010, 31(27): 7078-7085.

[2] Kuningas K, Ukonaho T, Pakkila H, et al. Upconversion fluorescence resonance energy transfer in a homogeneous immunoassay for estradiol. Anal Chem, 2006, 78(13): 4690-4695.

[3] Zhang P, Rogelj S, Nguyen K, et al. Design of a highly sensitive and specific nucleotide sensor based on photon upconverting particles. J Am Chem Soc, 2006, 128(38): 12410.

[4] Kumar M, Zhang P. Synthesis, characterization and biosensing application of photon upconverting nanoparticles. Proceedings of SPIE-the International Society for Optical Engineering, 2009, 7188: 71880F-71880F-10.

[5] Wang L, Yan R, Huo Z, et al. Fluorescence resonant energy transfer biosensor based on upconversion-luminescent nanoparticles. Angew Chem Int Ed, 2005, 44(37): 6054-6057.

[6] Wang Y, Bao L, Liu Z, et al. Aptamer biosensor based on fluorescence resonance energy transfer from upconverting phosphors to carbon nanoparticles for thrombin detection in human plasma. Anal Chem, 2011, 83(21): 8130-8135.

[7] Wang Y, Shen P, Li C, et al. Upconversion fluorescence resonance energy transfer based biosensor for ultrasensitive detection of matrix metalloproteinase-2 in blood. Anal Chem, 2012, 84(3): 1466-1473.

[8] Saleh S M, Ali R, Hirsch T, et al. Detection of biotin-avidin affinity binding by exploiting a self-referenced system composed of upconverting luminescent nanoparticles and gold nanoparticles. J Nanopart Res, 2011, 13(10): 4603-4611.

[9] Zhang C, Yuan Y, Zhang S, et al. Biosensing platform based on fluorescence resonance energy transfer from upconverting nanocrystals to graphene oxide. Angew Chem Int Ed, 2011, 50: 6851-6854.

[10] Gao N, Ling B, Gao Z, et al. Near-infrared-emitting $NaYF_4$: Yb, Tm/Mn upconverting nanoparticle/gold nanorod electrochemiluminescence resonance energy transfer system for sensitive prostate-specific antigen detection. Anal Bioanal Chem, 2017, 409(10): 2675-2683.

[11] Guan Y, Qu S, Li B, et al. Ratiometric fluorescent nanosensors for selective detecting cysteine with upconversion luminescence. Biosens Bioelectron, 2016, 77: 124-130.

[12] Long Q, Fang A, Wen Y, et al. Rapid and highly-sensitive uric acid sensing based on enzymatic catalysis-induced upconversion inner filter effect. Biosens Bioelectron, 2016, 86: 109-114.

[13] Chen H, Fang A, He L, et al. Sensitive fluorescent detection of H_2O_2 and glucose in human serum based on inner filter effect of squaric acid-iron(III) on the fluorescence of upconversion nanoparticle. Talanta, 2017, 164: 580-587.

[14] Ren S, Li Y, Guo Q, et al. Turn-on fluorometric immunosensor for diethylstilbestrol based on the use of air-stable polydopamine-functionalized black phosphorus and upconversion nanoparticles. Microchim Acta, 2018, 15(9): 429-450.

[15] Deng R, Xie X, Vendrell M, et al. Intracellular glutathione detection using MnO_2-nanosheet-modified upconversion nanoparticles. J Am Chem Soc, 2011, 133(50): 20168-20171.

[16] Jing Y, Yao C, Kong X J, et al. MnO_2-Nanosheet-modified upconversion nanosystem for sensitive turn-on fluorescence detection of H_2O_2 and glucose in blood. ACS Appl Mater Inter, 2015, 7(9): 10548.

[17] Liu Y, Tu D T, Zheng W, et al. A strategy for accurate detection of glucose in human serum and whole blood based on an upconversion nanoparticles-polydopamine nanosystem. Nano Research, 2018, 11(6): 3164-3174.

[18] Zhang L, Ling B, Wang L, et al. A near-infrared luminescent Mn^{2+}-doped $NaYF_4$: Yb,Tm/Fe^{3+}upconversion nanoparticles redox reaction system for the detection of GSH/Cys/AA. Talanta, 2017, 172: 95-101.

[19] Päkkilä H, Yliharsila M, Lahtinen S, et al. Quantitative multianalyte microarray immunoassay utilizing upconverting phosphor technology. Anal Chem, 2012, 84(20): 8628-8634.

[20] Liu Y, Zhou S, Zhou Z, et al. *In vitro* upconverting/downshifting luminescent detection of tumor markers based on Eu^{3+}-activated core-shell-shell lanthanide nanoprobes. Chem Sci, 2016, 7(8): 5013-5019.

[21] Wu S, Zhang H, Shi Z, et al. Aptamer-based fluorescence biosensor for chloramphenicol determination using upconversion nanoparticles. Food Control, 2015, 50: 597-604.

[22] Fang C, Wu S, Duan N, et al. Highly sensitive aptasensor for oxytetracycline based on upconversion and magnetic nanoparticles. Anal Methods, 2015, 7(6): 2585-2593.

[23] Ouyang Q, Liu Y, Chen Q, et al. Rapid and specific sensing of tetracycline in food using a novel upconversion aptasensor. Food Control, 2017, 81: 156-163.

[24] Hu G, Sheng W, Zhang Y, et al. Upconversion nanoparticles and monodispersed magnetic polystyrene microsphere based fluorescence immunoassay for the detection of sulfaquinoxaline in animal-derived foods. J Agr Food Chem, 2016, 64(19): 3908-3915.

[25] Guo T, Deng Q, Fang G, et al. Molecularly imprinted upconversion nanoparticles for highly selective and sensitive sensing of Cytochrome c. Biosens Bioelectron, 2015, 74: 498-503.

[26] Tian J, Bai J, Peng Y, et al. A core-shell-structured molecularly imprinted polymer on upconverting nanoparticles for selective and sensitive fluorescence sensing of sulfamethazine. Analyst, 2015, 140(15): 5301-5307.

[27] Tang Y, Min L, Xue G, et al. A NIR-responsive up-conversion nanoparticle probe of the $NaYF_4$: Er,Yb type and

coated with a molecularly imprinted polymer for fluorometric determination of enrofloxacin. Microchim Acta, 2017, 184(2): 1-7.

[28] Guo T, Deng Q, Fang G, et al. Upconversion fluorescence metal-organic frameworks thermo-sensitive imprinted polymer for enrichment and sensing protein. Biosens Bioelectron, 2016, 79: 341-346.

[29] Tang Y, Liu H, Gao J, et al. Upconversion particle@Fe_3O_4@molecularly imprinted polymer with controllable shell thickness as high-performance fluorescent probe for sensing quinolones. Talanta, 2018, 181: 95-103.

[30] Saleh S M, Ali R, Wolfbeis O S. Quenching of the luminescence of upconverting luminescent nanoparticles by heavy metal ions. Chemistry, 2015, 17(51): 14611-14617.

[31] Long Q, Li H, Zhang Y, et al. Upconversion nanoparticle-based fluorescence resonance energy transfer assay for organophosphorus pesticides. Biosens Bioelectron, 2015, 68: 168-174.

[32] Hu W, Chen Q, Li H, et al. Fabricating a novel label-free aptasensor for acetamiprid by fluorescence resonance energy transfer between NH_2-$NaYF_4$: Yb,Ho@SiO_2 and Au nanoparticles. Biosens Bioelectron, 2016, 80: 398-404.

[33] Sun N, Ding Y, Tao Z, et al. Development of an upconversion fluorescence DNA probe for the detection of acetamiprid by magnetic nanoparticles separation. Food Chem, 2018, 257: 289-294.

[34] Yang L, Sun H, Wang X, et al. An aptamer based aggregation assay for the neonicotinoid insecticide acetamiprid using fluorescent upconversion nanoparticles and DNA functionalized gold nanoparticles. Microchim Acta, 2019, 186(5): 308-312.

[35] Yu Q, He C, Li Q, et al. Fluorometric determination of acetamiprid using molecularly imprinted upconversion nanoparticles. Microchim Acta, 2020, 187(4): 624-630.

[36] Hu G, Sheng W, Zhang Y, et al. A novel and sensitive fluorescence immunoassay for the detection of fluoroquinolones in animal-derived foods using upconversion nanoparticles as labels. Anal Bioanal Chem, 2015, 407: 8487 -8496.

[37] Liu C, Ma W, Gao Z, et al. Upconversion luminescence nanoparticles-based lateral flow immunochromatographic assay for cephalexin detection. J Mater Chem C, 2014, 2(45): 9637-9642.

[38] Hu G, Sheng W, Zhang Y, Wang J, et al. Upconversion nanoparticles and monodispersed magnetic polystyrene microsphere based fluorescence immunoassay for the detection of sulfaquinoxaline in animal-derived foods. J Agr Food Chem, 2016, 64(19):3908-3915.

[39] Zhang H, Fang C, Wu S, et al. Upconversion luminescence resonance energy transfer-based aptasensor for the sensitive detection of oxytetracycline. Anal Biochem, 2015, 489(4): 44-49.

[40] He D, Wu Z, Cui B, et al. A fluorometric method for aptamer-based simultaneous determination of two kinds of the fusarium mycotoxins zearalenone and fumonisin B_1 making use of gold nanorods and upconversion nanoparticles. Microchim Acta, 2020, 187(4): 1-8.

[41] Chen Q, Hu W, Sun C, et al. Synthesis of improved upconversion nanoparticles as ultrasensitive fluorescence probe for mycotoxins. Analytica Chimica Acta, 2016, 98: 137-145.

[42] Liu X, Zhao Y, Sun C, et al. Rapid detection of abrin in foods with an up-converting phosphor technology-based lateral flow assay. Scientific Reports, 2016, 6: 34926.

[43] Wu Z, Xu E, Chughtai M J, et al. Highly sensitive fluorescence sensing of zearalenone using a novel aptasensor based on upconverting nanoparticles. Food Chem, 2017, 230: 673-680.

[44] Yang M, Zhang Y, Cui M, et al. A smartphone-based quantitative detection platform of mycotoxins based on multiple-color upconversion nanoparticles. Nanoscale, 2018, 10: 15865-15874.

[45] Pan W, Zhao J, Chen Q. Fabricating upconversion fluorescent probes for rapidly sensing foodborne pathogens. J Agr Food Chem, 2015, 63(36): 8068-8074.

[46] Yin M, Wu C, Li H, et al. simultaneous sensing of seven pathogenic bacteria by guanidine-functionalized upconversion fluorescent nanoparticles. ACS Omega, 2019, 4(5): 8953-8959.

[47] Yin M, Jing C, Li H, et al. Surface chemistry modified upconversion nanoparticles as fluorescent sensor array for discrimination of foodborne pathogenic bacteria. J Nanobiotechnol, 2020, 18(1): 41.

[48] Kurt H, Yuce M, Hussain B, et al. Dual-excitation upconverting nanoparticle and quantum dot aptasensor for multiplexed food pathogen detection. Biosens Bioelectron, 2016, 81: 280-286.

[49] Jin B, Wang S, Lin M, et al. Upconversion nanoparticles based FRET aptasensor for rapid and ultrasenstive bacteria detection. Biosens Bioelectron, 2017, 90: 525-533.

[50] Cheng K, Zhang J, Zhang L, et al. Aptamer biosensor for *Salmonella typhimurium* detection based on luminescence energy transfer from Mn^{2+}-doped $NaYF_4$: Yb,Tm upconverting nanoparticles to gold nanorods. Spectrochim Acta A, 2017, 171: 168-173.

[51] Kumar M, Peng Z. Highly sensitive and selective label-free optical detection of mercuric ions using photon upconverting nanoparticles. Biosens Bioelectron, 2010, 25(11): 2431-2435.

[52] Li H, Wang L. $NaYF_4$: Yb^{3+}/Er^{3+}nanoparticle-based upconversion luminescence resonance energy transfer sensor for mercury(Ⅱ)quantification. Analyst, 2013, 138(5): 1589-1595.

[53] Zhang Y, Wu L, Tang Y, et al. An upconversion fluorescence based turn-on probe for detecting lead(Ⅱ)ions. Anal Methods, 2014, 6(22): 9073-9077.

[54] Wu S, Duan N, Shi Z, et al. Dual fluorescence resonance energy transfer assay between tunable upconversion nanoparticles and controlled gold nanoparticles for the simultaneous detection of $Pb^{2+}$and Hg^{2+}. Talanta, 2014, 128: 327-336.

[55] Zhang J, Li B, Zhang L, et al. An optical sensor for Cu(Ⅱ) detection with upconverting luminescent nanoparticles as an excitation source. Chem Commun, 2012, 48(40): 4860-4862.

[56] Li C, Liu J, Alonso S, et al. Upconversion nanoparticles for sensitive and in-depth detection of Cu^{2+}ions. Nanoscale, 2012, 4(19): 6065-6071.

[57] Peng J, Wang X, Chai L T, et al. High-efficiency *in vitro* and *in vivo* detection of Zn^{2+} by dye-assembled upconversion nanoparticles. J Am Chem Soc, 2015, 137(6): 2336-2342.

[58] Liu Y, Chen M, Cao T, et al. A cyanine-modified nanosystem for *in vivo* upconversion luminescence bioimaging of methylmercury. J Am Chem Soc, 2013, 135(26): 9869-9875.

[59] Tang Y, Gao Z, Wang S, et al. Upconversion particles coated with molecularly imprinted polymers as fluorescence probe for detection of clenbuterol. Biosens Bioelectron, 2015, 71: 44-50.

[60] Ren S, Li Q, Li Y, et al. Upconversion fluorescent aptasensor for bisphenol A and 17β-estradiol based on a nanohybrid composed of black phosphorus and gold, and making use of signal amplification via DNA tetrahedrons. Microchim Acta, 2019, 186(3): 151.

[61] Zhang Y, Tang Y, Liu X, et al. A highly sensitive upconverting phosphors- based off-on probe for the detection of glutathione. Sensor Actuat B-Chem, 2013, 185: 363-369.

[62] Zhang L, Yin S, Hou J, et al. Detection of choline and hydrogen peroxide in infant formula milk powder with near infrared upconverting luminescent nanoparticles. Food Chem, 2019, 270: 415-419.

[63] Zhang C, Yuan Y, Zhang S, et al. Biosensing platform based on fluorescence resonance energy transfer from upconverting nanocrystals to graphene oxide. Angew Chem Int Ed, 2011, 50(30): 6851-6854.

第5章　有机荧光探针传感快速检测技术及应用

5.1　有机荧光探针的定义

有机荧光探针是指主要由碳元素、氮元素、氧元素、氢元素组成，在紫外、可见光、近红外范围内具有荧光特性，且可因外部环境（包括极性、pH、离子浓度）或某些能与之形成分子间作用力的化合物的量的变化而引起本身荧光性质改变的一类材料，通过光诱导电子转移、分子内电荷转移、荧光共振能量转移、激发态分子内质子转移、聚集诱导发光、碳氮双键的异构化等过程实现荧光猝灭或荧光增强，从而达到检测的目的。

5.2　有机荧光探针的特性

传统仪器分析法主要包括液相色谱[1, 2]、气相色谱[3, 4]等，此类方法具有检出限低、重复性好等优点，但是由于需要相关大型仪器，所以这些方法无法实现现场快速检测。为了弥补传统仪器分析法的不足，新型分析法应运而生，在它们之中荧光检测法因其检测信号可视、检测过程操作简单而被广泛研究[5, 6]，荧光检测方法的建立有助于实现现场快速检测，这对食品安全检测和药品生产过程把控具有十分重要的意义。有机荧光探针作为荧光检测方法的主要材料通常具备灵敏度高、选择性好、使用方便、成本较低等优点，现已在肿瘤诊断、药物传递、代谢分析、食品检测等多领域广泛应用。

有机荧光探针通常由三个部分组成，即荧光发光基团、连接体和识别基团。荧光发光基团主要负责在识别待测物后进行荧光响应，此响应过程主要改变的有发射光的强度、激发波长的移动及发射波长的移动。识别基团负责进行待测物的识别，之后通过连接体将信息传递给荧光发光基团，从而产生荧光响应，据此对待测物进行定性和定量分析。当待测物与识别基团作用时会引起局部电子的变化，信息传递后会引起荧光发光基团的 π 电子离域的变化，从而导致荧光响应信号的改变。

在大多数情况下，我们利用有机荧光探针对待测物进行检测时观察到的响应信号是荧光强度的变化。有机荧光探针在光诱导的条件下会产生电子跃迁现象，电子首先跃迁到激发态，之后再回到基态，在这个过程中会以发射光的形式释放回到基态的能量。通常，通过仪器可以检测到比激发它的光波长更长的发射光[7]。通过外界给予的入射光所产生的光谱称为荧光激发光谱，而自身受激发后发射出的光所产生的光谱称为荧光发射光谱，通过分析荧光发射光谱的变化可以实现对待测物的定性及定量检测[8]。其检测过程为，当一定浓度的目标物与有机荧光探针通过氢键、π-π相互作用等进行吸附时，会影响荧光传感器的荧光发射光谱，可能会产生荧光增强或荧光猝灭的现象，而且不同浓度的同一目标物也会导致有机荧光探针产生不同程度的荧光增强或荧光猝灭效应，从而会形成一个目标物浓度与荧光响应值之间的线性关系，通过这个线性关系，我们可以实现对目标物的定性和定量识别[9]。其具体过程如图 5-1 所示。

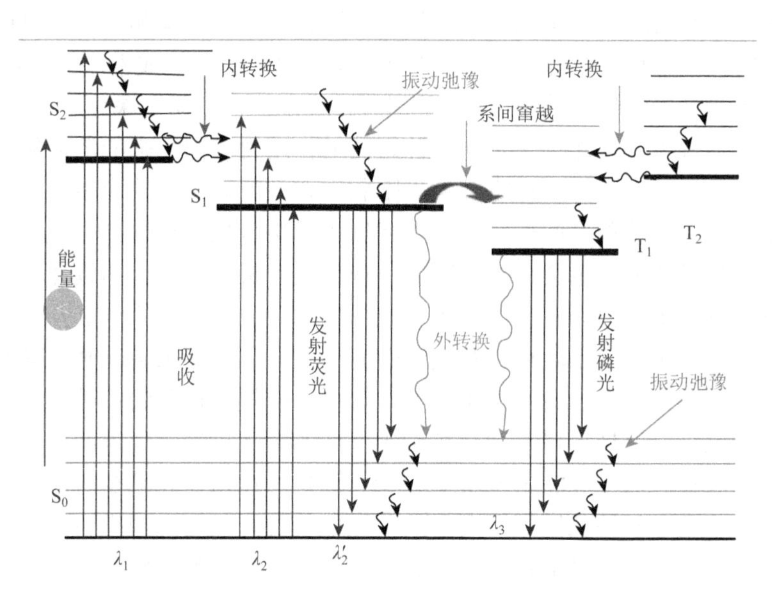

图 5-1　分子吸收和发射过程的 Jablonski 能级图

有机荧光探针与生物探针相比较而言，有机荧光探针结构稳定且易修饰，具有良好的生物相容性及较低的毒性，同时兼备良好的选择性和灵敏度。

5.3　有机荧光探针的设计原理

通过有机荧光探针与待测物之间的相互作用产生响应信号的方式不同可将其分为结合型荧光探针、化学反应型荧光探针、置换型荧光探针。有机荧光探针的识别基团会根据待测物的不同进行对应的选择，使得待测物能够通过各种作用力较好地与识别基团作用，因此种类多样，且其荧光发光基团通常具有大的共轭结构，π 电子的离域性较高，所以在设计时常用的、性能优异的荧光发光基团较易总结，主要有荧光素、罗丹明、菁染料、香豆素、萘酰亚胺、氟化硼二吡咯等。

5.3.1 结合型荧光探针

结合型荧光探针通常是利用待测物与荧光探针分子之间弱结合作用引起荧光性能的改变从而达到识别的效果，其相互作用主要有氢键、范德瓦耳斯力、配位键、静电相互作用等，荧光性能的改变主要有荧光强度、激发波长或发射波长的移动及荧光寿命的改变等方面，具体过程如图 5-2（a）所示[10]，这种方法是最早设计荧光探针的方法，目前也是运用时间最长、最为广泛和成熟的一种，这种探针的特点是具有可逆性，可以实现对特定分析物质的实时检测，并且可以通过洗去待测物实现结合型荧光探针的多次利用，从而进一步降低成本，提高使用寿命。但这类有机荧光探针也有其不可避免的劣势，通常结合型荧光探针的灵敏度较低，尤其是在水溶液中，待测物与荧光探针之间的作用力会由于强的溶剂化效应而变弱，从而导致灵敏度降低，这将会大大限制结合型荧光探针的应用，尤其是在饮料等食品基质中的检测。此外，由于上述原因，结合型荧光探针在生物体内专一性识别目标分子的能力也会大大地减弱。在该类有机荧光探针的设计合成过程中需要充分考虑以下三个因素：①有机荧光探针的荧光发光基团的选择，考虑到有机荧光探针需要用于复杂环境与基质的荧光检测，因此要求荧光基团具有较好的荧光特性，主要是指高的荧光量子产率，这样可以提高检测的灵敏性；要有较大的斯托克斯位移，这样可以有效防止荧光基团的荧光自猝灭现象产生；荧光发射波长要在长波长区域，最好在 500nm 以上，这样可以避免和减少短波背景荧光的干扰。此外，由于长波长区域所发射的荧光能量的降低可以减少荧光漂白现象的发生，从而可以延长探针的使用寿命。②有机荧光探针的识别基团的选择，识别原理通常是软硬酸碱理论、配位作用、超分子作用力等，应多选择含氮、硫、磷杂环化合物作为识别分子。③连接体的选择，连接体可以将识别基团与荧光发光基团通过共价键的形式连接起来，起到在识别基团与荧光发光基团之间的信号传递作用。

5.3.2 化学反应型荧光探针

化学反应型荧光探针主要是利用待测物与有机荧光探针之间发生化学反应后引起有机荧光探针的荧光性能变化来实现检测的一类探针。它们主要是通过形成或破坏探针的主客体之间的结合，改变探针分子取代基的供体或受体对电子的保留或丢失的能力，或者是改变其共轭程度，进而改变有机荧光探针的光学性能，实现对待测物的特异性识别，具体过程如图 5-2（b）所示[11]。目前，越来越多的研究开始针对化学反应型荧光探针进行，因为相对于结合型荧光探针来说，化学反应型荧光探针灵敏度大大地提高，这为实现食品中各类物质的精准检测提供了方法。

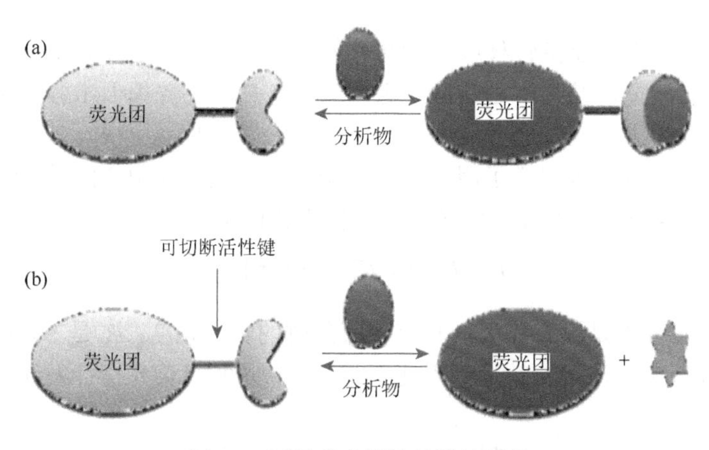

图 5-2　两种荧光探针的设计原理

（a）结合型荧光探针；（b）化学反应型荧光探针

5.3.3　置换型荧光探针

置换型荧光探针是通过荧光发光基团与待测物之间的相互作用力强于荧光发光基团与识别基团之间的相互作用力为原理进行设计合成的，待测物将识别基团从有机荧光探针上置换下来，因此会引起荧光性能的改变[12]。在合成此类有机荧光探针时荧光发光基团与待测物的键合常数要大于荧光发光基团与识别基团的键合常数，只有这样才能实现置换过程，这也是合成的关键，这类有机荧光探针可以实现对待测物的可逆性检测。

5.4　有机荧光探针的响应机制

5.4.1　静态猝灭

荧光猝灭是指导致荧光强度降低的全过程，分为静态猝灭和动态猝灭。在静态猝灭过程中，在荧光分子和猝灭剂之间形成不发射荧光的复合物，导致荧光分子数量减少从而降低荧光强度，但是没有观察到荧光寿命的变化。Singh 等发现当 Cr(Ⅵ)存在时，有机荧光探针发光中心的平均寿命（$\tau_0/\tau = 1$）几乎不变（忽略激发态相互作用），从而证实了荧光团与 Cr(Ⅵ)之间激发态的配位机制，即体系中存在静态猝灭机制[13]。

5.4.2 动态猝灭

动态猝灭可以用能量转移或电荷转移机制来解释。通过猝灭剂与有机荧光探针发光中心的碰撞，发光中心的激发态回到基态。动态猝灭要求猝灭剂以激发态的形式存在并与之反应时靠近荧光分子，导致激发态衰减更快，荧光寿命更短但吸收光谱不变。Song 等报道了用三价铁离子系统研究发光中心的动态光致发光猝灭，并用 Stern-Volmer 方程分析光致发光猝灭的机制：

$$F_0 / F - 1 = K[\mathrm{Q}] = k_{\mathrm{q}}\tau_0[\mathrm{Q}] \tag{5.1}$$

其中，F_0 和 F 分别是没有猝灭剂和有猝灭剂时的荧光强度；K 是 Stern-Volmer 参数；[Q]是猝灭剂的浓度；k_{q} 是猝灭速率常数；τ_0 是有机荧光探针发光中心的荧光寿命[14]。

有机荧光探针的荧光机制相对复杂。除上面介绍的 Stern-Volmer 方程外，荧光共振能量转移（fluorescence resonance energy transfer，FRET）猝灭机制和光致电子转移（photoinduced electron transfer，PET）猝灭机制都是动态猝灭的具体机制。FRET 的猝灭剂的光谱图与发光中心的光谱分析方法一致。在没有电子的情况下，猝灭剂和发光中心之间存在长距离偶极-偶极相互作用，它们的距离通常为 10～100Å，因为只有在这样的距离下，FRET 才有可能发生。已经有研究者设计了基于 FRET 机制的比率型有机荧光探针，这种荧光探针可以完善基于分子内电荷转移(ICT)机制的有机荧光探针发射波长经常重叠的一些缺点。基于 FRET 机制的有机荧光探针体系，一般来说主要由两个荧光中心和一个连接体构成，两个荧光中心分别称为荧光供体和荧光受体。当有机荧光探针分子受到光激发之后，此时的供体会处于激发态，之后由于长距离的偶极-偶极作用，会将能量接着传递给正处于基态的荧光受体。据之前的报道，整个 FRET 系统的传递效率会受多种因素的影响。例如，当供体荧光基团与受体荧光基团之间的距离增加时，整个 FRET 系统的传递效率会相应地发生改变。除此之外，有机荧光探针在一般情况下将通过调节供体的荧光基团的发射光谱和受体荧光基团的吸收光谱之间的重叠程度影响 FRET 系统的传递效率[15, 16]。有机荧光探针的供体基团和受体基团的距离及偶极-偶极作用的相对方向也是影响 FRET 系统传递效率的一些关键性因素。Wang 等提出了一种基于 FRET 的凝血酶适配体的有机荧光探针。将凝血酶适配体（5′-NH_2GGTTGGTGTGGTTGG-3′）用于共价标记。动力学肾源和蛋白激酶之间的紧密接触导致发光中心的荧光猝灭。在凝血酶存在的情况下，适配体产生四链结构，这削弱了两者之间的相互影响，进而将蛋白激酶与动力学肾源分离，从而阻断 FRET 的整个过程[17]。氨基功能化发光中心和金纳米材料之间的 FRET 系统可以用于检测食品中的三聚氰胺。该方法具有灵敏度高、分析时间短、成本低、操作方便等特点。Yuan 等设计了一种将 7-羟基香豆素作为荧光供体，将罗丹明作为荧光受体的基于 FRET 机制的有机荧光探针（FP-H_2O_2-NO），这种有机荧光探针在区分检测 NO 和 H_2O_2 的测试中取得了良好的效果[18]。7-羟基香豆素的最大发射峰在 460nm 处，而罗丹明的最大发射峰则在 580nm 处，光谱图显示两者之间的最大发射峰存在较远的距离，因此我们可以知道，FP-H_2O_2-NO 有机荧光探针可以很好地对检测前后的信号进行识别和区分。比较有意思的一点是，7-羟基香豆素整个的发射光谱图与罗丹明的吸收光谱有部分重叠。经过相应的计算可知，7-羟基香豆素和罗丹明的距离是 36Å，正好处于 10～100Å，因此，7-羟基香豆素和罗丹明这两者之间有能发生 FRET 的可能性。

PET 也是一种比较常见的动态猝灭机制，通常是利用有机荧光探针分子识别前后能级轨道发生变化来实现 PET 过程，因此基于此机制的有机荧光探针分子在通常情况下是猝灭型，但是也不能排除一些增强的效果。根据 PET 的猝灭方式通常可以分为两种：一种是将荧光基团作为电子受体的 PET 过程，即我们通常所说的受体型 PET（acceptor PET，a-PET）；另一种是将荧光基团作为电子供体的 PET 过程，即我们通常所说的供体型 PET（donor PET，d-PET）[19, 20]。在 a-PET 的整个过程中，此时的荧光团被用作电子受体来进行后续的反应，一般来说这个荧光团上所连接的基团都是作为电子供体进行后续的反应，此时的荧光基团一般来说都是识别基团。同时电子供体的 HOMO 轨道位于电子受体的 HOMO 轨道与 LUMO 轨道之间，a-PET 识别机制如图 5-3 所示。

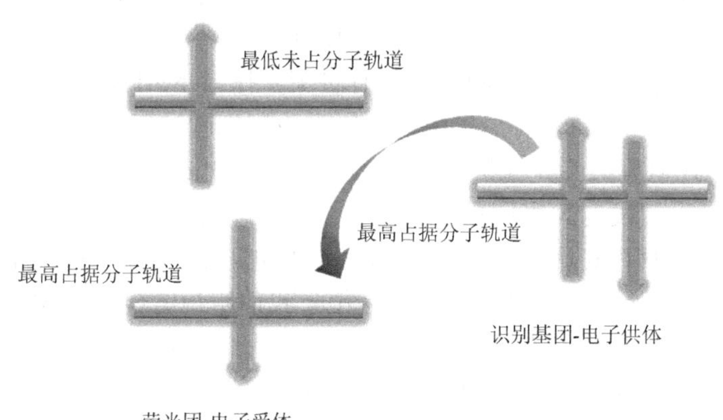

图 5-3　a-PET 识别机制

当有机荧光探针发光中心受到光激发时，荧光团的 HOMO 轨道上的电子会被激发到 LUMO 的轨道上，那么此时 HOMO 轨道就是空的，没有电子的，相应的电子供体上的 HOMO 轨道的能级就会离荧光团上的 HOMO 轨道的能级比较接近。由此可知，作为电子供体的 HOMO 轨道上的电子就会发生跃迁，直接来到没有荧光团的 HOMO 轨道上，从而导致了荧光团的 LUMO 轨道上的电子无法返回到荧光团的 HOMO 轨道上，正是基于这样的机制直接导致了荧光猝灭的情况。当有机荧光探针分子与我们所要检测的目标分子结合之后，作为电子供体的识别位点所特有的供电能力就会相应下降，那么此时电子受体上的 HOMO 轨道就会产生高于作为电子供体的 HOMO 轨道，之前的 PET 作用就会被严重抑制，这就直接导致了有机荧光探针的荧光得以恢复，基于这样的效果可以实现对目标物质的识别作用。已经有很多的研究是基于 a-PET 的识别机制，构建了很多新型的有机荧光探针。例如，Lin 课题组就基于这样一个 a-PET 机制，合成了一种用于甲醛检测的有机荧光探针，并且将其命名为 Na-FA[21]。众所周知，甲醛是装修过程中出现的不可避免的一种有害气体，过量甲醛吸入人体后会对人体产生严重的危害，相关的案例在之前被多次报道，因此建立一种检测甲醛的有机荧光探针具有重大意义。在这次的工作中，该课题组选取了一种具有双光子性质的名为萘酰亚胺的物质，作为荧光检测的有效平台，并且在此平台上成功地引入了甲醛的响应位点，即肼基。根据实验的结果可知，肼基与萘酰亚胺的荧光平台之间是通过 a-PET 的检测机制作为识别过程的。据此可知，有机荧光探针 Na-FA 本身是没有荧光的。而只有加入目标物甲醛之后，体系直接的 PET 作用会被抑制，从而产生了荧光强度显著增强的结果，约为被抑制之前的 900 倍，在这项工作中，甲醛的最低检出限是 0.71μmol/L，可以说有机荧光探针 Na-FA 能够实现对甲醛高效且精准的识别作用。根据动态的检测结果，有机荧光探针 Na-FA 能够在 30min 内对甲醛进行精准的识别，并且与其他物质相比，对甲醛的选择性是较高的。基于有机荧光探针 Na-FA 上述的优势，该有机荧光探针 Na-FA 在后续的工作中还被用于检测细胞和组织中可能存在的内源性甲醛，这是其他有机荧光探针所不具备的优势。与 a-PET 相比，在整个 d-PET 作用过程中，我们发现荧光团是作为电子供体进行作用的，而荧光团上所连接的基团，我们一般将其认为是识别基团，作为电子受体进行作用的，在一般情况下，电子受体所在的 LUMO 轨道，是位于我们所说的电子供体的 HOMO 轨道与另一个轨道即 LUMO 轨道两者之间。通常我们认为，当荧光分子受到光激发时，作为电子供体荧光团的 HOMO 轨道的电子将被激发到电子供体的荧光团上的 LUMO 轨道，而被称为识别基团的电子受体的 LUMO 轨道能级则与电子供体荧光团的 LUMO 轨道能级相差不大。因此，电子供体的 LUMO 轨道上的电子会更加容易通过一般的非辐射跃迁到电子受体的 LUMO 轨道，这一过程直接导致了荧光的猝灭。所以说当有机荧光探针分子检测到目标物并进行识别时，一般所说的识别基因即电子受体的 LUMO 轨道能级将大大高于荧光团即电子供体的 LUMO 轨道能级，这样的结果使得 d-PET 的整体过程无法完成，导致了有机荧光探针的荧光得以恢复，借此来实现检测目标物质的效果。

5.4.3　分子内电荷转移

基于分子内电荷转移（intramolecular charge transfer，ICT）响应机制的有机荧光探针也是比较常见的一种有机荧光探针。其机制通常是将吸电子或者供电子的荧光团与供电子或者吸电子一般基团进行相应的结合。此时如果分子受到了光激发，那么作为供电子基团一端的电子，则会被转移到之前是吸电子的一端，两者进行相互作用[22]。一般来说，基于 ICT 的有机荧光探针是将识别基团与荧光发光基团直接接触，当体系中的识别基团与目标物结合之后，就会引起整个有机荧光探针分子体系的推-拉平衡发生改变。在通常情况下，当带着供电子的荧光发光基团，与识别基团（具有拉电子效应）相互连接之后，会与特定分子进行识别，此时如果说拉电子能力突然变弱，那么所显示的荧光光谱则会发生蓝移现象，反之，若拉电子能力突然变强，那么荧光光谱则会相应地发生红移现象。与前面情况相反的是，具有拉电子功能的荧光发光基团和具有供电子功能的识别位点相互连接形成复合物之后，会与目标物结合，在这个情况下，若供电子的能力相对减弱，那么此时的荧光光谱会相应地发生蓝移，反之，若此时供电子的能力相对增强，那么荧光光谱则会发生红移现象。在发生红移或者蓝移现象的同时，所检测到的荧光强度也会随着推或拉电子的增强或者减弱，而导致荧光强度的增强或者减弱。研究者们一直致力于构建基于 ICT 机制的有机荧光探针，并根据 ICT 机制光谱的位移和荧光强度的变化可以用来构建一些比较新颖的比率型有机荧光探针体系[23-25]。但是不可否认的是，基于 ICT 机制构建的比率型有机荧光探针体系在通常情况下也会有一个不足之处，就是光谱峰是比较宽的。基于 ICT 机制构建的比率型有机荧光探针识别目标物的前后发射光谱很容易发生重叠的现象，从而给检测过程带来了一些不确定性，也是由于此原因，极大地限制了其在实际生产和生活中的应用。面对这一困难，有学者成功地构建了可用于实际的基于 ICT 机制的比率型有机荧光探针。例如，Chang 课题组基于 ICT 机制设计并合成了比率型有机荧光探针，并且根据实验结果，我们可以看到该比率型有机荧光探针成功地检测到了细胞内的过氧化氢[26]，以萘酰亚胺作为荧光发光基团，通常是通过调节萘酰亚胺上的一种 4-位氨基的供电子，以此来改变 ICT 机制达到控制发射波长的目的。因此，可以期待在之后的工作中能有越来越多的人们建立基于 ICT 机制的检测系统，从而更好地为我们生活和生产作出突出的贡献。

5.4.4 内滤效应

内滤效应（inner filter effect，IFE）也是一种常见的用于有机荧光探针的响应机制。IFE 机制是可以用激发光强度的变化，来反映荧光强度的一系列变化的一种机制。当有机荧光探针响应机制是基于 IFE 时，其吸收体的光谱和发光中心激发光谱精确重叠。基于 IFE 机制，发光中心会消除复杂的上节所提到的机制，为有机荧光探针的设计提供了一种简单易行的对策。

5.4.5 聚集诱导发光

本节重点介绍聚集诱导发光（aggregation - induced emission，AIE）机制。一般来说，传统的有机荧光探针体系在检测的过程中，需要配合浓度很低的目标物，因为在浓度较高时，传统的有机荧光探针体系会很容易发生聚集现象，激发态能量大部分在非辐射跃迁下被损失掉，导致荧光强度较弱甚至发生猝灭。有课题组发现了一些有趣的现象，当某些荧光发光基团溶于溶液中时，并没有产生荧光，但是，以固体形式或者在水溶液中呈现明显的聚集现象时会发出很强、很亮的荧光，那么这种由于较大的浓度而产生的发光现象被称为 AIE[20]。基于 AIE 机制所构建的有机荧光探针分子是比较有意思的，该有机荧光探针在聚集状态时，分子内旋转会被阻碍，此时激发的能量主要以一种辐射跃迁的方式回到最开始的基态，从而导致了荧光的发射，产生了较强的荧光。截至目前，研究学者们已经证实了，有一些荧光发光基团确实是具有 AIE 机制的，常见的有某些吡咯化合物、四苯乙烯等物质。而近年来，随着研究者们对 AIE 机制的进一步深入了解，逐步发现了越来越多具有 AIE 机制的一些分子，比较有益的是，这些被人们熟知的分子也逐渐被应用到生物体内，切实地为社会贡献了分子的价值。下面我们借助 Tang 课题组的研究成果来对 AIE 机制作出详细的说明，他们课题组基于 AIE 机制设计合成了三种有机荧光探针，且都是具有 AIE 机制的红光发射荧光探针，并且将这三种有机荧光探针分别命名为 CDPP-3SO_3、CDPP-4SO_3 和 CDPP-Bz Br[27]。

众所周知，内质网中会存在许多的磷酸胆碱胞苷转移酶（phosphocholine cytidine transferase，CCT），在体内可用于磷脂膜合成的调节，是体内非常重要的一种酶。而 CCT 自身则带有多个氨基酸，且带有正电荷，可以选择性地与一些阴离子膜的表面进行特异性地结合，所以可以作出下列猜测：内质网也许能成为具有两性离子性质的目标物质。在这样猜想的基础上，可以成功地在此结构上创造性地引入了吡啶磺酸基团，从而合成了 CDPP-3SO_3、CDPP-4SO_3 这两种有机荧光探针。并且为了正是吡啶磺酸基团的重要性，合成了 CDPP-Bz Br 作为对照组，与 $CDPP-3SO_3$、$CDPP-4SO_3$ 相比，CDPP-Bz Br 唯一的不同是没有引入吡啶磺酸基团。最后的光谱结果也证实了我们猜想的合理性。从光谱可以看出，$CDPP-3SO_3$、$CDPP-4SO_3$ 和 CDPP-Bz Br 三个有机荧光探针在固体模式或者在水溶液中时，三个探针的荧光强度都很强，这样的现象说明这三种探针都符合 AIE 机制，并且它们三个的发射波长都达到了 600nm 甚至更高。随后的细胞成像的结果则表明，两性分子探针 $CDPP-3SO_3$、$CDPP-4SO_3$ 能够在细胞的内质网中被发现，但是没有加入吡啶磺酸基团而带有正电荷的 CDPP-Bz Br 有机荧光探针则只能在细胞的线粒体中被发现。

5.4.6　跨键能量转移

跨键能量转移（throughbond energy transfer，TBET）机制也是研究人员在设计比率型有机荧光探针时常考虑的机制之一。与 FRET 机制比较类似的是，基于 TBET 机制设计的有机荧光探针的荧光分子在一般情况下是由两个荧光发光基团组成的，不同的是，TBET 机制比较容易实现，尤其是表现在它不依赖于能量供体的发射光谱和能量受体的吸收光谱，就算是发生了重叠也没有关系。因为 TBET 是通过共轭键直接和其中的两个荧光发光基团相连，其传递方式也是直接从供体传递到受体。TBET 机制的传递效率和许多因素有关，如供体和受体的扭转角、供体和受体相互连接的 π 键性质。Tan 课题组基于 TBET 机制创造性地设计并且合成了一种比率型有机荧光探针，并且将其命名为 Np-Rh 有机荧光探针。Np-Rh 有机荧光探针可以用于细胞和组织中铜离子的成像作用[28]。Np-Rh 有机荧光探针主要通过萘实现 TBET，萘是一种双光子的染料。能量受体则是选用的易于修饰的罗丹明。响应位点则是选用的铜离子，也是比较常见的一种有机荧光探针的检测物质。在正式反应前，此时的罗丹明处于闭环的状态，所以 Np-Rh 有机荧光探针主要发射的是萘的荧光。而当我们引入铜离子之后，罗丹明的荧光团就会自动地处于开环状态，罗丹明的荧光得到释放，相应地，萘的能量会被转移到罗丹明，这导致了 Np-Rh 有机荧光探针在铜离子加入之后只发射罗丹明的荧光。基于以上原因，实现了以比率型有机荧光探针的形式识别铜离子的目的。在之后的研究中，Np-Rh 有机荧光探针还被用于细胞及组织中铜离子的检测，也取得了比较好的效果。

5.4.7　激发态分子内质子转移

本节重点介绍激发态分子内质子转移（excited state intramolecular proton transfer，

ESIPT）。ESIPT 是指当光激发的荧光分子出现时，羟基或者氨基上的质子会被转移到最近的羰基氧或碳氮双键并与之形成氢键的过程，转移的过程中也会有条件，即一般能形成五元环或六元环，距离不超过 2Å。一般可以发生分子内激发态质子转移的物质都会含羟基或者氨基。已经有课题组基于 ESIPT 机制设计且成功地合成了有机荧光探针，将其命名为 TCBT-OMe 有机荧光探针。TCBT-OMe 有机荧光探针可以用于检测细胞中的次氯酸[29]。甲氧基羟基苯并咪唑是一种人们常见的且比较经典的具有 ESIPT 性质的物质，在这项研究中也被用作荧光发光基团，在此基础上，成功地引入了次氯酸作为反应位点，以此来保障 ESIPT 过程的顺利进行。在一开始的时候 TCBT-OMe 有机荧光探针会发射出比较弱的荧光。但是当加入次氯酸之后，甲氧基羟基苯并咪唑得以释放，TCBT-OMe 有机荧光探针被激活后，羟基经过电子转移到了碳氮双键，与 O—N—H 键之间也发生了质子的转移，那么在互变异构发生后，此时的分子激发态能级大幅度地降低，基态的能级则相应地升高，此时呈现了荧光强度显著增强的效果。因此，TCBT-OMe 有机荧光探针能够对次氯酸进行快速而精准的识别，最低检出限是 0.16nmol/L，经过一系列的研究，TCBT-OMe 有机荧光探针被成功地用于识别细胞外源和内源性次氯酸。

我们在前面已经简要地介绍了几种响应机制，除此之外，螺环开关机制、分子内电荷旋转和碳氮异构化等机制也常被用于有机荧光探针的设计。感兴趣的读者可以自行去了解。

5.5 有机荧光探针在食品品质检测中的应用

5.5.1 金属阳离子检测

金属阳离子在食品加工与储存过程中具有重要的地位，例如，明矾是传统的食品改良剂和膨松剂，其化学成分为硫酸铝钾，含有铝离子，过量摄入会影响人体对铁、钙等成分的吸收，导致骨质疏松、贫血，甚至影响神经细胞的发育。此外，金属阳离子与调节人体内部稳态的过程也息息相关，例如，缺乏铁会引起缺铁性贫血[30]，缺乏锌会导致婴儿生长迟缓，缺乏铜会引起相关的缺血性心脏病[31]，还有许多其他复杂的疾病被证实与金属离子的不足有关，这些问题可以通过不断引入功能性食物来改善[32, 33]。但是，食品中的金属元素的过量或食物中有害重金属的存在也会对健康产生一些不利的影响。因此，许多国家已经制定了某些金属元素的摄入量限制。

在食品品质检测中主要检测的金属阳离子有 Fe^{3+}、Cu^{2+}、Zn^{2+}、Hg^{2+}、Al^{3+}、Pb^{2+}等，它们参与了人体多种代谢过程，这些金属阳离子的分析对于食品污染检测、监测和预防人体某些疾病具有重要的意义，如表 5-1 所示，汇总了几种金属离子在食品中的检测情况。

1. 有机荧光探针检测食品中的铁离子

罗丹明作为一种常见的荧光标记试剂具有优异的光稳定荧光行为，并且由于其开环和闭环形式而表现出完全不同的性质。当 Fe^{3+} 与基于罗丹明的探针反应时，其与罗丹明或罗丹明衍生物的不可逆结合诱导开环，同时会导致其荧光强度发生变化。Wang 等 [34]设计与组装了以罗丹明作为荧光发光基团的用于检测 Fe^{3+} 的荧光探针，在加入 Fe^{3+} 后实现了荧光增强。同时，Diao 等[35]利用类似的荧光发光基团和相同的探针设计原理合成了另一种 Fe^{3+} 有机荧光探针，在加入 Fe^{3+} 后可以实现荧光从浅黄色变为粉红色。这两种 Fe^{3+} 有机荧光探针均可以在半小时内实现对 Fe^{3+} 的精准检测，它们发生的荧光变化是由于开环而引起的，且均具有较低的检出限，分别为 0.29μmol/L 和 0.03nmol/L。此外，它们在一定的浓度范围内具有较好的线性相关系数。近年来，关于 BODIPY 类[36]、苯并咪唑类[37]、蒽类[38]衍生物作为荧光发光基团的荧光探针被广泛研究，虽然这些探针在食品行业中用于对 Fe^{3+} 的检测鲜有报道，但这些材料今后将会逐步应用于食品检测领域中。

2. 有机荧光探针检测食品中的铜离子

Cu^{2+} 是人体必需微量元素，在机体内主要起催化作用。摄入适量的铜有利于维持人体内部稳态，但摄入过量会引起中毒现象发生，成人膳食来源的 Cu^{2+} 每日最佳摄入量为(2.7±1.0)mg[39]，我国规定红葡萄酒中 Cu^{2+} 的限量标准为低于 1mg/L。

对于 Cu^{2+} 有机荧光探针通常是基于存在 2-吡啶羧酸盐识别位点或形成配位键的理念对探针进行设计合成的。Gu 等利用分子内电荷转移原理开发了近红外和比色型有机荧光探针用于检测 Cu^{2+}，该探针不仅表现出 Cu^{2+} 的 NIR 荧光“开启”识别方法，还为 Cu^{2+} 提供了方便的比色检测过程，此过程无需使用复杂仪器，通过 Cu^{2+} 的水解作用，系统的颜色从黄色到紫色逐渐变化，实现了在自来水中进行 Cu^{2+} 的检测工作[40]。为了增强现有检测方法的检测能力，Yang 等利用香豆素作为荧光发光基团设计了一种有机荧光探针，在紫外灯下，当存在 Cu^{2+} 时会产生荧光增强效应，其检出限为 62nmol/L[41]。随后，Li 等设计的 Cu^{2+} 有机荧光探针实现了在食品分析中的广泛应用，当存在 Cu^{2+} 时会产生荧光猝灭效应，其检出限为 50nmol/L[42]。在对 Cu^{2+} 探针的研究工作中，除了利用催化水解过程中荧光信号变化来进行检测之外，用 Cu^{2+} 形成复合物的原理也是被普遍利用的，螯合的位点通常来源于席夫（Schiff）碱、酚羟基、醛基上的 N、O 等杂原子。此类有机荧光探针的代表有基于罗丹明开环的荧光增强探针和猝灭荧光探针。基于罗丹明及罗丹明衍生物的探针可以根据检测离子的不同进行设计，例如，Puangploy 等合成的有机荧光探针在 Cu^{2+}存在的情况下可实现开环而导致荧光增强[43]。除了基于罗丹明和罗丹明衍生物的有机荧光探针外，目前还没有优于基于香豆素的 Cu^{2+}有机荧光探针。Wang 等利用香豆素作为荧光发光基团合成了双功能比色型有机荧光探针[44]，此外，Zhang 等合成了具有光物理性能的“开-关-开”型荧光探针，实现了对 Cu^{2+}的精准检测[45]。

3. 有机荧光探针检测食品中的锌离子

锌是人体中含量仅次于铁的一种必需微量元素，缺乏锌会导致食欲减退、皮肤粗糙、发育迟缓，而过量摄入会导致糖尿病和皮肤病的出现。成人膳食来源的 Zn^{2+}每日最佳摄入量为(22.3±7.8)mg[39]。

在上述已知的条件下，Zhang 等提出了新的研究方向，利用光致电子转移和螯合增强荧光机制设计了一种荧光探针[46]来区分检测 Zn^{2+}。在 Zn^{2+}存在时，探针在紫外-可见光的照射下，有明显的从黑色到黄绿色的颜色变化，具有很高的选择性和灵敏度。随着时间的推移，Zn^{2+}浓度逐渐增加，荧光逐渐增强，最终达到平衡。在甲醇溶液中，该有机荧光探针能够同时区分复杂的生物和离子体系中的 Al^{3+}，Al^{3+}螯合物表现出显著的荧光开关性能。Al^{3+}的加入引起的变化与 Zn^{2+}的变化相似。明显的荧光增强是由于探针与金属离子的螯合作用，而显著的荧光变化是由于 EDTA 对 C═N 异构化的抑制作用引起的，这种异构化是可逆的。该荧光探针对饮用水中 Zn^{2+}和 Al^{3+}的检出限分别为 37nmol/L 和 6.7nmol/L。因此，该探针在食品中 Zn^{2+}的检测中具有广阔的应用前景。利用与上述探针相同的设计原理，Li 等制备了新型双功能噻吩基有机荧光探针[47]。该探针可实现在 10 s 时间内同时检测 Al^{3+}和 Zn^{2+}。

4. 有机荧光探针检测食品中的汞离子

考虑到食物的可食性，不仅要考虑锌、铁、铜等对人体健康不可或缺的元素，还要考虑过度使用会对人体造成严重危害的元素。汞是一种重金属和有毒污染物，广泛分布于环境中，食源性汞中毒是由食物链中 Hg^{2+}污染物的积累引起的。中华人民共和国卫生部规定了饮用水（0.001mg/L）、肉蛋制品（0.05mg/kg）和小麦（0.02mg/kg）中 Hg^{2+}的限量。基于相应的荧光探针研究，使用有机荧光探针检测各种水源中 Hg^{2+}的检测技术已经相当成熟[48-50]。根据有机荧光探针与 Hg^{2+}的相互作用方式可以分为基于二硫缩醛识别位点的 Hg^{2+}探针、基于苯基硫代苯甲酸识别位点的 Hg^{2+}探针、基于 *N,N*-二甲基硫代乙酰胺识别位点的 Hg^{2+}探针、基于配位键形成的 Hg^{2+}探针。

分子内电荷转移是检测食品中 Hg^{2+}的常见识别机制，当有机荧光探针与金属离子结合时，一些含硫缩醛的化合物通过硫缩醛部分的去保护反应产生不同的荧光响应，由此产生的电子转移被抑制。基于上述原理，Niu 等[51]和 Xu 等[52]制备了由低聚噻吩、半花菁与硫代缩醛偶联而成的有机荧光探针。Niu 等合成的有机荧光探针的低聚噻吩部分作为一个弱电子供体逐渐与缺电子的醛基结合，并伴随着明显的红移，在 Hg^{2+}溶液中表现出强烈的荧光增强效应，随后发射颜色在 1min 内由蓝色变为黄色。同时，在甲醇/水（1∶1，*v*/*v*）的环境中，由于 Hg^{2+}的存在，肉眼观察到了由无色到黄色的剧烈变化，Hg^{2+}的检出限为 10.3nmol/L。这些显著的观察结果表明，该探针是一种特殊的比率和比色型有机荧光探针，在相关文献中，它已被应用于包括鱼和虾在内的食品分析中。

利用二硫缩醛基团作为反应位点，该探针在 Hg^{2+}存在下表现出显著的选择性近红外发射增强，其荧光从蓝绿色变为蓝色。硫代苯甲酸苯酯是除硫代缩醛衍生物外使用最多的对 Hg^{2+}具有识别能力的基团。使用香豆素衍生的荧光团和苯硫苯甲酸作为识别位点，Yang 及其同事开发了一种 Hg^{2+}有机荧光探针[53]。该方法可同时对与硫代苯甲酸苯酯反应的 Hg^{2+}、N_2H_4 和 H_2S 进行初步鉴定和检测，检出限分别为 1.10μmol/L、0.11μmol/L、0.96μmol/L。在这之后，利用硫代碳酸盐部分作为识别位点，Xu 等提出了一种新的识别方法，设计合成了荧光增强探针[54]。在 Hg^{2+}的参与下，该探针在 192nm 处表现出巨大的斯托克斯位移，当在真实水样中进行检测时，在 15min 内表现出明显的变化。

以 *N*,*N*-二甲基硫代乙酰胺为识别位点，基于脱硫反应和酯基的裂解，Yang 等[55]设计了一种能够同时对 Hg^{2+}和 H_2S 进行识别，且不会相互影响的有机荧光探针，此探针具有较好的稳定性，能在 8min 内实现对 Hg^{2+}的检测，检出限为 39.28nmol/L，随着 Hg^{2+}浓度的不断增加，该探针的颜色也不断加深，当存在 H_2O_2 时，可以促进探针与 Hg^{2+}之间的反应，从而使检测灵敏性提高。该探针已被广泛地应用于葡萄酒、凉茶等饮料实际样品中 Hg^{2+}的鉴定和检测。利用相似的识别位点，Zhang 等[56]基于酯裂解的电荷转移过程设计了一种 Hg^{2+}有机荧光探针，它可以实现在 10min 内对 Hg^{2+}进行检测，其检出限为 6.5nmol/L，具体表现为在 455nm 条件下从无荧光强度到逐步增强。

探针和 Hg^{2+}之间形成络合物从而改变探针的光学性质，也可以作为检测 Hg^{2+}的原理。一般来说，基于不同化合物的不同性质，螯合所形成的探针的设计可以基于许多不同的相互作用，可以通过显色信号（如从无色到有色的转换）和荧光信号（如从弱到极强的转换，或反之亦然）进行检测。罗丹明及其衍生物作为常用的荧光发光基团，由于其开环和闭环的模式，具有优异的荧光行为和光稳定性，因此常被用于合成有机荧光探针，Dey 等 [57]据此合成了一种检出限为 4.4nmol/L 的荧光探针。类似地，Ma 等 [58]使用了香豆素，通过与硫代罗丹明的不可逆结合制备了一种荧光探针。在缺乏 Hg^{2+}的条件下，罗丹明及其衍生物以闭环形式存在，

当 Hg^{2+} 充足时，金属离子与罗丹明或其衍生物的不可逆结合将诱导开环，从而改变荧光强度，此探针的检出限为 40nmol/L。

5. 有机荧光探针检测食品中的铝离子

由于 Zn^{2+} 和 Al^{3+} 的特殊亲和性，人们已经合成了许多可以同时检测 Zn^{2+} 和 Al^{3+} 的探针，而相较于 Zn^{2+} 而言，单一的 Al^{3+} 探针在食品检测中使用的频次更高。在 Al^{3+} 探针中普遍存在分子内电荷转移、螯合增强荧光、激发态分子内质子转移等发光机制，同时，所设计的 Al^{3+} 探针是基于配位化合物形成的。Wang 等[59]设计了一种可在 45s 内对 Al^{3+} 实现快速检测的有机荧光探针，其检出限为 81nmol/L，它具有较好的抗干扰性，当基质中存在 Al^{3+} 时，在 524nm 处可以观察到明显的荧光增强效应。Xu 等[60]合成的 Al^{3+} 有机荧光探针具有双重检测和可逆性的特点，在食品检测中的应用也得到了推广。

6. 有机荧光探针检测食品中的其他金属阳离子

利用有机荧光探针检测重金属离子（Pb、Cd、Ni、Co、As 等）的研究对于提高食品安全检测能力十分重要，它们通常是通过形成配位化合物从而实现识别的。Singh 和 Das[61]开发了一种席夫碱有机荧光探针用于检测 Pb^{2+}，当生物硫醇官能团与 Pb^{2+} 络合时会表现出极好的荧光增强效应，此外，该探针实现了对洋葱中 Pb^{2+} 的检测与分析。Zhang 等[62]设计合成了一种近红外荧光探针用于对水中 Ag^{+} 的检测，在激发波长为 619nm 条件下，加入 Ag^{+} 后能在 1min 内引起荧光探针发生明显的荧光猝灭效应，在浓度范围为 0～5μmol/L 内具有较好的线性关系（$R^2 = 0.9985$）。由 Lai 等[64]开发的水溶性“开启”型有机荧光探针实现了对 Cd^{2+} 的检测，其检出限为 29.3nmol/L，它的机制是基于 CH═N 的异构化及光致电子转移，目前已成功用于水中 Cd^{2+} 的检测。

表 5-1　各种用于检测金属阳离子的探针的相关介绍

检测对象	检测原理	Ex/Em（nm）	检出限	实际样品	引用文献
Fe^{3+}	—	530/561	0.29μmol/L	饮用水	[34]
Fe^{3+}	—	520/556	0.03mmol/L	饮用水	[35]
Cu^{2+}	分子内电荷转移	560/676	23nmol/L	自来水	[40]
Cu^{2+}	—	510/586 485/535	0.28μmol/L	饮用水	[43]
Cu^{2+}	—	380/582	24.62nmol/L	自来水	[44]
Cu^{2+}	—	445/516	20nmol/L	自来水	[45]

续表

检测对象	检测原理	Ex/Em（nm）	检出限	实际样品	引用文献
Zn^{2+}/Al^{3+}	螯合增强荧光	420/553 420/530	37nmol/L 6.7nmol/L	自来水、油条	[46]
Zn^{2+}/Al^{3+}	螯合增强荧光	375/475	30nmol/L 3.7nmol/L	自来水	[47]
Hg^{2+}	分子内电荷转移	400/550	10.3nmol/L	自来水、海鲜	[51]
Hg^{2+}	分子内电荷转移	630/710	0.32μmol/L	水、海鲜	[52]
Hg^{2+}	—	300/278	1.10μmol/L	矿泉水	[53]
Hg^{2+}	—	370/562	55nmol/L	自来水	[54]
Hg^{2+}	—	300/443	39.28nmol/L	自来水、酒和饮料	[55]
Hg^{2+}	分子内电荷转移	380/520	6.5nmol/L	自来水	[56]
Hg^{2+}	—	314/580	4.4nmol/L	自来水	[57]
Hg^{2+}	—	520/565	40nmol/L	自来水	[58]
Al^{3+}	分子内电荷转移	330/495	81nmol/L	自来水	[59]
Al^{3+}	分子内电荷转移/螯合增强荧光	460/530	0.10μmol/L	饮料	[60]
Pb^{2+}	螯合增强荧光	480/560	0.5μmol/L	洋葱、大蒜提取物	[61]
Ag^{+}	—	619/760	0.03μmol/L	自来水	[62]
Cd^{2+}	光致电子转移	275/377	29.3nmol/L	自来水	[63]

5.5.2 阴离子检测

目前，利用有机荧光探针进行食品品质检测时主要检测的阴离子有 HSO_3^-、SO_3^{2-}、F^-、CN^-、H_2S 等，通过检测这些这些阴离子可以分析食品污染来源、评估食品安全风险，如表 5-2 所示，汇总了几种阴离子在食品中的检测情况。

1. 有机荧光探针检测食品中的亚硫酸根离子与硫酸根离子

对于 HSO_3^- / SO_3^{2-} 探针的合成与识别通常是基于迈克尔加成反应或基于 C═O 上的加成反应来设计的。迈克尔加成反应是指活性亚甲基化合物形成的碳负离子与不饱和羰基化合物的 C═C 发生的亲核加成反应，是一种非常有用的活性亚甲基化合物烷基化方法。Li 等[64]开发的经典的基于近红外的亚硫酸氢盐有机荧光探针是基于亲核性的 1,4-加成反应设计的，该荧光检测方法可提供与常规滴定方法相当的结果，从而证明了其实际适用性。该检测系统已用于分析葡萄酒和冰糖等消耗品，回收率为 96.7%～106.1%，检出限为 0.37μmol/L，它通过“开-关”模式运行。类似地，Duan 等[65]设计了比率型有机荧光探针能够实现对 HSO_3^- 的实时检测。重要的是，与滴定实验结果相比，该有机荧光探针的初步纸质测试显示了明显的颜色变化，并且在各种糖样品中均获得了良好的结果，这些探针为基于 1,4-加成反应的有机荧光探针的开发奠定了良好的基础。由于 Na_2SO_3 在某些食品添加剂中具有重要地位，所以对 SO_3^{2-} 的检测研究就显得尤为重要。Su 等[66]基于 1,4-迈克尔加成反应机制合成了一种用于测定 SO_3^{2-} 的荧光探针，该探针的最低检出限为 31.6nmol/L，可用于粉条和砂糖的分析工作。此外，Venkatachalam 等[67]也设计合成了一种有机荧光探针，从而实现了在果酱和软糖等实际食品中对 SO_3^{2-} 进行检测，该有机荧光探针具有较高的灵敏度和较短的响应时间，其检出限为 570nmol/L，可在 150s 内实现对 SO_3^{2-} 的检测。基于香豆素荧光发光基团的比率型有机荧光探针是亲核加成反应的又一个例子，在没有 HSO_3^- 的情况下，该体系是蓝绿色的，当加入 HSO_3^- 时，它逐步产生荧光信号，由于存在额外的相邻 C══C 键，发射和吸收的最大值发生了显著的红移，探针溶液体系的颜色发生了从橙色到黄色的变化，随后，在实际样品（糖、白酒和河水）中的应用验证了探针的可行性。除上述 C══C 键反应机制外，也有使用 C══O 双键进行相关探针的设计实验。

2. 有机荧光探针检测食品中的氟离子

基于 Si—O 键的断裂作为原理的有机荧光探针被用于测定各种食品中的 F^- 存在情况，Li 等[68]研制的近红外比色型荧光探针成功地用于小米粉及其制品的分析中，比色型有机荧光探针的设计是基于两个波长的荧光强度的比值作为参数来确定 F^- 的含量，当向体系中加入 F^- 后，荧光强度比值（I_{740}/I_{690}）有明显变化，即在存在多种干扰物质的情况下，该探针具有较好的抗干扰能力，这使得该探针在面粉类食品的检测中具有巨大的潜力。除了可以实现对 F^- 的检测外，近年来也有开发出双功能荧光探针可以实现同时检测 F^- 和 SO_3^{2-} 的例子，例如，Song 等[69]开发的双功能荧光探针，通过直接加入 SO_3^{2-} 及叔丁基二甲基硅酸盐的损失，该探针在几分钟内荧光发生明显变化，它的较大的斯托克斯位移和荧光变化使得其可以成功用于碳水化合物食品和牙膏 F^- 和 SO_3^{2-} 的同时检测，其检出限分别为 14nmol/L 和 8.16nmol/L。

F^- 荧光探针是通过 P–O 键的去二甲基磷酸化实现合成与检测。Yang 等[70]设计合成了一种以聚集诱导发射为发光原理的磷硫探针，当加入 F^-，荧光增强，其检出限为 3.8nmol/L。该探针以苯并噻唑为荧光发光基团，且具有较大的斯托克斯位移和聚集诱导发射诱导的激发态分子内质子转移过程，因此显示了较强的荧光增强效应，成功地应用于自来水中的 F^- 检测。

除了上述例子外，Malkondu 等[71]设计了一个特别的基于光致电子转移诱导的探针，溶液体系的蓝紫色荧光强度随着 F^-浓度的增加而增强。在反应过程中，邻酰基芘酰胺肟衍生物的环化导致光致电子转移过程的发生。该系统的检出限低至 1.36μmol/L，在几分钟内即可完成响应。

3. 有机荧光探针检测食品中的氰离子

在正常情况下，亲核加成反应是亲核试剂与底物之间的加成反应，通常发生在不饱和化学键上，如 C═C、C═N、C═O 等，大多数 CN^-有机荧光探针都是基于亲核加成反应实现识别的。Niu 等[72]设计合成了以低聚噻吩为荧光发光基团的比色型有机荧光探针实现了对 CN^-的识别，其检出限为 31.3nmol/L，这远远低于世界卫生组织所设定的 CN^-在饮品中低于 1.9μmol/L 的限量标准，当向体系中加入 CN^-时，在 365nm 紫外光照射下，30s 内即可用肉眼观察到体系的颜色由粉红色变为无色。之后利用该探针对各种实际样品（木薯、苦杏仁、发芽土豆和绿土豆）进行测定，均得到了符合实际情况的结果，因此，该探针被认为是一种适用于复杂食品基质中进行 CN^-检测的方法。Wang 等[73]利用 C═N 识别位点构建了比率型有机荧光探针，其检出限为 0.756μmol/L，使用以该探针为基础制作的试纸条对 CN^-进行测定，可以发现当加入 CN^-后试纸条从紫红色变为无色，且随着 CN^-浓度的增加，颜色变化逐渐明显，同时干扰实验验证了其具有较好的抗干扰能力，该探针现已应用于实际食品检测工作中。

除了利用亲核加成反应原理设计 CN^-有机荧光探针外，还出现了基于一系列去保护反应的探针。Elango 等[74]基于 CN^-的脱羰基功能制备了一种基于萘醌亚胺的“开启”型有机荧光探针，该有机荧光探针的检出限为 0.6μmol/L，醌羟基的去质子化导致该有机荧光探针溶液在 528nm 处有显著的荧光增强。目前，该探针已用于木薯粉和苦杏仁中 CN^-的检测。

4. 有机荧光探针检测食品中的其他阴离子

次氯酸盐/次氯酸（ClO^-/HClO）是一种广泛使用的灭菌剂，在实际应用中已成为不可或缺的化合物。然而，摄入过量的次氯酸盐对人类健康有许多负面影响，如关节疾病。因此，需要研究开发更高效、更快速的检测技术来检测饮用水中的（ClO^-/HClO）。利用有机荧光探针检测 ClO^-及相关化合物 HClO 可提供一种快速检测方法，且操作简便、效率高、成本低。以前的次氯酸盐探针的设计一般都是基于各种氧化反应。这些机制包括双键或硫醚的氧化、内酯和内酰胺的氧化断裂等。此外，大多数用于 ClO^-/HClO 的荧光探针都涉及荧光染料，如常用的香豆素、罗丹明、四苯基乙烯、萘酰亚胺和其他具有发光性能的材料。其中，香豆素是应用最广泛的荧光发光基团之一，已成功应用于 ClO^-/HClO 探针的研发设计中，利用内酯和香豆素荧光发光基团的氧化裂解机制，Wang 等[75]开发了一种能用于快速检测的有机荧光探针，当向体系中加入 ClO^-/HClO 后，在大约 20s 内即可观察到荧光从黄色变为蓝色，基于一系列的验证实验，Wang 等排除了其他离子或化合物的干扰，证明了只有当次氯酸盐进入溶液体系时，蓝色荧光才出现，实现了 ClO^- 的定量分析，实验验证了 ClO^-浓度与 460nm 和 523nm 的荧光强度比呈线性正相关。在上述原理的启发下，Wang 及其同事进一步设计并合成了具有两个反应位点的香豆素基纳米探针[76]。这与之前的探针的不同之处在于，由于 ClO^-的存在，也存在双键的氧化，由此产生的线性关系扩展到略大的范围（0～14μmol/L）。在 365nm 紫外光照射下，ClO^-的存在使其迅速呈现出强烈的蓝色荧光。ClO^-攻击香豆素内酯中的 C—O 结构，导致香豆素在水溶液中水合，产生天然荧光增强现象。

亚硝酸盐广泛用于农产品、药品和其他工业物质的加工。许多人会不可避免地摄入亚硝酸阴离子（NO_2^-），过量摄入会引起与宫内发育问题、习惯性流产和对宫内婴儿生长产生影响等问题。近年来，已有文献报道了几种用于食品中 NO_2^- 检测的探针的设计、合成和表征。Li 等[77]基于 NO_2^- 诱导的重氮化反应和随后的环化反应设计合成了一种“关闭”型有机荧光探针，其检出限为 43nmol/L，可以实现对 NO_2^- 的定性和定量分析。使用咪唑衍生物的亚氨基作为荧光发光基团，在 NO_2^- 存在的情况下，7min 内呈现出明显的蓝色荧光，但在 7min 内转变为无荧光。通过该荧光探针的应用，实现了对香肠、猪肉等各类肉类中亚硝酸盐含量的检测。目前肉类中的亚硝酸盐添加剂还不能被替代品取代，因此，进一步开发 NO_2^- 荧光探针用于对食品中亚硝酸盐的监测是十分有必要的。

硒作为一种类金属物质，在自然界中既可以以无机形式存在，也可以以有机形式存在，前者的毒性比后者大得多。硒的一种特有的无机形态——亚硒酸盐（SeO_3^{2-}）在许多市售的维生素中都存在，它可能对人体产生实质性的遗传损伤。Feng 等[78]开发了以罗丹明衍生物为荧光发光基团的诱导型探针，在亚硒酸钠存在下，该有机荧光探针溶液产生了肉眼可见的黄绿色荧光，经过实验测试，该有机荧光探针的抗干扰能力较强，目前已经用于维生素中 SeO_3^{2-} 的检测工作。

Cl^-是人体内最重要的无机阴离子，参与多种细胞过程，如神经传递等。硫化物（S^{2-}）是另一种含量丰富的无机阴离子，主要以硫化钠、硫化氢等化合物存在。由于这些离子在人体内达到一定浓度后会产生不良影响，因此相关检测技术的发展就显得尤为重要。Ma 等[79]开发了一种能够检测 Cl^-的有机荧光探针，You 等[80]开发了一种能够精确识别检测 S^{2-}的有机荧光探针。

5. 有机荧光探针检测食品中的硫化氢

硫化氢（H_2S）有一股难闻的臭鸡蛋味，在白酒发酵过程中蛋白质被酒精分解时，

会产生大量的 H_2S。H_2S 的过量产生会影响白酒的口感和质量。同时，过量摄入会刺激呼吸道，引起黏膜损伤、中枢神经系统损伤等疾病，其 LD_{50} 计算为 205mg/kg。目前设计合成的用于检测 H_2S 的荧光探针主要是基于 2,4-二硝基苯基识别位点及其强亲核性质进行设计的。含 2,4-二硝基苯磺酰基和 2,4-二硝基苯醚基的 2,4-二硝基苯基是 H_2S 的常见识别位点。以 2,4-二硝基苯磺酰基为鉴定基团，6-羟基-2-萘甲腈为荧光发光基团，Yang 等[81]设计并合成了新型萘环荧光探针，利用该方法对红酒或啤酒中的低浓度 H_2S 进行定量检测，回收率高达 90%～108%。该有机荧光探针与 H_2S 反应后，在 440nm 处的荧光发射峰显著增强，在自然光照射下，可以明显看见体系由无色变为黄色。在含 25%二甲基亚砜（pH = 4）的磷酸缓冲液（phosphate buffer solution，PBS）缓冲溶液中，该有机荧光探针可特异性地对 H_2S 进行检测，响应时间为 38min，最低检出限为 30nmol/L。另一种常用的方法是利用 2,4-二硝基苯醚基作为识别位点来设计和合成 H_2S 有机荧光探针。在弱碱性条件下，H_2S 与 2,4-二硝基苯醚反应生成 2,4-二硝基苯基硫酚，并释放荧光发光基团。Li 等[82]设计的近红外 H_2S 有机荧光探针以 2,4-二硝基苯醚为识别单元，二氰基亚甲基-4*H*-色烯为荧光团，成功地研制出一系列检测食品中 H_2S 的有机荧光探针。除了上述两种 H_2S 有机荧光探针的设计外，基于 H_2S 的强亲核性，还有其他一些 H_2S 有机荧光探针的设计和合成思路。例如，当 H_2S 与氰酸酯中心反应时，生成的硫代氨基甲酸盐产物可以迅速水解并释放荧光发光基团，因此氰酸酯可以作为 H_2S 探针的识别位点。以 7-硝基-1,2,3-苯并噁二唑或噻吩甲酸酯为识别位点，设计合成了 H_2S 探针。Wang 等[83]以 7-硝基-1,2,3-苯并噁二唑基为识别基团，喹啉衍生物为荧光发光基团合成了双光子溶酶体探针，实现了啤酒中 H_2S 含量的检测，其检出限为 0.22μmol/L。

表 5-2　各种用于检测阴离子的探针的相关介绍

检测对象	检测原理	Ex/Em（nm）	检出限	实际样品	引用文献
HSO_3^-/SO_3^{2-}	—	670/705	0.37μmol/L	冰糖、红酒	[64]
HSO_3^-	—	400/571	5.6nmol/L	冰糖、软糖和砂糖	[65]
SO_3^{2-}	—	576/675	31.6nmol/L	砂糖、粉条	[66]
SO_3^{2-}	分子内电荷转移	390/595	570nmol/L	饮料	[67]
F^-	—	600/740	0.2μmol/L	白面粉	[68]
F^-	—	410/530	14nmol/L	冰糖	[69]
F^-	激发态分子内质子转移/聚集诱导发射	335/470	3.8nmol/L	自来水	[70]
F^-	光致电子转移	340/384	1.36μmol/L	水	[71]
CN^-	分子内电荷转移	390/588	31.3nmol/L	木薯、苦籽和青土豆	[72]

续表

检测对象	检测原理	Ex/Em（nm）	检出限	实际样品	引用文献
CN^-	分子内电荷转移	413/525	0.756μmol/L	自来水	[73]
CN^-	分子内电荷转移	420/528	0.6μmol/L	苦杏仁、木薯粉提取物	[74]
ClO^-	—	380/460	2.4nmol/L	自来水	[75]
ClO^-	—	380/475	12nmol/L	自来水	[76]
NO_2^-	分子内电荷转移/激发态分子内质子转移	264/407	43nmol/L	自来水、香肠	[77]
SO_3^{2-}	—	510/550	2.8nmol/L	复合维生素片	[78]
Cl^-	光致电子转移	350/448	0.015mmol/L	自来水	[79]
S^{2-}	荧光共振能量转移	380/427	0.19μmol/L	水、啤酒	[80]
H_2S	—	330/440	30nmol/L	红酒、啤酒	[81]
H_2S	—	320/403	0.26μmol/L	醋、鸡和猪肉	[82]
H_2S	—	395/537	0.22μmol/L	自来水、啤酒	[83]

5.5.3 有机物检测

人们普遍认为有机物质对人体健康有严重的危害，因此开发监测有机物的方法非常重要，由于快速检测的需求，一系列有机荧光探针被开发并用于食品中有机物的检测。

1. 有机荧光探针检测食品中的有机肼类化合物

肼（N_2H_4）作为一种用途广泛的化工原料，在军事、医药、农业、化工等领域有着重要的应用，因此不可避免地会与人体产生接触。目前用于肼检测的探针主要包括乙酰基、4-溴丁酸酯、醛基、α,β-不饱和羰基等识别位点，用于各种食品安全检测。

以肼为靶向的乙酰基去保护已成为探针开发中的一种通用方法。由于同源探针中乙酰基的特异性去保护作用，在联氨作用下分离了内部荧光团，导致荧光信号发生了明显的变化。Wang 等[84]设计了以 3-苯并噻唑-7-羟基香豆素为基础的“开启”型荧光探针，当乙酰基被保护时处于荧光猝灭状态，加入 N_2H_4 后会引起乙酰基的去保护作用，从而可以实现 3min 内在 496nm 处产生明显的绿色荧光，其检出限为 11.9nmol/L。

利用酯类，尤其是 4-溴丁酸酯来实现 N_2H_4 的分解已成为检测 N_2H_4 的一种流行的研究方法，这一反应的原理是 N_2H_4 的亲核取代-环化作用。基于上述原理，Wang 等 [85]设计了高灵敏度的喹啉衍生物荧光探针，该探针遵循 SN2（亲核取代）-环化原则，以 4-生物丁酸酯为识别位点，在酯位发生分子内环化反应，最终释放绿色荧光团。当加入 N_2H_4 时，在 365nm 紫外灯照射下，可以明显地观察到由蓝紫罗兰色变为绿色的过程。此外，在体系中加入 N_2H_4 后，521nm 和 387nm 处的荧光强度比值（I_{521}/I_{387}）从 0.0085 增加到 26.01，增加了约 3050 倍，这为 N_2H_4 的检测提供了较高的信噪比。最重要的是，检出限被确定为 5.8nmol/L（0.19ppb）。这一数值远低于美国环境保护署建议的 10ppb 的限值。此外，该有机荧光探针构造简单，可用于检测实际水样中的 N_2H_4 和通过探针涂层试纸检测气态 N_2H_4。

除了上述以乙酰基和 4-溴丁酸酯为 N_2H_4 靶位的断裂型肼探针外，利用以醛基和 α,β-不饱和羰基为识别位点的加成反应联氨探针是另一种主要的检测 N_2H_4 的方法。利用氨与醛的席夫碱反应，Wu 等[86]合成了一种结构简单的荧光探针用于定量检测水和红酒中的低浓度 N_2H_4，当在 365nm 紫外光照射下向体系内加入 N_2H_4 后，体系将由浅蓝色变为无色，具有直观的定性效果，该探针能特异性地检测 N_2H_4，响应时间为 28min，检出限为 22nmol/L。经加标回收实验验证，加标回收率在 90%～110%范围内。

通过利用 α,β-不饱和羰基作为识别位点，Zhang 等[87]构建了基于双信号激发态分子内质子转移的的比率型和比色型有机荧光探针，该探针是基于 α,β-不饱和羰基与 N_2H_4 的加成环化反应来实现检测的。当加入 N_2H_4 时，探针的吸收峰显示出很大的蓝移，这是由于激发态分子内质子转移过程的阻断导致的。此外，肉眼观察到溶液的颜色由黄色变为无色。当 N_2H_4 浓度在 0.998～100μmol/L 范围内，在 555nm 和 462nm 处的荧光强度比值（I_{555}/I_{462}）与其浓度具有较好的线性关系（$R^2 = 0.9900$），溶液颜色由黄色变为蓝色。更重要的是，该有机荧光探针可用于复杂环境水样中 N_2H_4 的测定，其加标回收率为 96.0%～104%。

2. 有机荧光探针检测食品中的甲醛

甲醛作为最简单的醛，常见于人类，通过食品、医药和塑料等途径常蓄积于人体，对人类健康造成严重威胁。以联氨基团为识别位点，1,8-萘酰亚胺作为荧光发光基团，利用光致电子转移效应，Zhang 等[88]构建了用于检测甲醛的双光子荧光探针，当向体系中加入甲醛后，由于光致电子转移效应引起的荧光猝灭现象转变为 550nm 处的荧光强度显著增强，在 10mmol/L PBS 缓冲液中，当甲醛浓度在 0～10μmol/L 范围内时，该荧光探针在 550nm 处的荧光强度与甲醛浓度具有较好的线性相关性，响应时间为 20min，检出限为 1.62nmol/L。当向该荧光探针中加入过量的甲醛时，在 820nm 处的荧光强度有显著的变化，证明它有很好的双光子响应。

以氨基为识别位点，Yu 等[89]设计并合成了一种简单的具有双发射增强特性的有机荧光探针，该探针可用于食品中甲醛的测定，由于亚胺官能团的产生，当添加甲醛时，荧光响应从由光致电子转移而导致的荧光猝灭的初始状态开始逐步打开。在甲醛浓度为 0～23.3mmol/L 范围内，该荧光探针在 415nm 处的荧光强度与甲醛浓度具有较好的线性关系。在 365nm 紫外灯照射下，可以观察到体系的颜色由无色变为蓝色。使用该探针在水中进行甲醛的检测，响应时间为 6min，检出限为 6μmol/L。

3. 有机荧光探针检测食品中的其他有机物

在食品分析中，除了上述有机物（如有机肼、甲醛等）外，还存在一些利用有机荧光探针检测的有机物，如过氧化苯甲酰、脂肪胺、苯硫醇、农兽药等，这些有机物检测对保障食品的安全与质量至关重要。

以二乙氨基香豆素作为荧光发光基团，Hou 等[90]设计合成了一个能够用于快速检测过氧化苯甲酰的有机荧光探针，能够实现在 6min 内完成测定，其检出限为 163nmol/L。在 365nm 紫外光照射条件下，该荧光探针发出耀眼的红色荧光，而在加入过氧化苯甲酰后则呈现较为明亮的蓝色荧光，实验表明，在 470nm 和 655nm 处的荧光强度比值（I_{470}/I_{655}）与过氧化苯甲酰浓度具有较好的线性关系。此外，通过 ^{1}H NMR 与高分辨质谱法（HRMS）证实，该探针在遇到过氧化苯甲酰后会导致醛基的暴露并且由香豆素部分产生蓝色的荧光，由该探针所制作的试纸条在遇到过氧化苯甲酰后呈现天蓝色，并且随着过氧化苯甲酰含量的增加逐渐变亮，之后对小麦粉、饺子粉、面条进行了实际样品检测，得到了较好的回收率。

有机胺是一类含氮有机物，在医药领域、染料工业、军事工程等领域有着广泛的影响。过量的有机胺类物质，特别是芳香胺（LD_{50} = 250mg/kg）存在于人体细胞内，会引起皮肤、黏膜和眼睛的病变，成为潜在的致突变和致癌物质。Cao 等[91]合成的荧光探针纳米聚集体实现了对同类脂肪族伯胺的集中检测，它运用了独特的级联发色团反应，该反应在与正己胺物质相互作用后具有显著的响应，由于聚集体中含有一系列易受攻击的亚胺和 B—N 官能团，因此在水样中，由于各种胺的碱性、亲核性和质子化程度的差异，聚集体既表现出反应物的大小选择性，又表现出对形状的选择性，这是合成的优势和亮点。通过该有机荧光探针可以快速有效地检测可食用虾中的胺，以确定其新鲜度。

风味成分苯硫醇-*O*-甲基噻酚、2,6-二甲基噻酚和 2-乙基噻吩广泛存在于各种饮料产品中。由于苯硫醇在工业生产中的广泛应用，在生产过程中过量摄入苯硫醇类物质会造成呼吸困难、肌肉无力等问题，最终导致急性死亡。与此同时，根据香料及提取物制造商协会的标准，苯硫醇的每日允许摄入量为 0.73g。关于苯硫醇探针的设计与合成，通常是基于 2,4-二硝基苯磺酰基、2,4-二硝基苯醚基作为识别位点而进行的。Yang 等[92]合成了“开启”型探针，以[(4-硝基苯基)-3-氧丙基-1-烯基]萘为荧光发光基团，当硫酚物质的浓度在 0～1μmol/L 范围内时，该探针的荧光强度在 511nm 处呈现增强趋势，且荧光响应值与苯硫酚浓度的线性关系良好（$R^2=0.9998$），可实现在 90s 内对苯硫酚进行检测，检出限为 12nmol/L。此外，在 254nm 条件紫外光的照射下，可以用肉眼观察到该有机荧光探针试纸随着苯硫醇浓度的增加而出现明显的颜色变化，同时还实现了可口可乐等食品中苯硫醇香料的检测。

5.6　展　　望

首先，现有的有机荧光探针还存在检测效率低、特异性低、毒性大等问题，因此改进这些方面将是今后的研究目标，主要需要寻找作用力更加稳定的识别基团及荧光性能更加优异、毒性更加小的荧光发光基团。

其次，应该构建更加稳定的有机荧光探针，以便于在多种环境与基质中都能稳定地进行检测。同时考虑构建多个荧光发光基团与多个识别基团协同作用的有机荧光探针，这样不仅有利于提高检测的灵敏性，更有利于降低其检出限，如构建比率型有机荧光探针。此外，通过构建多个荧光发光基团与多个识别基团可以实现多目标物的同时检测。

最后，想要将有机荧光探针与食品检测更加深入地结合就需要不断开发能够满足现场快速检测的可视化技术与现场分析技术，如开发基于有机荧光探针的便携式试纸条用于食品检测。随着智能手机的普及，人们的生活变得越来越便利，工作效率不断提高，且通过选择多样的应用商店，我们可以下载各式各样的手机 APP，这也为利用手机 APP 实现现场快速检测提供了可能。智能手机可以成为将图像采集与数据处理集于一体的便携式检测仪，此外，它还可以搭载外接的光源或者信号采集装置，通过将荧光传感器与智能手机联用来进行检测将大大地提高检测的效率。基于智能手机可以实现对 96 孔板上的光学传感器的检测结果进行实时的采集与数据处理，通过对不同浓度目标物的测试，还能得出浓度与光学参数的线性关系，从而建立检测方法。由于手机是现代人每天都会使用且随身携带的，所以，它有着其他便携仪器所不具备的优势，因此，通过 APP 的不断更新及用户们不断对数据库的完善将会使基于智能手机进行荧光检测的体系迅速成熟，从而实现现场、快速、准确、灵敏的检测，为人体健康、食品安全、药物质量把控提供切实可行的方案。

参 考 文 献

[1] Li L, Cheng B, Zhou R, et al. Preparation and evaluation of a novel *N*-benzyl-phenethylamino-*β*-cyclodextrin-

bonded chiral stationary phase for HPLC. Talanta, 2017, 174: 179-191.

[2] Sun J, Ma S, Liu B, et al. A fully derivatized 4-chlorophenylcarbamate-β-cyclodextrin bonded chiral stationary phase for enhanced enantioseparation in HPLC. Talanta, 2019, 204: 817-825.

[3] Xie S M, Fu N, Li L, et al. Homochiral metal-organic cage for gas chromatographic separations. Anal Chem, 2018, 90(15): 9182-9188.

[4] Zhang J H, Xie S M, Chen L, et al. Homochiral porous organic cage with high selectivity for the separation of racemates in gas chromatography. Anal Chem, 2015, 87(15): 7817-7824.

[5] Yuan H, Huang Y, Yang J, et al. An aptamer-based fluorescence bio-sensor for chiral recognition of arginine enantiomers. Spectrochim Acta A, 2018, 200: 330-338.

[6] Zhang Y, Wang H Y, He X W, et al. Homochiral fluorescence responsive molecularly imprinted polymer: highly chiral enantiomer resolution and quantitative detection of L-penicillamine. J Hazard Mater, 2021, 412: 125249.

[7] Zhou Y, Zhang J F, Yoon J. Fluorescence and colorimetric chemosensors for fluoride-ion detection. Chem Rev, 2014, 114(10): 5511-5571.

[8] Shi J, Chan C, Pang Y, et al. A fluorescence resonance energy transfer (FRET) biosensor based on graphene quantum dots (GQDs) and gold nanoparticles (AuNPs) for the detection of meca gene sequence of *Staphylococcus aureus*. Biosens Bioelectron, 2015, 67: 595-600.

[9] Sedgwick A C, Han H H, Gardiner J E, et al. The development of a novel and logic based fluorescence probe for the detection of peroxynitrite and GSH. Chem Sci, 2018, 9(15): 3672-3676.

[10] Liu Y, Niu J, Wang W, et al. Simultaneous imaging of ribonucleic acid and hydrogen sulfide in living systems with distinct fluorescence signals using a single fluorescent probe. Adv Sci, 2018, 5(7): 1700966.

[11] Ren M, Zhou K, He L, et al. Mitochondria and lysosome-targetable fluorescent probes for HOC l: recent advances and perspectives. J Mater Chem B, 2018, 6(12): 1716-1733.

[12] Xiang K, Chang S, Feng J, et al. A colorimetric and ratiometric fluorescence probe for rapid detection of SO_2 derivatives bisulfite and sulfite. Dyes Pigm, 2016, 134: 190-197.

[13] Singh V K, Singh V, Yadav P K, et al. Bright-blue-emission nitrogen and phosphorus-doped carbon quantum dots as a promising nanoprobe for detection of Cr(Ⅵ) and ascorbic acid in pure aqueous solution and in living cells. New J Chem, 2018, 42(15): 12990-12997.

[14] Song Y, Zhu S, Xiang S, et al. Investigation into the fluorescence quenching behaviors and applications of carbon dots. Nanoscale, 2014, 6(9): 4676-4682.

[15] Zhang Y R, Zhao Z M, Miao J Y, et al. A ratiometric fluorescence probe based on a novel FRET platform for imaging endogenous hocl in the living cells. Sensor Actuat B-Chem, 2016, 229: 408-413.

[16] Yuan L, Lin W, Zheng K, et al. FRET-based small-molecule fluorescent probes: rational design and bioimaging applications. Acc Chem Res, 2013, 46(7): 1462-1473.

[17] Wang Y H, Bao L, Lin Z H, et al. Aptamer biosensor based on fluorosence responance energy transfer from upconverting phosphors to carbor nanoparticles for thrombin detection in fuman plasma, Anal Chem, 2011, 83(21): 8130-8137.

[18] Yuan L, Lin W, Xie Y, et al. Single fluorescent probe responds to H_2O_2, NO, and H_2O_2/NO with three different sets of fluorescence signals. J Am Chem Soc, 2012, 134(2): 1305-1315.

[19] Escudero D. Revising intramolecular photoinduced electron transfer (PET) from first-principles. Acc Chem Res, 2016, 49(9): 1816-1824.

[20] Daly B, Ling J, Silva A. Cheminform abstract: current developments in fluorescent PET (photoinduced electron

transfer) sensors and switches. Chem Soc Rev, 2015, 44: 4203-4211.

[21] Lin W, Tang Y, Kong X, et al. Development of a two-photon fluorescent probe for imaging of endogenous formaldehyde in living tissues. Angew Chem Int Ed, 2016, 55(10): 3356-3359.

[22] Cheng T, Huang W, Gao D, et al. Michael addition/s, *N*-intramolecular rearrangement sequence enables selective fluorescence detection of cysteine and homocysteine. Anal Chem, 2019, 91(16): 10894-10900.

[23] Yu F, Li P, Song P, et al. An ICT-based strategy to a colorimetric and ratiometric fluorescence probe for hydrogen sulfide in living cells. Chem Commun, 2012, 48: 2852-2854.

[24] Jin W J, Liu W H, Yang X, et al. Interaction of fluorescence probe possessing ict behavior with DNA and as a potential tool for DNA determination. Microchem J, 1999, 61(2): 115-124.

[25] Zhou Y, Zhang L, Zhang X, et al. Development of a near-infrared ratiometric fluorescent probe for glutathione using an intramolecular charge transfer signaling mechanism and its bioimaging application in living cells. J Mater Chem B, 2019, 7(5): 809-814.

[26] Srikun D, Miller E, Domaille D, et al. An ICT-based approach to ratiometric fluorescence imaging of hydrogen peroxide produced in living cells. J Am Chem Soc, 2008, 130: 4596-4597.

[27] Alam P, He W, Leung N L C, et al. Red aie-active fluorescent probes with tunable organelle-specific targeting. Adv Funct Mater, 2020, 30(10): 1909268.

[28] Zhou L, Zhang X, Wang Q, et al. Molecular engineering of a tbet-based two-photon fluorescent probe for ratiometric imaging of living cells and tissues. J Am Chem Soc, 2014, 136(28): 9838-9841.

[29] Wu L, Yang Q, Liu L, et al. Esipt-based fluorescence probe for the rapid detection of hypochlorite ($HOCl/ClO^-$). Chem Commun, 2018, 54(61): 8522-8525.

[30] Blanco-Rojo R, Vaquero M P. Iron bioavailability from food fortification to precision nutrition. A review. Innov Food Sci Emerg, 2019, 51: 126-138.

[31] Dinicolantonio J, Mangan D, O'Keefe J. Copper deficiency may be a leading cause of ischaemic heart disease. Open Heart, 2018, 5: e000784.

[32] Jurowski K, Krośniak M, Fołta M, et al. The analysis of Cu, Mn and Zn content in prescription food for special medical purposes and modified milk products for newborns and infants available in polish pharmacies from toxicological and nutritional point of view. J Trace Elem Med Bio, 2019, 53: 144-149.

[33] Adetola O Y, Onabanjo O O, Stark A H. The search for sustainable solutions: producing a sweet potato based complementary food rich in vitamin A, zinc and iron for infants in developing countries. Scientific African, 2020, 8: e00363.

[34] Wang Y, Guo R, Hou X, et al. Highly sensitive and selective fluorescent probe for detection of Fe^{3+} based on rhodamine fluorophore. J Fluoresc, 2019, 29(3): 645-652.

[35] Diao Q, Guo H, Yang Z, et al. A rhodamine-6G-based "turn-on" fluorescent probe for selective detection of Fe^{3+} in living cells. Anal Methods, 2019, 11(6): 794-799.

[36] Shen B X, Qian Y. Building rhodamine-bodipy fluorescent platform using click reaction: naked-eye visible and multi-channel chemodosimeter for detection of Fe^{3+} and Hg^{2+}. Sensor Actuat B-Chem, 2018, 260: 666-675.

[37] Long L, Zhou L, Wang L, et al. A ratiometric fluorescent probe for iron(III) and its application for detection of iron(iii) in human blood serum. Anal Chim Acta, 2014, 812: 145-151.

[38] Wang M, Zhang Y M, Zhao Q Y, et al. A new acetal as a fluorescent probe for highly selective detection of Fe^{3+} and its application in bioimaging. Chem Phys, 2019, 527: 110470.

[39] Shokunbi O S, Adepoju O T, Mojapelo P E L, et al. Copper, manganese, iron and zinc contents of nigerian foods

and estimates of adult dietary intakes. J Food Compos Anal, 2019, 82: 103245.

[40] Gu B, Huang L, Xu Z, et al. A reaction-based, colorimetric and near-infrared fluorescent probe for Cu^{2+} and its applications. Sensor Actuat B-Chem, 2018, 273: 118-125.

[41] Wu X, Wang H, Yang S, et al. A novel coumarin-based fluorescent probe for sensitive detection of copper(Ⅱ) in wine. Food Chem, 2019, 284: 23-27.

[42] Li X, Xu J, Shi Z, et al. Regulation of protist grazing on bacterioplankton by hydrological conditions in coastal waters. Estuar Coast Shelf Sci, 2019, 218: 1-8.

[43] Puangploy P, Smanmoo S, Surareungchai W. A new rhodamine derivative-based chemosensor for highly selective and sensitive determination of Cu^{2+}. Sensor Actuat B-Chem, 2014, 193: 679-686.

[44] Tang Y, Li Y, Han J, et al. A coumarin based fluorescent probe for rapidly distinguishing of hypochlorite and copper(Ⅱ) ion in organisms. Spectrochim Acta A, 2019, 208: 299-308.

[45] Feng Y, Yang Y, Wang Y, et al. Dual-functional colorimetric fluorescent probe for sequential Cu^{2+} and S^{2-} detection in bio-imaging. Sensor Actuat B-Chem, 2019, 288: 27-37.

[46] Zhang Y, Li H, Gao W, et al. Dual recognition of Al^{3+} and Zn^{2+} ions by a novel probe based on diarylethene and its application. RSC Adv, 2019, 9(47): 27476-27483.

[47] Li Y, Niu Q, Wei T, et al. Novel thiophene-based colorimetric and fluorescent turn-on sensor for highly sensitive and selective simultaneous detection of Al^{3+} and Zn^{2+} in water and food samples and its application in bioimaging. Anal Chim Acta, 2019, 1049: 196-212.

[48] Gao Y, Yi N, Ou Z, et al. Thioacetal modified phenanthroimidazole as fluorescence probe for rapid and sensitive detection of Hg^{2+} in aqueous solution assisted by surfactant. Sensor Actuat B-Chem, 2018, 267: 136-144.

[49] Xu Z, Shi W, Yang C, et al. Highly selective and sensitive fluorescent probe for the rapid detection of mercury ions. RSC Adv, 2019, 9(19): 10554-10560.

[50] Li Y, Qi S, Xia C, et al. A fret ratiometric fluorescent probe for detection of Hg^{2+} based on an imidazo[1,2-a]pyridine- rhodamine system. Anal Chim Acta, 2019, 1077: 243-248.

[51] Lan L, Niu Q, Li T. A highly selective colorimetric and ratiometric fluorescent probe for instantaneous sensing of Hg^{2+} in water, soil and seafood and its application on test strips. Anal Chim Acta, 2018, 1023: 105-114.

[52] Wang Y, Hou X, Li Z, et al. A novel hemicyanine-based near-infrared fluorescent probe for Hg^{2+} ions detection and its application in living cells imaging. Dyes Pigm, 2020, 173: 107951.

[53] Wu X, Li Y, Yang S, et al. A multiple-detection-point fluorescent probe for the rapid detection of mercury(Ⅱ), hydrazine and hydrogen sulphide. Dyes Pigm, 2020, 174: 108056.

[54] Xu J, Xu Z, Wang Z, et al. A carbonothioate-based highly selective fluorescent probe with a large stokes shift for detection of Hg^{2+}. Luminscpnce, 2018, 33(1): 219-224.

[55] Wu X, Duan N, Li Y, et al. A dual-mode fluorescent probe for the separate detection of mercury(ⅱ) and hydrogen sulfide. J Photoch Photobio A, 2020, 388: 112209.

[56] Zhang C, Zhang H, Li M, et al. A turn-on reactive fluorescent probe for Hg^{2+} in 100% aqueous solution. Talanta, 2019, 197: 218-224.

[57] Dey S, Kumar A, Hira S K, et al. Detection of Hg^{2+} ion using highly selective fluorescent chemosensor in real water sample and *in-vitro* cell study upon breast adenocarcinoma (MCF-7). Supramol Chem, 2019, 31(6): 382-390.

[58] Ma Q J, Zhang X B, Zhao X H, et al. A highly selective fluorescent probe for Hg^{2+} based on a rhodamine-coumarin conjugate. Anal Chim Acta, 2010, 663(1): 85-90.

[59] Jiang Q, Li M, Song J, et al. A highly sensitive and selective fluorescent probe for quantitative detection of Al^{3+} in food, water, and living cells. RSC Adv, 2019, 9(18): 10414-10419.

[60] Fu J, Yao K, Chang Y, et al. A novel colorimetric-fluorescent probe for Al^{3+} and the resultant complex for F^- and its applications in cell imaging. Spectrochim Acta A, 2019, 222: 117234.

[61] Singh R, Das G. "Turn-on" Pb^{2+} sensing and rapid detection of biothiols in aqueous medium and real samples. Analyst, 2019, 144(2): 567-572.

[62] Zhang Y C, Wang Q L, Chen G, et al. Two linear-shaped Gd_4 clusters based on a multidentate ligand: synthesis, structures, and magnetic refrigeration. Polyhedron, 2019, 169: 247-252.

[63] Huang M X, Lv C H, Huang Q D, et al. A novel and fast responsive turn-on fluorescent probe for the highly selective detection of Cd^{2+} based on photo-induced electron transfer. RSC Adv, 2019, 9(62): 36011-36019.

[64] Li D, Tian X, Li Z, et al. Preparation of a near-infrared fluorescent probe based on IR-780 for highly selective and sensitive detection of bisulfite-sulfite in food, living cells, and mice. J Agr Food Chem, 2019, 67(10): 3062-3067.

[65] Sun Y, Zhao D, Fan S, et al. Ratiometric fluorescent probe for rapid detection of bisulfite through 1, 4-addition reaction in aqueous solution. J Agr Food Chem, 2014, 62(15): 3405-3409.

[66] Duan C, Zhang J F, Hu Y, et al. A distinctive near-infrared fluorescence turn-on probe for rapid, sensitive and chromogenic detection of sulfite in food. Dyes Pigm, 2019, 162: 459-465.

[67] Venkatachalam K, Asaithambi G, Rajasekaran D, et al. A novel ratiometric fluorescent probe for "naked-eye" detection of sulfite ion: applications in detection of biological SO_3^{2-} ions in food and live cells. Spectrochim Acta A, 2020, 228: 117788.

[68] Tian X, Tong X, Li Z, et al. *In vivo* fluoride ion detection and imaging in mice using a designed near-infrared ratiometric fluorescent probe based on IR-780. J Agr Food Chem, 2018, 66(43): 11486-11491.

[69] Qi F, Zhang F, Mo L, et al. A HBT-based bifunctional fluorescent probe for the ratiometric detection of fluoride and sulphite in real samples. Spectrochim Acta A, 2019, 219: 547-551.

[70] Du M, Huo B, Li M, et al. A "turn-on" fluorescent probe for sensitive and selective detection of fluoride ions based on aggregation-induced emission. RSC Adv, 2018, 8(57): 32497-32505.

[71] Malkondu S, Altinkaya N, Erdemir S, et al. A reaction-based approach for fluorescence sensing of fluoride through cyclization of an *O*-acyl pyrene amidoxime derivative. Sensor Actuat B-Chem, 2018, 276: 296-303.

[72] Guo Z, Hu T, Sun T, et al. A colorimetric and fluorometric oligothiophene-indenedione-based sensor for rapid and highly sensitive detection of cyanide in real samples and bioimaging in living cells. Dyes Pigm, 2019, 163: 667-674.

[73] Dong Z M, Ren H, Wang J N, et al. A new colorimetric and ratiometric fluorescent probe for selective recognition of cyanide in aqueous media. Spectrochim Acta A, 2019, 217: 27-34.

[74] Mahalakshmi G, Saravanakumar P, Rajalakshmi P, et al. Highly selective turn-on fluorescent probe for detection of cyanide in water and food materials. Methods Appl Fluoresc, 2019, 7(2): 025003.

[75] Jin L, Tan X, Dai L, et al. A novel coumarin-based fluorescent probe with fine selectivity and sensitivity for hypochlorite and its application in cell imaging. Talanta, 2019, 202: 190-197.

[76] Jin L, Tan X, Dai L, et al. A highly specific and sensitive turn-on fluorescence probe for hypochlorite detection and its bioimaging applications. RSC Adv, 2019, 9(28): 15926-15932.

[77] Gu B, Huang L, Hu J, et al. Highly selective and sensitive fluorescent probe for the detection of nitrite. Talanta, 2016, 152: 155-161.

[78] Feng G, Dai Y, Jin H, et al. A highly selective fluorescent probe for the determination of Se(Ⅳ) in multivitamin

tablets. Sensor Actuat B-Chem, 2014, 193: 592-598.

[79] Ma C, Zhang F, Wang Y, et al. Synthesis and application of ratio fluorescence probe for chloride. Anal Bioanal Chem, 2018, 410(25): 6507-6516.

[80] Yang L, Wang F, Luo X, et al. A FRET-based ratiometric fluorescent probe for sulfide detection in actual samples and imaging in *Daphnia magna*. Talanta, 2020, 209: 120517.

[81] Wang H, Wang J, Yang S, et al. A reaction-based novel fluorescent probe for detection of hydrogen sulfide and its application in wine. J Food Sci, 2018, 83(1): 108-112.

[82] Gu B, Su W, Huang L, et al. Real-time tracking and selective visualization of exogenous and endogenous hydrogen sulfide by a near-infrared fluorescent probe. Sensor Actuat B-Chem, 2018, 255: 2347-2355.

[83] Luo W, Xue H, Ma J, et al. Molecular engineering of a colorimetric two-photon fluorescent probe for visualizing H_2S level in lysosome and tumor. Anal Chim Acta, 2019, 1077: 273-280.

[84] Guo S H, Guo Z Q, Wang C Y, et al. An ultrasensitive fluorescent probe for hydrazine detection and its application in water samples and living cells. Tetrahedron, 2019, 75(18): 2642-2646.

[85] Wang J, Bai J, Yin W, et al. Flotation separation of scheelite from calcite using carboxyl methyl cellulose as depressant. Miner Eng, 2018, 127: 329-333.

[86] Wu Q, Zheng J, Zhang W, et al. A new quinoline-derived highly-sensitive fluorescent probe for the detection of hydrazine with excellent large-emission-shift ratiometric response. Talanta, 2019, 195: 857-864.

[87] Wu C, Xu H, Li Y, et al. A "naked-eye" colorimetric and ratiometric fluorescence probe for trace hydrazine. Anal Methods, 2019, 11(19): 2591-2596.

[88] Xin F, Tian Y, Jing J, et al. A two-photon fluorescent probe for imaging of endogenous formaldehyde in HeLa cells and quantitative detection of basal formaldehyde in milk samples. Anal Methods, 2019, 11(23): 2969-2975.

[89] Zhou W, Dong H, Yan H, et al. HCHO-reactive molecule with dual-emission-enhancement property for quantitatively detecting HCHO in near 100% water solution. Sensor Actuat B-Chem, 2015, 209: 664-669.

[90] Hu Q, Li W, Qin C, et al. Rapid and visual detection of benzoyl peroxide in food by a colorimetric and ratiometric fluorescent probe. J Agr Food Chem, 2018, 66(41): 10913-10920.

[91] Li L, Li W, Ran X, et al. A highly efficient, colorimetric and fluorescent probe for recognition of aliphatic primary amines based on a unique cascade chromophore reaction. Chem Commun, 2019, 55(66): 9789-9792.

[92] Wang H, Wu X, Yang S, et al. A rapid and visible colorimetric fluorescent probe for benzenethiol flavor detection. Food Chem, 2019, 286: 322-328.

第6章　聚集诱导发光荧光探针传感快速检测技术及应用

6.1　聚集诱导发光荧光探针的定义和机制

6.1.1　聚集诱导发光荧光探针的定义

自1954年开始，人们普遍认为芳香族荧光基团的荧光强度在高浓度溶液和固态的状态下总是会减弱或猝灭，被称为荧光的浓度猝灭（concentration quenching，CQ）。这是由于当芳香族荧光基团在固态状态下聚集时，会发生强烈的 π-π 堆积相互作用，从而促进有序或无规结构的形成，在此过程中，能量通常通过非辐射方式释放，即聚集状态下引起的猝灭（aggregation-caused quenching，ACQ）。ACQ效应给荧光探针的应用带来了诸多限制，在使用过程中浓度过高会发生猝灭，但是浓度过低，荧光信号又较弱，传感体系的灵敏度降低，限制了涉及荧光材料的许多领域的发展。由于 ACQ 不利于实际应用，因此许多研究人员都尽力解决该问题。2001 年，唐本忠课题组发现了一种与 ACQ 效应完全相反的发光体系：在孤立分子状态下的非发射性发光体可以在聚合物形成时发出强烈的荧光，即发光剂在分散良好的溶液中发光微弱，而在不良溶剂中高效发光，这一现象被定义为聚集诱导发光（aggregation-induced emission，AIE），具有该现象的发光剂被定义为 AIE 发光剂（aggregation-induced emission luminogens，AIEgens）。该研究中指出，1,1,2,3,4,5-六苯基噻咯（1,1,2,3,4,5-hexaphenylsilole，HPS）在良溶剂中无荧光信号，而体系中不良溶剂水含量达到 80%时，1,1,2,3,4,5-HPS 分子聚合并发射出强烈的蓝绿色荧光信号，证明了 1,1,2,3,4,5-HPS 具有 AIE 效应[1]。非平面四苯基乙烯分子是螺旋桨状的 AIE 活性发光剂，在中心 C═C 键周围有四个苯环，在溶解状态下不发光，主要是由于分子内旋转受限，但在固态和聚集状态下具有高荧光性[2]。非发光溶液中四苯基乙烯（tetraphenylethene，TPE）的变化是由于四个苯环的自由旋转，这为受激电子提供了非辐射弛豫途径。在聚集体和固态中，这些苯环的分子内旋转受到抑制，从而防止了非辐射弛豫，并导致强烈的光致发光，如图 6-1 所示。在此之后，有许多同样具有 AIE 效应的 AIEgens 被报道，包括包括 1-氰基-1,2-双（4′-甲基联苯）乙烯[1-cyano-trans-1,2-bis(4′-methylbiphenyl)ethylene，CN-MBE]、六苯基苯和芳基-邻碳环烷。

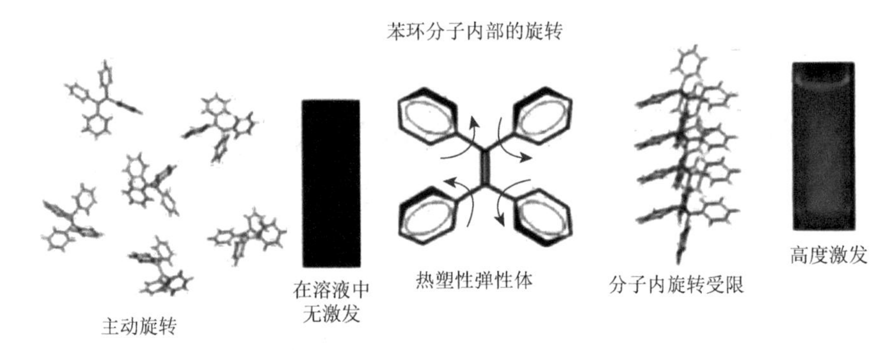

图 6-1　螺旋桨型发光团 TPE 通过分子内旋转受限的 AIE 现象

具有 AIE 性能的荧光探针正是利用这种反常现象，将灵敏性高、选择性好的荧光生物/化学传感器通过具有 AIE 效应分子修饰后制备得到。通过溶解度改变、自组装等方式，以及与被分析物之间的静电相互作用、亲疏水效应、氢键结合、电子转移或电荷转移等过程，诱导 AIE 探针形成聚合物，产生聚集发光效应，实现对目标物的传感检测。

6.1.2　聚集诱导发光荧光探针的机制

具有聚集诱导发光特性的材料不论在聚集体或固体状态下都具有很强的发射能力。AIEgens 令人着迷的特性促使研究人员开始探究这个非常独特、有意义的过程中涉及的基本机制。此外，机械路径的基础知识对于设计和开发用于技术应用的 AIEgens 是非常必要的。在功能性荧光团中获得诱导发射和发射增强特性的各种促成因素主要有：①平面度和旋转能力；②短面间距离（d）的紧密分子堆积，通过大量取代限制分子内旋转形成氢键或金属螯合；③受限的分子内振动；④受限的分子内运动；⑤分子平面化和 J/H 型聚集体的建立，可以阻止导致 AIE 的非辐射衰变途径；⑥分子内电荷转移或扭曲分子内电荷转移；⑦弱分子间 π-π 相互作用提出的阻止准分子的形成从而增强发射；⑧氢键辅助增强。基于光诱导电子转移、荧光共振分子内电荷转移和金属-配体电荷转移的机制，已经构建了几种 AIE 活性荧光化学传感器。下面讨论了三个主要的假说，这些假说通过实验数据得到了文献证据的支持，并与 AIE 过程有关。

1. 分子内旋转受限（restrictions of intramolecular rotations，RIR）

AIEgens 最重要的特性是它在稀溶液状态下能进行自由旋转运动。但这种自由旋转在其聚合形式中受到限制。分子的化学结构及外部环境都会影响 AIEgens 的旋转运动，下面将对此进行讨论。

1）AIEgens 的化学修饰

物理和结构上的操作可以调控 AIEgens 的发射。基于主客体包合、空间位阻效应、电子共轭、构象变化、配位过程、共价键和位置异构体，已经开发出有效限制 AIE 活性荧光团分子内旋转运动的新策略。

空间位阻效应可以通过在苯基单元上附加大量的取代基来增强，从而阻碍它们的转动自由度。这是一种有效地启动 RIR 过程的方法，从而提高分子的荧光发射强度。由于相邻芳香环之间的空间排斥作用，构象柔性分子可以采用扭曲构象，这会阻碍密集的面对面堆积，从而阻止生色团 **π-π** 堆积相互作用[3]。但是大量的分子间 C—H···π 关联可以发生在相邻的分子之间，这些分子结合在一起，稳定晶体堆积，限制芳香环的旋转运动。取代基（位置异构体）位置的差异也会影响分子构象，从而影响其光物理性质。

荧光分子的化学骨架一般包括一个定子和与定子相连的一个或几个转子。如果定子和转子位于同一平面上，则荧光分子的电子共轭程度最大。这种电子离域作用可防止转子发生自由旋转运动，从而产生 ACQ 效应。而在 AIEgens 的情况下，由于空间位阻的存在，转子扭曲在定子上，限制了电子共轭。这允许转子的扭转运动，使受激物种无辐射地失活。因此，扩展的电子共轭对 AIE 活性荧光团的发射特性具有拮抗作用，在其溶液和聚集态中可以感受到微弱的 AIE 效应。

阳离子和阴离子体系的络合辅助荧光行为也阻碍了分子内的旋转。分子内的旋转运动消耗激子能量，在离子-荧光团络合前形成非发射溶液。而在它们的配位络合物中，配体中的旋转元素受到更大的旋转势垒，从而导致发光。新形成的共价键可以抑制芳香环的转动自由度，锁定或稳定分子构象。因此，无辐射衰变不能耗尽激子能量，使分子即使在孤立状态下也能强烈发射。

除了几个理论计算模型外，太赫兹时域光谱等分析技术为验证 RIR 过程提供了支持性实验证据[4]。从实验数据到理论计算的解释，从外部物理控制到内部分子结构修饰的解释，为验证旋转 AIEgens 的 RIR 理论提供了有力的证据。

2）外部强制限制

分子构象受到与周围环境相互作用的深刻影响。由于外部对分子结构变化的限制，提高黏度、降低温度和增加压力可以提高光致发光效率。由于分子内旋转的延迟，AIEgens 在更黏稠的介质中强烈发射。同样，降低温度或低温冷却可以减少分子内的旋转运动。旋转运动通过消耗激子能量而导致非发射状态，从而增加了非辐射衰减率。对分子运动的限制，如增加黏度和降低温度，通过阻止分子内的旋转来增强 RIR 效应，进而激活辐射跃迁，延长寿命和提高发射强度。加压是通过减小分子间距离来降低分子内转动自由度的另一个因素，从而导致发光强度增加。相反，它也加强了分子间的 **π-π** 堆积相互作用，促进有害准分子物质的产生，这可能减少通常在三（8-羟基喹啉）-铝（III）的传统发光体固体薄膜中观察到的光发射。

2. 分子内振动受限（restriction of intramolecular vibrations，RIV）

除了旋转运动，拉伸和弯曲（平面内和平面外）振动也是激发态能量消耗的来源[5]。与 RIR 原理类似，通过限制振动也可以恢复发光过程。最近发现了不具有任何可旋转单元，但以聚集体形式高度发光的发光体。RIR 机制无法解释它们的 AIE 行为[6]。这些发光体中的 AIE 效应可归因于 RIV 引起的激子能量消耗的损失或振动简正模数或它们组合的减少而引起的辐射衰减。分子内振动环反转引起的构象变化允许激发态能量的非辐射耗散导致非荧光溶液形式。然而，由于分子间的空间位阻效应和分子间的堆积作用，晶体中的构象变化受到限制，从而阻碍了分子内的振动运动。多个官能团（如氰基）的存在可以在分子的溶液状态下动态振动，并且分子间（C—H···N 在氰基的情况下）结晶形式的氢键可能有助于其 AIE 活性。分子中通过双键（如乙烯基）连接的两个芳香环之间的强电子共轭可以增加旋转势垒。这表明 RIR 发生的可能性较小，但 RIV 可在其中引起 AIE 效应。RIV 概念提供了对基本光物理现象的见解。因此，它还可以极大地扩展 AIE 研究，设计新的 AIEgens 用于实际应用。

3. 分子内运动受限（restriction of intramolecular motions，RIM）

后来 RIR 与 RIV 相结合，并进一步以 RIM 为更全面的机制来解释 AIE 过程。在分子系统中同时含有 RIR 和 RIV 的发光体本质上是具有 AIE 活性的。如果一个 AIEgens 容纳了一个可振动的中心核心和可旋转的外围单元，那么所涉及的机制就是 RIM，包括旋转和振动[7]。聚集体的形成限制了可旋转和振动节段的分子内运动。在某些情况下，分子间氢键加强了这种限制，从而开启了聚集态的发射。此外，还发现少数带有可振动或可弯曲核心的大环和发光体显示 RIM 控制的 AIE 行为[8]。因此，RIM 过程是 RIR 和 RIV 机制的融合，这两种机制不是相互排斥的，而是可以在一个分子中共同作用以引发 AIE 过程。RIM 提供了一个简单而全面的 AIE 机制来解释和扩展各种不同的 AIE 荧光团。它允许分子内运动，可以提高单个分子物种的非辐射衰变率，而结构刚性化可以阻断这些无辐射途径，通过辐射通道引导激子弛豫。

6.2　聚集诱导发光荧光探针的设计策略

AIE 荧光探针制备方法和合成策略的分类方式多种多样，接下来本部分从 AIE 荧光探针的大小、ACQ 转化为 AIE 的不同策略，以及包括小分子、大分子和一些非常规系统在内的不同 AIE 系统的开发和构建方面进行阐述，以使读者对 AIE 荧光探针的设计与制备有更为深刻、明了的理解。

6.2.1 AIE 分子探针和 AIE 纳米颗粒探针

作为 AIE 分子探针和 AIE 纳米颗粒（nanoparticles，NP）探针的核心材料，AIEgens 的性质极大地影响了 AIE 分子探针和 AIE NP 探针的功能。四苯基硅烷和 TPE 等具有简单转子结构的荧光基团，是早期标志性的 AIEgens 的代表。通过将它们用作构建基块，已开发出许多具有不同光学特性的新型 AIEgens[9]。同时，近年来开发了新的 AIE 内核以丰富 AIEgens[10]。同样重要的是，ACQ 分子也可以通过将 AIE 结构单元附着到其外围而转化为 AIEgens[11]。此外，将供体和受体基团引入 AIEgens 的 π-π 共轭体系可以进一步微调覆盖整个可见光和 NIR 范围的吸收/发射波长[11]。更重要的是，最近出现了新的分子设计原理，这将进一步加速对独特 AIEgens 的理解和发明[9]。随着分子工程学的发展，产生了各种 AIEgens 结构，为 AIE 探针设计奠定了丰富的基础。

1. AIE 分子探针的设计策略

具有覆盖整个可见光和近红外光谱可调激发和发射波长 AIEgens 的快速发展，促进了多种 AIE 分子探针的构建并检测和成像不同的生物物种。由于 AIEgens 大多具有疏水性的化学结构，AIEgens 在水介质中会自发地聚集并发出荧光，故在设计 AIE 分子探针时主要考虑的是赋予其良好的水溶性，以确保探针以分子形式分散在水性介质中。在水中分散良好的 AIE 分子探针几乎不发光，保持了较低的背景信号，而在分析物识别诱导的荧光开启后实现较高的信噪比。最初设计 AIE 分子探针仅限于阴离子或阳离子型 AIEgens 对生物分子的传感、细菌检测和细胞器成像。AIE 分子探针通过静电相互作用和疏水相互作用与分析物结合（图 6-2，Ⅰ型）。由于 AIE 分子探针与分析物是非特异性的物理结合，因此通常会导致非特异性荧光开启，不适用于复杂的环境。为了解决特异性问题，AIE 分子探针中引进了靶向配体（图 6-2，Ⅱ型）或反应性基团（裂解或加成）（图 6-2，Ⅲ型）来设计探针。Ⅱ型设计依赖于特定的“锁和钥匙”相互作用，因此可以选择能够特异性识别并结合靶标受体的亲水性靶向配体（如肽、适配体、蛋白质）与 AIEgens 偶联。尽管基于“锁和钥匙”的相互作用是高度特异性的，但在环境中与目标分析物具有高度相似性的大量其他分子的存在仍会干扰特异性识别。Ⅲ型设计依赖于功能性反应性基团（如可裂解的猝灭剂）与 AIEgens 的偶联。通过特殊的化学或生物反应诱导荧光开启，完全避免了具有最大特异性的其他非目标分析物的干扰。通过选择不同的官能团和靶向策略，目前已成功开发出各种无需清洗，具有低背景信号、高灵敏性、高选择性、稳定性且高发光强度的荧光开启 AIE 分子探针，并将其成功应用于DNA、蛋白质和酶等生物分子的检测，以及细菌的标记和识别，膜、线粒体和溶酶体等细胞器的成像。

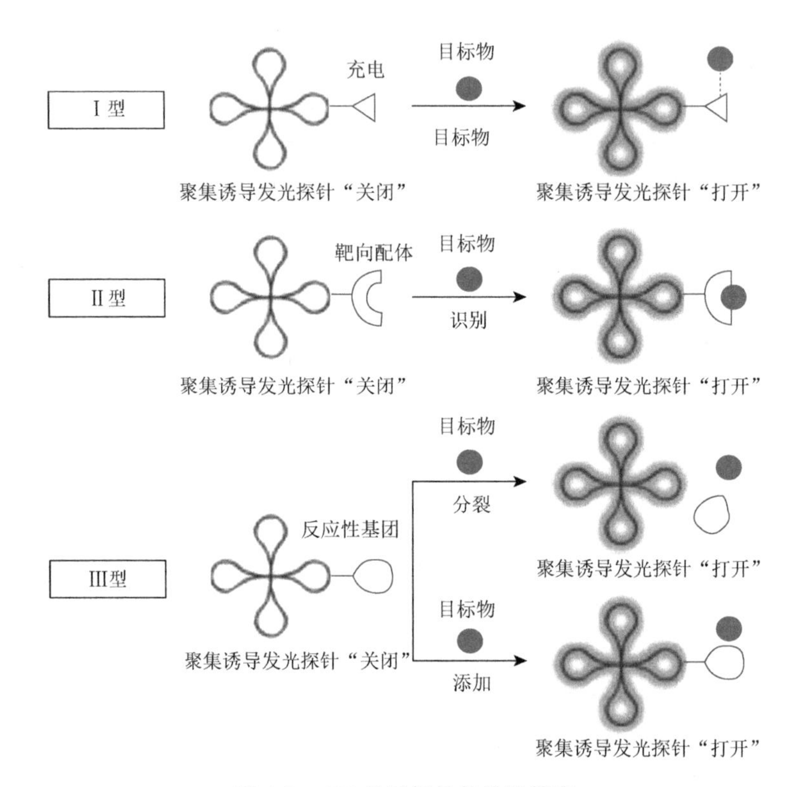

图6-2　AIE分子探针的设计策略

2. AIE纳米颗粒探针的设计策略

与AIEgens单分散状态的低荧光相反，AIEgens的聚集体可产生强烈荧光。已经开发出各种策略来将AIEgens封装到具有可微调的大小、形状和表面功能的NP中，以用于细胞成像和跟踪，以及血管成像、疾病感测、药物输送监测、图像引导手术和图像引导治疗。此外，根据所选AIEgens的光学特性，这些NP还可以用于与不同疾病模型相关的血管结构的单光子或多光子成像，以进行疾病诊断。在最佳条件下，与相应的无机NP相比，可以设计AIE NP表现出更好的生物相容性和更亮的荧光。再加上其表面功能化，使得AIE NP有望用于转化研究。如图6-3所示，两种通用方法已被广泛用于制造AIE NP。第一个涉及用亲水性聚合物或生物分子对AIEgens进行化学修饰，以产生两亲性AIEgen-聚合物共轭物，该共轭物可自组装成NP（图6-3，Ⅰ型）。

尽管精确设计了分子结构，但仍难以控制和预测所得AIE NP的大小分布。

另外，每种 AIEgens 的化学修饰非常耗时，这妨碍了 AIEgens 的快速筛选以用于生物学领域。因此，一种更受欢迎的方法是通过纳米沉淀技术将 AIEgens 物理包埋起来（图 6-3，Ⅱ型）。采用物理加载策略，将 AIEgens 封装到不同的基质中以提供具有良好的水溶性、高发射和抗光漂白特性的 AIE NP，从而提供了更标准化的方法。通过改变基质和制备程序可以容易地控制大小和形态。同时，基质上的通用表面官能团还提供了方便的表面官能化作用的活性位点。最常用的方法之一是将 AIEgens 封装到两亲聚合物中，如 1,2-二硬脂酰基-SN-甘油-3-磷酸乙醇胺-*N*-[甲氧基（聚（乙二醇]）]衍生物，通过使用自动微流控系统将同时包含 AIEgens 和两亲性聚合物的有机溶剂转移到水相中。这样可以通过调节流速来大规模生产具有所需尺寸的 AIE NP。此外，最近还开发了几种新方法将 AIEgens 封装到脂质体或金属有机骨架（metal organic framework，MOF）中可以进一步提高其在生物医学研究中的性能。

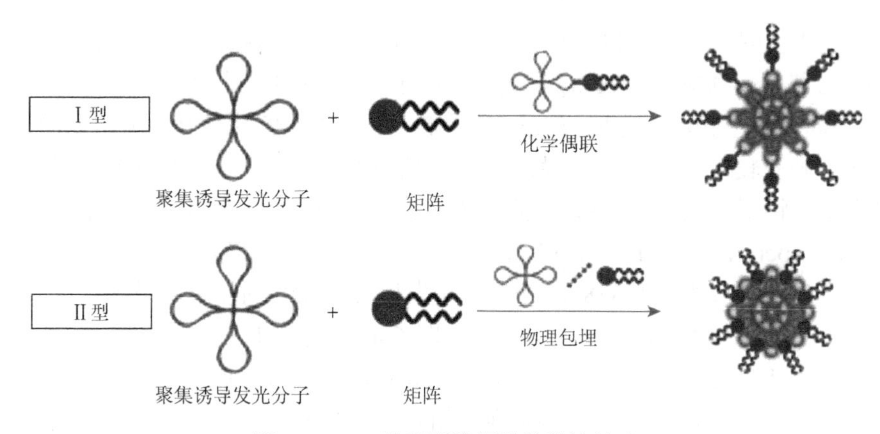

图 6-3　AIE 纳米颗粒探针的设计策略

6.2.2　AIE 体系

决定 AIE 性质的主要因素有两个，一是主动分子内运动受限，二是为了减少传统 ACQ 荧光团面临的 π-π 堆积导致猝灭的相互作用而形成扭曲的三维结构。这一理论为新型 AIE 系统的设计及 ACQ 荧光团转化为 AIEgens 提供了指导。自发现 AIE 现象以来，大量的工作是将 ACQ 荧光团转化为 AIEgens，旨在引入 AIE 特性，同时保持传统荧光团的理想性能。这些工作成功地推动了对具有多样性 AIE 体系的探索。在本小节中，我们将介绍将 ACQ 转化为 AIE 的不同策略，以及包括小分子、大分子和一些非常规系统在内的不同 AIE 系统的开发[12]。

1. ACQ 到 AIE 的转变

传统的 ACQ 荧光团通常呈盘状结构，在固体状态下具有很强的 π-π 堆积相互作用，形成紧密的堆积，产生 ACQ 效应，导致其实际应用不理想。各种方法（化学、物理和工程）已经被用来减轻 ACQ 的影响，但或多或少地给荧光团的性质带来了不良的副作用。AIE 现象的发现和 AIE 机制的理解为解决许多传统荧光团面临的 ACQ 效应提供了一个双赢的策略，同时又不损害传统荧光团原有的性质。ACQ 转化为 AIE 的方法有很多，如用 AIE 修饰 ACQ 荧光团核或反之而行，以及根据 RIM 机制直接从 ACQ 荧光团合成新的 AIEgens。

AIEgens 本身是电子共轭的，因此它能够在分子水平上将 AIE 和 ACQ 片段连接在一起，消除 ACQ 效应的同时而保留新荧光团具有的 AIE 特征。最直接的策略之一是用 AIE 基团修饰 ACQ 荧光团，引入作为独立分子的分子内运动，从而消除溶液荧光和聚集状态下扭曲的三维结构，以增强聚集发射。这种 ACQ-AIE 转换最经典的例子之一是将芘与四个 TPE 通过外围对称修饰形成 4TPE-Py（**1**），（图 6-4）。芘是一种典型的 ACQ 荧光团，常用于发蓝光的有机发光二级管（OLED）中，它在固体状态和薄膜态时发光强度较低。化合物 **1** 在溶液中发出微弱的荧光，在固体中则有较大的增强。薄膜态的荧光量子产率（*g*）值可达 70%。在进一步的研究中，将不同数量的 TPE 单元附着在具有 ACQ 性质的扁平杂原子分子——苝酰亚胺（perylene bisimide，PBI）上，在没有 TPE 外部修饰的情况下，PBI 在溶液中 *g* 为 95.2%时，在 538nm 处有一个发射峰，而其固体膜的发射很弱。在两个 TPE 取代后，合成的 2TPE-PBI（**2**）（图 6-4），通过 TPE 单元的自由分子内旋转有效地消耗激发态能量，使化合物 **2** 在溶液状态下的 *g* 值为 0.07%。在固体状态下，由于 TPE 破坏了苯环的 π-π 堆积相互作用和 RIR，化合物 **2** 显示出强烈的红色发射（g¼18.9%）。另外，与化合物 **2** 相比，TPE-PBI 是化合物 **2** 的类似物，只有一个 TPE 修饰的，显示出更高的溶液亮度（g¼2.2%）和更低的固态发射（g¼9.0%）。实验结果揭示了 TPE 在 ACQ 荧光团转变为活性 AIE 过程中的重要性，在此过程中，一个 TPE 基团只能消耗部分激发态能量，而两个 TPE 基团取代后能够完全耗尽激发态能量，导致化合物 **5** 溶液中的发射几乎耗尽。

将 ACQ 荧光团转化为 AIEgens 的另一个策略是利用 AIEgens 作为核心，用 ACQ 单位取代 AIE 可替换单元。蒽衍生物具有优异的光致发光、电致发光和电化学性能，在有机发光器件中得到了广泛的应用。然而，由于扁平的蒽结构，ACQ 效应总是导致固态下 *g* 值降低。Zhao 等将两个蒽基团修饰在 TPE 核的外围苯基环上，得到的 TPE-2An（**3**）具有典型的 AIE 特征（图 6-4）。在四氢呋喃（THF）溶液中，化合物 **3** 的 *g* 值很小，为 0.29%，但在薄膜状态下 *g* 值增加到接近 100%。蒽的引入并不影响 TPE 芳基环的结构柔性和扭转本能，TPE 仍在孤立态下进行自由分子内旋转，消耗整个分子激发态能量。聚合态时，RIR 被激活，TPE 段扭曲的 3D 结构阻止相邻的蒽段形成 π-π 堆积相互作用，这有助于消除固态时的发射猝灭，极大地提高了蒽衍生物在 OLED 中的应用性能。

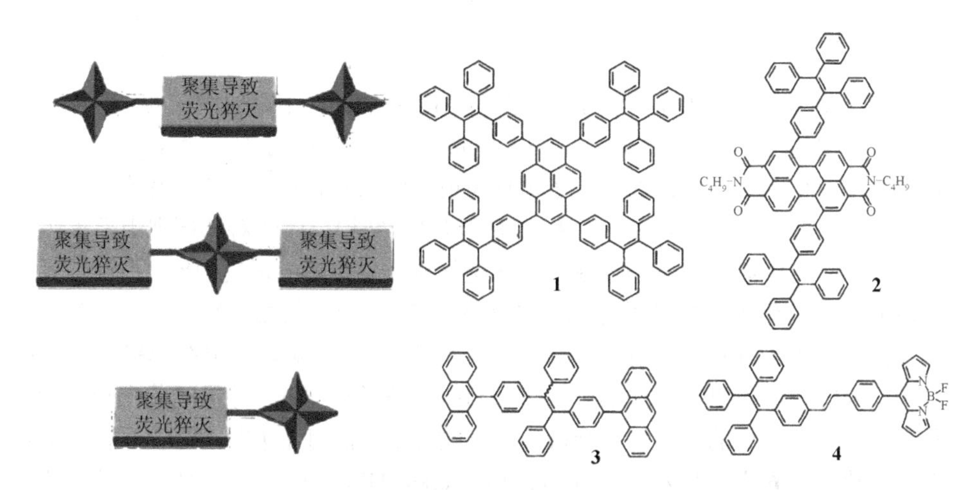

图 6-4　将 ACQ 荧光团转变为 AIEgens 不同策略的原理概述

在无核壳结构的情况下，直接将 AIE 部分连接到 ACQ 荧光团上也可以将 ACQ 转化为 AIE。一个例子是将 TPE 通过乙烯键连接到硼-二吡啶亚甲基（boron-dipyrromethene，BODIPY）上，得到 AIEgen TPE-VB（**4**）（图 6-4）。由于 BODIPY 本身是缺电子的，与富含电子的 TPE 结合很容易生成具有更多光物理性质的供体-受体（donor-acceptor，D-A）系统，因此，化合物 **4** 同时具有扭曲分子内电荷转移（twisted intramolecular charge transfer，TICT）和 AIE 特性。在 THF 溶液中，TICT 效应主导了光物理性质，化合物 **4** 显示了在 640nm 处的 TICT 发射。当 THF/水混合物中的水体积分数增加到 10%时，TICT 发射完全猝灭。TICT 发射猝灭可能是由于 D-A 体系的溶剂极性效应及 TPE 分子的自由分子内运动消耗激发态能量所致。当水含量大于 75%时，化合物 **4** 的发光增强，形成聚集体，RIM 主导光物理过程，说明化合物 **4** 具有 AIE 活性。

除了通过 AIE 荧光团与 AIEgens 结合外，许多其他工作还通过可旋转单键连接芳香型 ACQ 定子和转子，成功地在没有引入 AIE 情况下将 ACQ 荧光团转换为 AIEgens。例如，在溶液中 g 值为 0.3%，固态下 g 值为 3.2%的情况下，用两个可旋转苯环修饰喹啉可以使喹啉具有 AIE 活性。如果自由分子内运动不能完全消耗激发态能量，这些转换后的 AIEgens 在溶液态会表现出不同程度的发射。由于扭曲三维结构的联合活动阻碍了强烈的 π-π 堆积相互作用，以及对 RIR 效应的激活，这些分子在聚集状态下表现了很大程度的增强发射。本节展示了将 ACQ 荧光团转化为 AIEgens 的成功例子。虽然不是所有的荧光团都可以转化为 AIE 活性，但这些研究阐明了大量的 AIEgens 合成路线，进一步加深了我们对 AIE 机制的理解，并产生了具有不同用途的各类 AIE 体系。

2. 小分子

尽管 AIEgens 种类丰富，小分子仍然是 AIE 系统的一个重要组成类别。化合物 **5**（图 6-5）是基于芳基环修饰的六-1,3,5-三烯核，是典型的小分子 AIEgens 之一。化合物 **5** 在氯仿中几乎不像孤立分子那样发射，但在固态时能以 25.0%的 g 值增强发光。化合物 **5** 的中心六-1,3,5-三烯核呈近似平面结构，而两对苯环则由于苯环正位处的氢原子与中心核附近的氢原子存在空间排斥力而形成正交构象。垂直苯环对具有较弱的共轭和较大的二面角（82.31°和 99.82°），可以自由旋转。水平位置苯环对的二面角分别为 15.16°和 15.77°，其核心为六-1,3,5-三烯，也能绕单键旋转。在溶液中，旋转结构和扭转结构都对激发态的能量消耗有贡献，并导致荧光猝灭。在聚集态下，两个苯环的正交构象会破坏有害的 π-π 堆积相互作用，两者都有助于开启发光。化合物 **6** 六苯基苯（hexaphenylbenzene，HPB）（图 6-5）是由纯芳基环构成的 AIEgen，其中苯环完全由六个苯基环修饰的 HPB 表现出聚集增强发光（aggregation-enhanced emission，AEE）特性。它在 THF 溶液中显示出微弱但可检测的发光，并且在水含量为 80%的 THF/水混合物中显示出超过 12 倍的荧光增强。苯环在苯周围的拥挤性使得相邻苯环之间产生了明显的空间排斥力，即使在分子状态下也限制了苯环的自由旋转，导致了可见的发射。在聚集态或结晶态下，大量的 C—H⋯π 相互作用使分子排列硬化，阻碍苯环运动，导致 RIR，同时 HPB 的螺旋桨形状避免了密集的 π-π 堆积相互作用，因此固态 HPB 的发射增强。

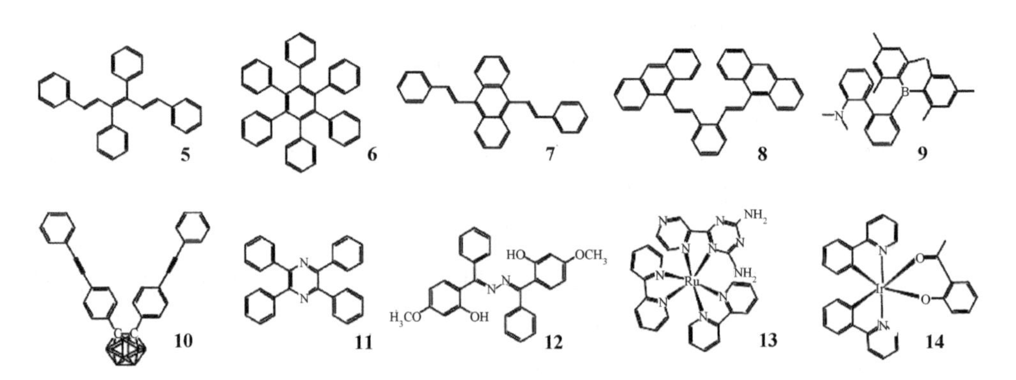

图 6-5 小分子 AIE 发光探针设计策略的原理图

另一类 AIE 小分子是基于蒽核。两个苯环通过乙烯键偶联到蒽核的两侧，得到的 9,10-二[(*E*)-苯乙烯基]蒽（化合物 **7**）（图 6-5），显示出 AIE 特性，在 THF 溶液中不发射，但在晶体中 g 值为 50.8%。从化合物 **7** 的晶体结构中也可以发现与 HPB 类似的解释，其中正交的苯乙烯臂阻止了 **π-π** 堆积相互作用，僵化的构象激活了 RIR 过程。蒽也可以作为构建 AIE 小分子的转子。化合物 **8** 是通过两个乙烯基键将两个蒽基单元连接到中心苯基核的 1 和 2 位置而合成的（图 6-5）。由于两个蒽基臂的空间排斥力，化合物 **8** 采用扭曲结构，扭转角为 53.20°～73.55°，削弱了整个分子的电子共轭。因此，蒽基臂作为孤立状态下的转子，几乎没有荧光，而 RIM 在固态下激活，g 值为 12.0%。

除了包含纯烃小分子的 AIE 系统以外，还开发了含杂原子的 AIEgens。Zhao 等报道的化合物 **9**（图 6-5）为其中之一。由于 N-B 相互作用具有很强的分子内电荷转移（intramolecular charge transfer，ICT）效应，因此化合物 **9** 在硼酰基和氨基之间具有较大的空间位阻，显示出 THF 溶液中的荧光量子产率为 27.0%。得益于扭曲的结构，纯薄膜中的 g 值为 86.0%，这清楚地表明了其 AEE 特性。另一个例子是化合物 **10**（图 6-5），该化合物是通过将两个二苯基乙炔基与邻碳硼烷的 1,2-位缀合构成的。邻甲硼烷是二十面体硼簇化合物，具有高度极化的芳族特征，以及将邻碳烷与 AIE 系统结合使用可为双方带来共同的利益。由于芳环的主动旋转，化合物 **10** 在 THF 溶液中的发光可忽略不计，g<0.02%。在固态下，苯基的弱共轭会导致形成扭曲的分子构象，从而阻止 **π-π** 堆积相互作用。在 RIM 的作用下，化合物 **10** 的 g 值升高了 12.0%。Tang 等通过一锅反应制备了一种新型的 AIEgens，即四苯基吡嗪（化合物 **11**）（图 6-5）。但在 THF/水混合物中随着水含量的增加，化合物 **11** 的发光逐渐增强，说明了其 AIE 特性。单晶分析表明化合物 **11** 采用非平面构象，并且苯基臂和吡嗪核之间的扭转角为 33°～66°。化合物 **11** 的晶体堆积中存在多个分子内 C—H···π 相互作用，且距离在 2.82～3.18Å，这也有助于阻止分子内运动并抑制无辐射耗散路径，从而导致固态发射。

激发态分子内质子转移（excited-state intramolecular proton transfer，ESIPT）是超快的光自动化过程（亚皮秒级），具有斯托克斯位移大的分子内氢键形成特征。ESIPT 特性在光敏剂、发光材料和分子的设计中得到了广泛的应用。具有 AIE 特性的 ESIPT 荧光团的设计显示了这种融合的良好性能。化合物 **12**（图 6-5）是一种 AIE+ESIPT 荧光团，它在溶液中几乎不发出荧光，但在聚集态中显示出明亮的荧光。在分子态下，ESIPT 过程中的各种氢键都被分子内围绕 N—N、C—N 或 C—N 单键的活跃旋转所抑制，因此激发态能量通过非辐射途径有效耗散。在聚集态下，分子内氢键的形成和受抑制的 **π-π** 堆积相互作用导致辐射衰减路径和亮发射。此外，氢键发生互变现象的烯醇酮降低兴奋状态，以非常快的速度（$k_{\mathrm{ESIPT}}>10^{12}$/s）和较小的能量差距和地面状态导致红移辐射，因此化合物 **12** 在聚集状态下的斯托克斯位移为 152nm。

基于过渡金属的小分子 AIE 系统也引起了研究者们的极大兴趣，Ru(Ⅱ)多吡啶基络合物属于其中一种。通过中心 Ru(Ⅱ)与两个联吡啶和一个吡嗪基部分的配位，获得的化合物 **13**（图 6-5）显示出扭曲的八面体球。化合物 **13** 在 441nm 激发下，在乙腈稀溶液中于 613nm 处显示弱荧光，g 值为 0.1%。甲苯的加入导致聚集体的形成和红色发射的增强（甲苯质量分数为 90%），证明其 AIE 活性。应当指出的是，联吡啶和吡嗪基三嗪二胺配体的振动在孤立状态下有助于激发态能量的消耗，因为它们的主动旋转受到这些配体与 Ru(Ⅱ)核之间的配位的阻碍。具有 AIE 特性过渡金属络合物的另一个例子是 AIE-Ir(Ⅲ)（化合物 **14**）（图 6-5），其中 Ir(Ⅲ)核心被 2-苯基吡啶配体修饰。与化合物 **13** 相似，这些配体的振动（而不是旋转）消耗了激发态能量，并且化合物 **14** 在隔离状态下显示出 g 值＜0.1%时几乎无法检测到的发射。在晶体中，2-苯基吡啶臂之间的弱 π-π 和成角度的 π-π 堆积相互作用与强 C—H···π 相互作用共同作用，激活了化合物 **14** 的 RIV，从而导致固态发射增强，g 值为 4.3%。

将简单的旋转配体连接到线型、环状有机分子或过渡金属络合物上，即可开发出 AIE 活性荧光团，且这些核心的有用功能和原始功能不会被影响。已证明 AIE 系统与各种分子系统和发光过程高度兼容。可以容易地引入 AIE 配体作为电子接受或给体单元，将 TICT 与分子系统中的 AIE 特性结合起来，以微调不同应用所需的发射波长。随着 AIE 世界的飞速发展，已经开发了越来越小的 AIE 分子探针，本节中这些突出的示例旨在说明 AIEgens 的多样性和无限可能性。

3. 大分子

除了小分子 AIEgens，大分子 AIEgens 的开发也取得了重大进展。与小分子 AIEgens 相比，大分子 AIEgens 表现出一些与之不同的优势。大分子 AIEgens 的分子结构、形态和拓扑结构可以很容易地进行针对性的调整，这在小分子 AIE 系统中很难实现。另外，由于存在多个共价键合的重复单元，这些大分子 AIEgens 通常表现出优异的机械强度，可以将 AIE 部分引入 AIE 聚合物的主链或侧链，或将其掺入 MOF 中以实现 AIE 活性大分子。在本节中，将对 AIE 大分子的几个标志性例子进行阐明。

开发 AIE 大分子最常见、最直接的策略之一是将典型的 AIEgens（如 TPE 或 HPS）作为单体掺入聚合物结构的主链中。化合物 **15**（图 6-6）是通过 Suzuki 偶联反应将 TPE 单元结合在一起而合成的纯 TPE 基完全共轭聚合物。化合物 **15** 在 THF 溶液中的荧光发射微弱，g 值为 1.2%，而在水含量高的 THF/水混合物中形成聚集体，荧光增强，其 g 值为 28.0%。由于延长的共轭长度和更平坦的结构，与 TPE 单体（以 470nm 为中心）相比，化合物 **15** 呈现出更长的固态发射波长（以 506nm 为中心）。化合物 **15** 的 AIE 功能应归功于其 TPE 单体。在大多数情况下，

由于多个 π-π 堆积相互作用，共轭聚合物在固态下会发生荧光猝灭。高度扭曲的 TPE 构象阻止了 π-π 堆积相互作用，并赋予纯的化合物 **15** 固态明亮的发光。除了用 AIEgens 构建骨架外，大分子系统还表现出很大的多样性，其中 AIEgens 可以充当大分子的侧链。化合物 **16** 聚{[2-(4-乙烯基苯基)乙烯-1,1,2-三基]三苯}（poly[(2-(4-vinylphenyl)ethene-1,1,2-triyl)tribenzene]，PTPEE）（图 6-6）是这种 AIE 聚合物之一。化合物 **16** 是通过可逆加成-断裂链转移（reversible addition-fragmentation chain transfer，RAFT）合成的，有助于控制所得聚合物中 AIE 侧链的数量。化合物 **16** 的所有衍生物，具有不同的重复单元和分子量，在 THF 溶液中不发射荧光，而在水含量高的 THF/水混合物中的发射则增强。需要注意的是当聚合物链较长时，化合物 **16** 显示较高的聚集态。这归因于较长链聚合物的疏水性增加和溶解度降低，从而形成了较大的纳米聚集体，具有更紧密的堆积和受约束的 RIM。TPE 是一种通用的构建基块，也可以用于构建具有受限结构的完全共轭微孔聚合物。Jiang 等报道的具有高度有序的超支链网络化合物 **17**（图 6-6）通过 Yamamoto 偶联反应合成。化合物 **17** 具有互锁的网络结构，即使溶解在不同溶剂中时处在分离状态下，该结构也能充分阻止苯环旋转。因此，化合物 **17** 呈现出明亮的荧光，在 551nm 处有红移发射，*g* 值为 40.0%。在 77K 下的氮气吸附等温线表明其比表面积高达 $1665m^2/g$，孔径大小为 0.8nm。这种交织的支架可以通过共价键从四个方向有效地互锁这些 TPE 单元的旋转，从不同的角度验证 RIM 机制。

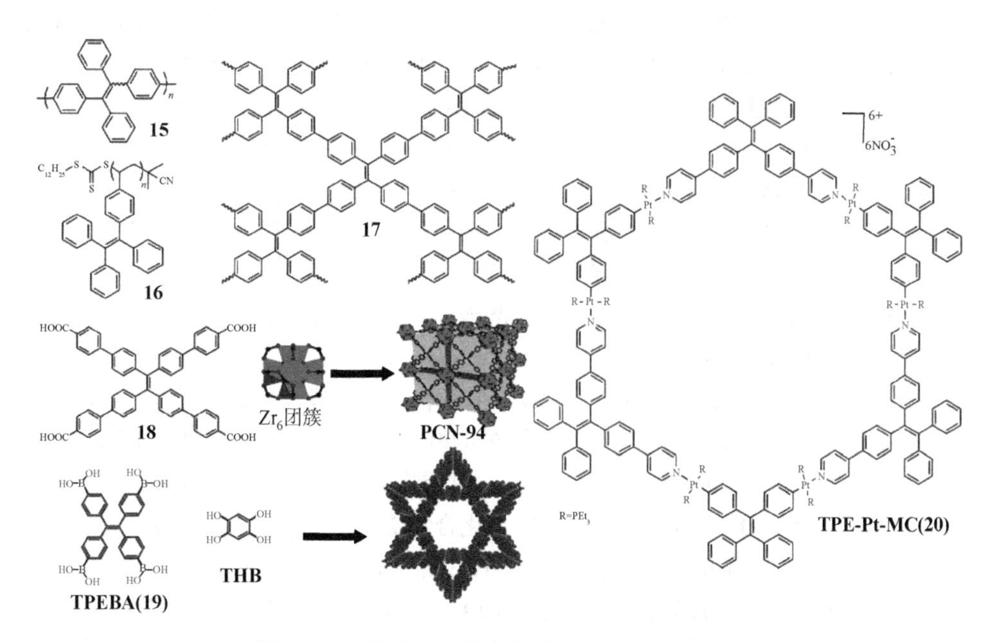

图 6-6　大分子 AIE 发光探针设计策略的原理图

MOF 是一种由无机金属与具有大内表面和多种结构的有机连接体组成的材料，在催化剂、OLED 和发光传感器中显示出良好的性能。AIEgens 特别是 TPE 衍生物的掺入能够产生发光的 MOF。化合物 **18** 是将 AIEgens 与 MOF 结合得到的新型大分子 AIE（图 6-6）。具有 AIE 活性的化合物 **18** 在 545nm 处发出亮黄色荧光，固态下 *g* 值为 30.0%。

AIEgens 也已用于构建共价有机骨架（COF）。COF 是结晶的多孔聚合物，可以将有机单元整合到周期性的 π 阵列和固有的孔中，使其在不同的应用中有价值。通过将以化合物 19 TPE 为核心的硼酸（TPE-cored boronic acids，TPEBA）（图 6-6）和 1, 2, 4, 5-四羟基苯（1, 2, 4, 5-tetrahydroxy benzene，THB）在二氧六环/均三甲苯混合物中进行溶剂热缩合反应，Jiang 等报道了具有强发射的二维 COF（TPE-Ph）。所获得的 TPE-Ph COF 呈矩形带状，其尺寸随反应时间的延长而增大。TPE-Ph COF 包含具有三角形微孔和六角形中孔的双孔 Kagome 晶格。顶点的 TPE 单元和多边形边缘的苯基接头形成周期性的柱状 TPE π-阵列。在 77K 下的氮气吸附等温线表明 TPE-Ph COF 是微孔和中孔的组合，比表面积为 963m^2/g，微孔和中孔孔径分别为 1.3nm 和 2.6nm。与化合物 **19**（g¼15.0%）相比，TPE-Ph COF 固体样品的 *g* 值较高，为 32.0%，这表明 COF 不同层之间的 π-π 堆积相互作用进一步限制了四个苯环的旋转，并使 TPE 结构刚性化。

除了上面提到的 MOF 和 COF，Stang 等最近还报道了另一种有机-无机杂化 AIE 大分子，即化合物 **20** 基于 TPE 的离散有机铂(Ⅱ)金属环（TPE-based discrete organoplatinum(Ⅱ)metallacycle，TPE-Pt-MC）（图 6-6）。其中一些杂化分子在溶液态和聚集态都显示出独特的发光。以化合物 **20** 为例，2D 结构的化合物 **20** 的空腔尺寸为 4.0nm×6.0nm，并带有六个正电荷，能够通过与一维棒状烟草花叶病毒（tobacco mosaic virus，TMV）分层自组装形成三维生物杂交复合物，并开启荧光。TMV 棒的尺寸为 300nm×18nm，腔体尺寸为 4.0nm，已广泛应用于新型功能材料的开发，这种开启型荧光探针可以直接观察到单个病毒的分层组装和分解。在水/二甲基亚砜（dimethyl sulfoxide，DMSO）（3/7，*v/v*）溶液中，化合物 **20** 在二氯甲烷中的吸收峰位于 334nm，摩尔吸光系数为 1.48×10^5L/(mol·cm)，在 490nm 处微弱发光。通过将 TMV 水溶液与化合物 **20** 的 DMSO 溶液简单混合即可形成 3D 生物杂化复合物，这可通过 TMV 形态从离散的棒状变为几微米的网状来证明。由于 TMV 和化合物 **20** 之间的静电相互作用，形成的三维生物杂化复合物的吸收峰移至 331nm，摩尔吸光系数降低到 1.28×10^5L/(mol·cm)。TMV 和化合物 **20** 之间的分层自组装形成紧密且有序的阵列，这在受限的环境中使扭曲的 TPE 部分硬化，从而增强了荧光强度。此外，在 0～0.6mg/mL 浓度范围内，化合物 **20** 的荧光强度随 TMV 浓度呈线性增加，在 TMV 浓度为 0.6mg/mL 和化合物 **20** 浓度为 10μmol/L 时，荧光增强因子为 5.41 倍，高效发光为直接可视化自组装过程和混合材料的形态变化提供了机会。

6.3　聚集诱导发光荧光探针传感检测技术

目前，已报道的 AIEgens 可用的传感策略总结在图 6-7 中，包括：①通过调节静电相互作用来诱导 AIE 探针聚合；②由特定化学部分或酶介导手段改变 AIE 探针的溶解度；③通过氢键诱导 AIE 探针聚合；④通过疏水相互作用诱导 AIE 探针聚合；⑤通过改变电荷或电子转移过程来破坏 AIE 发光猝灭；⑥增强聚集的发射；⑦目标诱导的解聚或猝灭的 AIEgens。

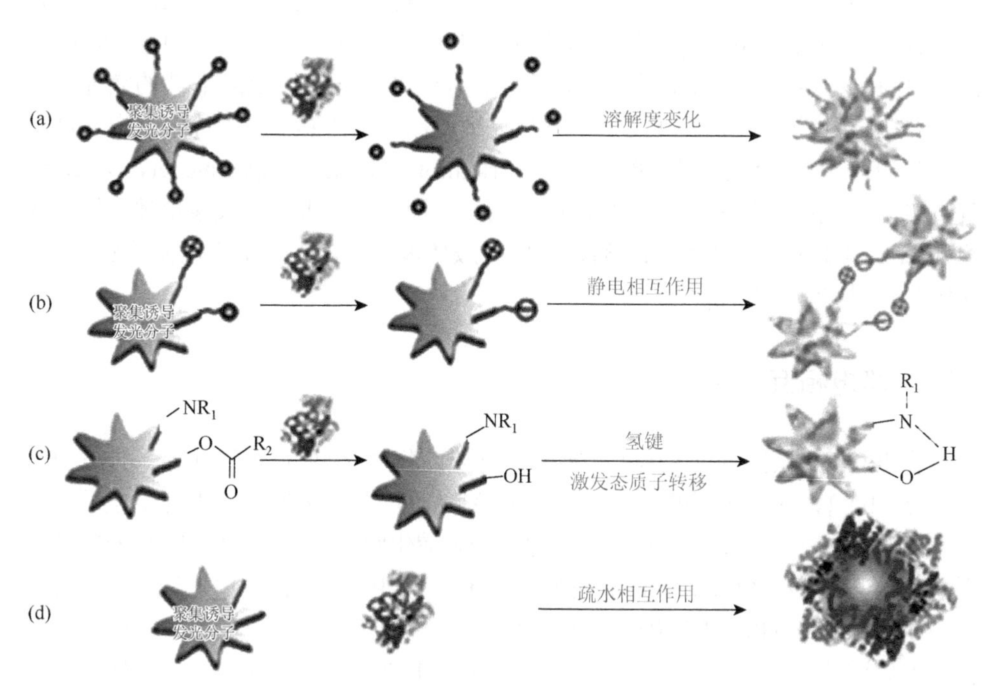

图 6-7　AIE 荧光探针传感检测机制示意图

根据分子内运动受限原理，包括化学反应或物理相互作用等许多不同的设计策略，已被用于各种 AIE 探针的设计。值得注意的是，实际应用中常以多个原则同时运用以提高探针性能。但是为简单起见，在这里我们对前四种传感检测分别阐述。

6.3.1　溶解度的变化

改变溶解度是设计 AIE 探针传感检测技术的一种常用策略。在溶液或单分子状态下，AIEgens 的荧光微弱，但聚集时高效发光。因此，在分析物的存在下，AIEgens 的溶解度改变，形成 AIE 纳米聚集体，产生 AIE 效应，根据这一原理开发出具有开启荧光信号的 AIE 探针，如图 6-7（a）所示。Zhang 等合成了一种水溶性 AIEgens（$2CH_3O$-TPE-PA），它含有两个甲氧基单元和一个磷酸酯单元。在碱性磷酸酶（alkaline phosphatase，ALP）存在下，催化 ALP 水解的磷酸酯基团将 $2CH_3O$-TPE-PA 转化为在水溶液中溶解度低的 TPE-OH，产生了 AIE 效应，ALP 的检出限低至 18mU/mL。由于两个甲氧基的供电子作用，该探针发出绿色荧光，从而有助于其在活 HeLa 细胞中 ALP 的检测[13]。Liu 等用两个磷酸基团（TPE-2PA）对 TPE 进行官能团修饰，设计了一种具有 AIE 特性的荧光探针。该探针的检出限为 0.2U/L 或 11.4pmol/L，线性范围为 3～526U/L。该探针适用于约 175U/L 线性范围内的稀释后人血清样品的检测，说明了其在实际样品中 ALP 活性的病理分析中的潜在应用[14]。Tang 等开发了一种高灵敏度比率型传感器，该传感器由罗丹明 B 共轭 TPE 组成，基于暗键能量转移（dark through-bond energy transfer，DTBET）策略实现对 Hg^{2+}的检测。在检测 Hg^{2+}之前，该探针会在水中形成聚集体，只能观察到 TPE 呈蓝色光。加入 Hg^{2+}后，螺内酰胺环被打开，生成带正电荷的罗丹明，并伴有强烈的红色发光[15]。

6.3.2 静电相互作用

静电相互作用是存在于两个带相反电荷的物质之间并使它们结合的一种力[图 6-7（b）]。许多典型的生物分子（如磷脂、DNA 和多糖）是天然带电的。

根据这一原理，Liu 等合成了带负电荷的磷酸化四苯乙烯衍生物（TPE-TEG-PA）用于靶向识别碱性磷酸酶（alkaline phosphatase，ALP）和鱼精蛋白。具有亲水磷酸基团和四甘醇的 TPE-TEG-PA 在缓冲液中发光微弱。鱼精蛋白被广泛应用于心血管手术后逆转抗凝肝素的活性，人类血清中 ALP 通常被认为是克汀病、软骨发育不全、骨质疏松症、肝脏疾病和骨髓性白血病等一些主要疾病的关键临床诊断指标。带正电荷的鱼精蛋白和带负电荷的 TPE-TEG-PA 可以通过静电相互作用形成胶束，即呈聚集状态，体系荧光强度增加了 12 倍。鱼精蛋白的 LOD 为 12ng/mL。此外，探针分子的磷酸根端基可以被 ALP 水解并转化为羟基单元，从而生成 TPE-TEG-OH。由于水溶性差，TPE-TEG-OH 在水溶液中聚集，激活了 AIE 效应。TPE-TEG-PA 的线性发光响应在 10～200mU/mL 范围内对 ALP 进行了定量分析，正好覆盖了人类生物样品中 ALP 的生理浓度。与单功能生物探针不同，这种双模式生物探针具有节省材料、效益高、合成简便及多重筛选的优点[16]。

Wu 等将电纺织技术结合到生物探针的设计中，制备了与罗丹明 B 和四苯乙烯（tetraphenylethylene，TPE）衍生物结合的纤维。鱼精蛋白被吸附到纤维上，诱导罗丹明B产生静态猝灭和TPE衍生物产生AIE效应。在肝素或胰蛋白酶的存在下，鱼精蛋白被剥离，使得574nm处罗丹明B的荧光恢复，472nm处TPE衍生物AIE效应消失。在紫外线照射下，浓度分别为0.4mU/mL和0.8mU/mL的肝素使得纤维的发光由青色变为绿色。此外，胰蛋白酶消化鱼精蛋白可以在胰蛋白酶水平升高至8μg/mL时产生类似的颜色变化，这在监测患者尿液胰蛋白酶水平具有潜在的应用前景。这种基于纤维试纸条的固态测试系统实现了实时和肉眼检测肝素和胰蛋白酶，可以作为高危患者的自测设备[17]。Hua等开发了两种NIR发射型吡咯并吡咯二酮（diketopyrrolopyrrole，DPP）衍生物探针DPP-Py1和DPP-Py2，两种探针通过氢键和静电相互作用对柠檬酸离子进行比率型荧光传感。DPP-Py1具有较好的pH耐受性，检出限为1.8×10^{-7}mol/L[18]。Tang等最近开发了一种AIE探针HPQ-TBP-I，可以通过静电相互作用和协同碘化物猝灭置换形成HPQ-TBP/肝素复合物。在0～14μmol/L线性范围内的检出限为22nmol/L[19]。Qu等开发了一种无需标记通过荧光开启检测前列腺特异性抗原（prostate-specific antigen，PSA）的方法。带正电荷的氨基功能化SiO_2纳米球首先通过静电相互作用被单链PSA适配体包裹，SiO_2纳米球表面的适配体与PSA的特异性结合后从SiO_2纳米球表面释放，SiO_2纳米球表面的正电荷将与AIEgens带负电荷的1,2-双[4-（3-磺基丙氧基）苯基]-1,2-二苯基乙烯盐（BSPOTPE）结合形成高效发光聚集体。该方法灵敏度高，操作简单，检出限为0.5ng/mL[20]。

6.3.3　氢键

氢键是一种相对较强的分子间作用力，通常比范德瓦耳斯力强，但比共价键或离子键弱[图6-7（c）]。在基于AIE的探针中，分子内氢键的形成不仅可以抑制RIM运动，而且可以产生激发态分子内质子转移（excited-state intramolecular proton transfer，ESIPT）的效果。通常，具有ESIPT特征的发光剂是根据分子内的氢键的变化来产生荧光变化。Tong等将电子受体马来腈基团和具有丰富电子单元的二乙胺与水杨酸哒嗪结合，设计了具有AIE和ESIPT特征的红色荧光团。只有当围绕C—C键的旋转被抑制时，才会形成分子内氢键，从而开启红色荧光团荧光。在酯酶存在下，红色荧光团探针中的乙酰氧基被水解为—OH，同时恢复到具有AIE和ESIPT特性的状态，即探针AIE和ESIPT的再生过程。红色荧光团探针对酯酶的体外定量检出限为0.005U/mL，线性范围为0.01～0.15U/mL。此外，通过红色荧光团探针成功筛选了活细胞线粒体中的酯酶活性[21]。

6.3.4 疏水相互作用

疏水相互作用是指为了最大限度地减小非极性分子表面暴露于水溶液中的极性水分子的趋势，非极性分子自发形成聚集体的作用力。因此，在水性介质中，两性有机发光剂受水性介质中的疏水相互作用的驱动，进入疏水结构域或蛋白质折叠结构中的孔（如果有的话），然后，由于孔的体积的限制，进入的发光剂将形成分子内运动受限的聚集体[图 6-7（d）]，根据这一原理，设计了基于 AIEgens 的生物探针，对具有丰富的疏水结构域的特定蛋白质进行传感检测，并观察其构象变化。Liu 等设计并合成了一系列水溶性 TPE 衍生物。蛋白质与 AIEgens 探针之间存在疏水相互作用，实现了对单胺氧化酶（monoamine oxidase，MAO）的特异性检测。t-TPEM 由 *N*-甲基苯基吡啶、TPE 和碳碳双键连接键组成。*N*-甲基苯基吡啶及其类似物是 MAO-A 和 MAO-B 的独特抑制剂。带正电荷的吡啶部分是亲水的，这可以使探针分散在水性缓冲液中。在没有 MAO-A 的情况下，强烈的分子内电荷转移和苯环的自由旋转导致 t-TPEM 在极性溶剂中的发射较弱。而当探针进入 MAO-A（疏水性口袋）的活性位点后形成复合物时，环境亲水性降低及分子内旋转受限使得探针荧光开启。因此，加入 MAO 后 t-TPEM 的荧光强度提高了 21 倍[22]。

通过对以上四种传感机制的概述，结合大量的实例，证明了利用 AIE 效应构建的 AIE 探针是一种灵敏而特异的传感技术，能够实现对包括酶、小分子物质等在内的众多分析物通过荧光开启的传感检测。传感策略的选择是高度灵活的，它依赖于生物探针的分子结构设计和实验条件。AIE 效应在很大范围内具有普遍适用性，因为它可以用于几乎所有分析物的传感分析，无论它们以何种形式存在，活性或非活性、带电或中性、小分子或大分子。基于 AIE 效应建立的探针传感系统具有易于制备、操作简单、灵敏度高、响应速度快等特点。此外，AIE 探针传感系统还可以是多模态和多功能的，它们可以有效、方便地识别、量化、监测和可视化分析物。

6.4 聚集诱导发光荧光探针在食品品质检测中的应用

AIE 荧光探针在食品质量和安全监控领域以高灵敏度和准确性获得了显著成就，涵盖了与食品相关的各种分析物的测定（包括小分子化合物、大分子、病原体和有毒离子）及食品品质评估和转基因食品的辨别。

6.4.1　小分子检测

1. 食品添加剂

Sanji 等[23]设计了一种基于 TPE 的含三聚氰胺的 AIEgens（TPE-2ca），用于荧光检测婴儿奶粉中的三聚氰胺。这种基于 TPE 的 AIEgens 通过多价氢键驱动形成三聚氰胺-三聚氰酸加合物，对三聚氰胺表现出典型的“开启”荧光响应。该 AIE 传感器对真实奶粉中的三聚氰胺具有高选择性，检出限为 1ppm。Niu 等设计了一种双发射荧光探针 Ply-BFSA@Au NCs，用于比例测定三聚氰胺和 Hg^{2+}，该探针以 9,10-二苯基镧烯的 AIE 纳米颗粒为参考发射，金纳米团簇（Au NCs）为响应发射。通过 I_{525}/I_{625} 比值作为比值信号输出，基于 AIEgens 的荧光探针提供了对三聚氰胺的准确和灵敏的测量，检出限为 680nmol/L[24]。

Li 和 Hou 等[25]将基于 TPE 的 AIEgens 与分子印迹聚合物（MIP）集成，制作了一种比率型荧光传感器（TPE-A-MIP），用于检测木瓜干和果汁样品中的罗丹明 B（rhodamine B，RhB）。MIP 被用作人工受体，选择性地识别并与 RhB 结合，产生比率反应。加入 RhB 后，在 457nm 处发射量减少，565nm 处发射量增加。一种类似的基于 TPP 的 AIEgens 被引入 MIP 中，开发了一种比率型荧光传感器（AIE-MIP-1），用于检测木瓜干和饮料中的罗丹明，检出限为 0.26μmol/L[26]。

2. 农药

有机磷农药（organophosphorus，OPs）是目前应用最广泛的杀虫剂之一。然而，过度使用有机磷农药可能会不可逆地抑制乙酰胆碱酯酶（acetylcholinesterase，AChE）活性，导致高神经递质乙酰胆碱（acetylcholine，ATCh），从而导致阿尔茨海默病、帕金森病、猝死等多种疾病。为了降低人类暴露于 OPs 的风险，最近开发了几种 AIEgens 荧光传感器，用于高度敏感地测定 AChE 和 OPs。这些 AIE 传感器具有相似的传感机制，其中乙酰胆碱催化的碘化乙酰胆碱水解产物通过结构变化和从猝冷器中分离或释放 AIEgens 来调节 AIEgens 的发射。同时，AChE 介导的 AIE 荧光变化很容易被 OPs 抑制[27]。此外，Tao 等[28]利用吡啶取代 TPE（BPyTPE）制备了一种高发光的 MOF，用于检测 2,6-二氯-4-硝基苯胺（2,6-dichloro-4-nitroaniline，DCN），这是一种常见的广谱农药，具有Ⅳ类毒性，因为 DCN 可以通过 PET 猝灭 BPyTPE 的荧光。该传感器的检出限低至 0.13ppm，远低于油桃和葡萄中 DCN 的最大残留限量（maximum residue limit，MRL）（7ppm）和胡萝卜中 DCN 的 MRL（15ppm）。除这些经典的 AIEgens 外，其他具有 AIE 特性的发光材料包括氮掺杂碳量子点和 Au NCs 也分别被提出，通过靶标诱导的 AIE“开启”增强来快速现场监测阿特拉津和福美双[29, 30]。

3. 兽药

Liu 等[31]开发了一种基于二羧基取代 TPE 的新型发光 MOF 传感器。基于 PET 和 FRET 机制，MOF 传感器可以灵敏地检测硝基呋喃酮和甲硝唑。考虑到分析物的灵活性及 PET 和 FRET 的工作距离，Wang 等将 TPE 衍生物引入介孔二氧化硅纳米颗粒中，放大能量或电子转移引发的荧光猝灭，实现了对呋喃唑酮和硝基呋喃酮的高灵敏度和可回收检测。金霉素（chlortetracycline，CTC）是一种广谱抗革兰氏阳性菌和阴性菌的抗生素，具有 AIE 活性[32]。Yu 等[33]发现 Zn-BTEC 衍生的 MOF 可以明显增强 CTC 的发光，从而在鱼类样品中显示出灵敏和特异的 CTC 传感，LOD 为 28nmol/L。此外，Zhang 等[34]将目标诱导的抗氯霉素（chloramphenicol，CAP）适配体结构变化与氧化石墨烯介导的荧光结合起来，以 DSA 为基础的 AIEgens 作为信号输出，制备了一种适用于牛奶中灵敏检测 CAP 的适配体传感器，检出限为 1.26pg/mL。

Jiang 等[35]设计了一种基于 TPE-4PB 和 cucurbit[8]uril（CB[8]）阳离子 TPE 衍生物的超分子荧光传感器，用于精胺（AMD）的测定。TPE-4PB 在水溶液中呈两亲性，无发射，而超分子复合物 TPE-4PB@CB[8]由于外围苯环旋转受限，在水溶液中呈亮黄色发射。然而，一旦 AMD 出现在溶液中，AMD 与 CB[8]的竞争结合可诱导化合物 TPE-4PB 的释放并抑制其发射。超微分子复合物探针检测 AMD 的检出限低至 0.12μmol/L，为血液中 AMD 毒性（10μmol/L 以上）的评价提供了极高的优势。Yu 等[36]通过将 AIEgens 集成到常规免疫分析平台，实现了对食品中 AMD 残留的荧光“开启”检测。

4. 真菌毒素

通过使用 AIEgens 和适配体，Xia 等[37]最近设计了一种双端茎状适配体信标（DS 适配体信标），该信标可以实现蚕豆酱和花生油中 AFB_1 的均质和无标记检测。DS 适配体信标由 3′和 5′端茎及两个中间对称的环组成。3′和 5′末端的保护可以防止核酸外切酶 I 对适配体探针的降解，使其对 AFB_1 靶蛋白快速特异反应。受此工作的启发，联合 AIEgens 制作了几种类似的荧光适配体传感器，用于检测食品样品中的 AFB_1 和赭曲霉毒素 A（ochratoxin A，OTA），利用靶标诱导适配体构象变化[38]。Jia 等[39]利用氧化石墨烯通过静电相互作用和 PET 机制猝灭 TPE-Z/AFB_1 核苷体聚集物的荧光。类似地，Ma 等[40]使用 DSA 代替 TPE 衍生物作为 AIEgens，开发了一种超灵敏的荧光吸附传感器，用于监测红酒样品中的 OTA，检出限为 0.324nmol/L。

5. 腐败指标

Nakamura 等[41]授权了一项开创性的工作，即使用 AIE 传感器监测生物胺。随后，许多课题组也证明，类似的 AIEgens 通过 AIEgens 和胺之间的特定化学反应，在感知各种胺方面显示出巨大的潜力[42]。例如，Gao 等[43]开发了一种基于 AIE 的荧光传感器，通过氨解反应检测胺类物质。简单地说，利用具有 AIE 活性的 2-(2-羟基苯基)喹唑啉-4(3*H*)-酮[2-(2-hydroxyphenyl)quinazolin-4(3*H*)-one，HPQ]作为前驱染料，由于其在溶液中具有活性的分子内运动，制备了一种非共聚物的 HPQ-Ac。随着胺的加入，HPQ-Ac 中的 *o*-乙酰键通过氨解反应被裂解。生成的 HPQ 含有分子内氢键，可以锁定 HPQ 的分子构象，抑制其分子内运动，从而点亮荧光。当秋刀鱼被密封在一个塑料袋，储存在−20℃下 2d，把它放在塑料袋里 5min 后，HPQ-Ac 只能发出非常微弱的荧光。相反，室温下 2d 可以看到很强的荧光，表明鱼发生严重腐败，已不适合消费。除了化学反应开关荧光外，分子填料开关荧光也是一种很有前途的用于腐败检测的荧光传感器。Han 等[44]和 Hou 等[45]设计了一系列具有 AIE 和 ICT 特性的供体（D）-受体（A）分子异构体。Hu 等[46]合成了一组具有 AIE 活性的多杂环，对质子化和去质子化具有可逆的比率荧光响应。更有趣的是，这些聚合物可以及时和可逆地检测氨，检出限为 960ppb，已用于监测生物胺的存生和扇贝腐败情况。

除了人工 AIEgens，一些天然 AIEgens 具有水溶性、生物相容性和可生物降解的优点，也显示了巨大的腐败检测潜力。He 等[47]制备了基于槲皮素的 AIEgens 复合膜。制备的复合膜在暴露于 Al^{3+} 残留物和生物胺时表现出发射增强，因此成功应用于油条和变质三文鱼中的 Al^{3+} 残留物和生物胺检测。更有趣的是，经过复合膜 QACF 涂层处理的香蕉和苹果比未处理或仅用聚乙烯醇处理的香蕉和苹果能更好地保持原有的颜色，说明该复合膜可以延长食物的储藏时间，从而提高水果的保质期。基于槲皮素的 AIEgens 复合膜延长食物储存时间的能力在其他现有的 AIEgens 中没有报道过。

此外，具有 AIE 活性的金属纳米团簇也被用于食品腐败的灵敏监测。Han 和 Xiong 等[48]以 2,3,5,6-四氟噻吩为还原剂和保护剂，合成了高荧光自组装铜纳米团簇（Cu NCs）。与其他生物胺相比，所得到的 Cu NCs 表现出强烈的藏红花黄色发射，并对组胺有特异性反应。随着组胺浓度的增加，观察到明显的颜色变化，从藏红花黄色到蓝色，而其他生物胺的颜色变化可以忽略不计。肉眼可见检出限低至 5μmol/L，远低于美国食品药品监督管理局允许的最大组胺浓度（450μmol/L）。

6.4.2　大分子检测

1. 食物过敏原

Sun 课题组探索了 1,8-萘内酰亚胺及其衍生物 AIEgens 在选择性敏感酪蛋白识别中的应用[49]。结果表明 1,8-萘内酰亚胺衍生物可以在酪蛋白胶束之间的疏水腔中与氨基酸残基结合，产生硫醇化合物的消除反应。而在酪蛋白胶束表面的衍生物聚集会增强酪蛋白的发射。该 AIE 探针对奶粉样品中酪蛋白的检出限可达 3.0ng/mL。采用类似的策略，TPE 衍生物也被应用于发光酪蛋白检测[50]。

2. 酶

Peng 等报道了一种具有 AIE 和 ESIPT 特性的荧光探针 DNBS-CSA，可选择性地检测纯牛奶中的硫醇与 DNBS-CSA 的磺酸基发生反应，触发 CSA 的释放，产生荧光，计算出点亮 AIE 探针的检出限为 0.5mU/mL[51]。

Wei 等[52]设计了一种荧光 GUS 底物 BTBP-Gluc，用于活大肠杆菌中 β-葡糖苷酸酶（β-glucuronidase，GUS）的长期跟踪。通过 GUS 诱导 BTBP-Gluc 的水解，获得具有 ESIPT 和 AIE 性质的 BTBP，从而激活 GUS 活性。此外，在培养基中加入 BTBP-Gluc，该 AIE 探针可以加快对牛奶中 O157∶H7 和非 O157∶H7 大肠杆菌直观、准确的检测。

Kang 等通过磷酸功能化的 2-羟基查耳酮（2-hydroxychalcone，HCAP）与聚乙烯基吡咯烷酮[poly vinyl pyrrolidone，PVP]的偶联，设计了一种碱性磷酸酶响应荧光探针 HCAP-PVP。表达碱性磷酸酶（alkaline phosphatase，ALP）的大肠杆菌、金黄色葡萄球菌等细菌可以通过水解 HCAP-PVP 探针中 HCAP 的磷酸基团激活 ESIPT 和 AIE 过程，从而诱导荧光发射由 570nm 处的黄色变为 640nm 处的深红色。最后，该 AIE 传感器可以在 101～107CFU/mL 范围内检测 ALP 表达菌[53]。

3. 三酰甘油聚合物

Wu 等[54]首次实现了将 AIE 探针用于油炸油中三酰甘油（triacylglycerol，TAG）聚合物的直接传感，设计的 AIEgen 探针 QM-TPA 通过将喹啉-丙二腈（quinoline-malononitrile，QM）支架与三苯胺单元偶联，其中 QM 和三苯胺分别作为发色团和供体。这种 QM-TPA 探针对 TAG 聚合物的特定“开启”响应取决于 AIEgens 的黏度响应，因为黏度的增加可以限制 AIEgens 的分子内运动以增强发射。聚合物的程度和黏度与油炸频率呈极好的线性关系。黏度的增加会限制 QM-TPA 的分子内运动，产生较强的荧光信号。可以看出，油炸 0 次、20 次、40 次、60 次、

80次和100次后，TAG聚合物的程度分别为3.5%、6.01%、7.59%、9.27%、11.75%和13.65%，和QM-TPA的荧光强度呈线性相关，显示了AIEgens在快速筛选食品危害方面的潜力，如油炸油中的TAG聚合物。

6.4.3 病原体检测

1. 革兰氏阴性细菌和革兰氏阳性细菌的同时检测

Gao等[55]设计了AIE-ZnDPA多功能荧光探针，用于选择性成像和图像引导光动力杀灭细菌。在他们的工作中，带正电荷的锌(Ⅱ)-二吡咯胺[zinc(Ⅱ)-dipyrrolamide，ZnDPA]作为配体，通过静电相互作用选择性地与带负电荷的细菌膜结合。随着AIE-ZnDPA在细菌表面的结合和积累，由于水杨嘧啶分子内旋转受限和分子内氢键的形成，AIE和ESIPT发射被开启。在与革兰氏阳性细菌枯草芽孢杆菌或革兰氏阴性细菌大肠杆菌孵育后，AIE-ZnDPA的释放明显增强，表明该AIE-ZnDPA探针可以选择性地靶向细菌。然而，这种AIE探针不能区分细菌的种类。最近，AIEgens传感器阵列被提出解决上述缺陷，因为它们可以与统计方法结合，促进高通量筛选和识别未知分析物。用于同时检测多种病原体的传感器阵列依赖于一组荧光响应，这组荧光响应是通过将每个菌株与几种不同的AIEgens和每个AIEgens与几种不同的菌株孵育培养而获得的。Zhou等[56]设计了一系列具有不同疏水基团的基于TPE的季铵盐（TPE-ARs），并利用其构建了14个传感器阵列，可以同时识别3种革兰氏阴性细菌、3种革兰氏阳性细菌和1种真菌。每个传感器阵列由三个含有一个阳离子铵基和不同疏水单元的AIEgens组成，使lg$P$（正辛醇/水分配系数）值从3.426到6.071可调，以确保与病原体的不同多价相互作用。由于每种AIEgens对病原体具有独特的荧光响应，并结合常用的线性判别统计方法，成功测定了所有病原体，准确率高达100%。然而，精确的分子设计要求和复杂的统计分析部分限制了它们的广泛应用。

2. 革兰氏阴性细菌

Zhao等[57]利用甘露糖和TPE对聚苯乙烯-马来酸酐[poly(styrene-co-maleicanhydride)，PSMA]纤维进行改性，实现了“开启”荧光发射检测大肠杆菌。本研究利用甘露糖对大肠杆菌进行选择性识别，利用TPE单元输出荧光信号。在大肠杆菌存在的情况下，接枝在PSMA纤维上的甘露糖会与大肠杆菌菌毛上的FimH蛋白结合，导致TPE聚集在细菌细胞表面，从而增强发射。结果表明，基于AIE的光纤传感器对大肠杆菌的检出限为10^2CFU/mL。为了进一步提高AIE传感器的选择性，使用特异性免疫识别取代配体-受体识别是可行的。Zhang等[58]

最近将抗原抗体识别与基于 TCBPE AIE 纳米珠的横向流动传感器集成，实现了对大肠杆菌 O157：H7 的高灵敏度检测。结果表明，基于抗原-抗体对的 AIE 探针可以鉴定大肠杆菌 O157：H7。大肠杆菌 O157：H7 的检出限为 3.98×10^3CFU/mL，至少是商业荧光纳米颗粒的 7 倍。

3. 革兰氏阳性细菌

Kang 等[59]报道了 TPPCN AIEgens。在与 TPPCN 孵育 10min 后，表皮葡萄球菌显示出明亮的蓝绿色发射，而在大肠杆菌中未观察到荧光发射，这表明 TPPCN 有选择性地从革兰氏阴性细菌中区分革兰氏阳性细菌的潜力。有趣的是，TPPCN 在光照射下能够释放大量的活性氧。因此，TPPCN 通过光动力方法选择性杀灭革兰氏阳性细菌，这对于现有的细菌染色染料来说是不现实的。Feng 等[60]将 AIE 核心与两个 Van 单元（AIE-2Van）连接，检测并杀灭革兰氏阳性细菌。与革兰氏阳性细菌枯草芽孢杆菌结合后，AIE-2Van 探针在 650nm 处显示增强发射，证明了该 AIE-2Van 探针检测枯草芽孢杆菌的可行性。在光照条件下，AIE-2Van 可有效杀灭革兰氏阳性细菌，包括耐 Van 的肠球菌菌株。

6.4.4　离子检测

1. 阴离子

Watt 等[61]开发了一种吡啶双尿素基 AIE 探针，用于检测水中的 Cl^-。在酸性条件下，质子化的 AIE 探针可以选择性地与 Cl^-配合形成聚集物并产生绿色荧光。Wang 等[62]探索了 TPE 硼酸酯（TPE2B）在检测纯水中的 $ClOO^-$中的应用。TPE2B 的金属纳米颗粒在水中表现出明亮的蓝色荧光，而 ClO^-的加入可以触发 TPE2B 的氧化和水解而生成二羟基 TPE（TPE2OH），而 TPE2OH 容易被氧化成醌类形式猝灭发射。TPE2B 对 ClO^-的响应速度快至 30s，检出限为 28nmol/L。Zhang 等[63]设计了一种基于 TPA 的具有 D-A 结构的 AIEgens（MTPA-Cy）。由于 TICT 效应，MTPA-Cy 在水溶液中不发射；而 ClO^-的加入可裂解吲哚基，生成醛取代 TPA，其水溶性较差，TICT 效应较弱，易在水中聚集，呈亮蓝绿色发射。这种 AIE 传感器对 ClO^-的检出限低至 13.2nmol/L。

Gabr 和 Pigge[64]合成了一种基于钴（Ⅱ）络合物的 AIEgens 用于特异性传感 CN^-，其中 CN^-可以通过配体交换与金属中心配合，溶解度减小，产生 AIE 现象。该 AIE 传感探针的检出限为 0.59μmol/L。

2. 金属阳离子

在本节中我们将介绍用于金属阳离子传感的 AIE 探针的最新进展。金属离子感知的常见机制主要有金属离子诱导聚集、金属离子配位或螯合、金属离子触发的化学反应和自组装等。

金属离子诱导聚集是通过分子内旋转受限来激活 AIEgens 发射的常见策略。Huang 等[65]报道了一种 AIE 活性探针 2-AFN-I，用于“开启”荧光检测光细菌磷中 Hg^{2+}水平的生物积累。在高浓度磷的存在下，基于群体感应观察到强烈的生物发光。而磷中 Hg^{2+}的积累会抑制其生物发光，扰乱其群体感应。随后，设计的 AIEgens 2-AFN-I 可以进入受损的细菌并形成聚集物。因此，通过分子内运动受限、TICT 失活和协同碘化物猝灭置换，AIE 发射显著“开启”。结果表明，随着 Hg^{2+}浓度的增加（0～8mmol/L），2-AFN-I 探针在 480nm 处的生物荧光逐渐减少，而在 590nm 处的 AIE 荧光逐渐增加。这些结果表明，2-AFN-I 用于 Hg^{2+}的双模型传感是可行的。另外，具有 AIE 特性的纳米材料，如金属纳米团簇和 GQDs，也在监测食品和饮用水中的金属离子污染方面展现了广泛的应用。最近开发了一种高度敏感的 AIE 荧光传感器，用于“开启”As^{3+}的传感，研究人员设计并制备了具有 AIE 特性的磁性 GQDs（Fe-GQDs）作为响应探针。当 As^{3+}加入时，Fe-GQDs 会聚集，从而限制分子内的振动，导致发射增强。因此，这种基于 Fe-GQDs 的 AIE 传感器的 LOD 低至 5.1ng/mL，这比 As^{3+}在饮用水中的最大允许限值（10ng/mL）低约 1/2。

配位或螯合调节发射是传感金属离子的另一种常见策略。例如，Li 等[66]开发了一种基于 TPE 的 AIEgens，用于 Hg^{2+}和 Ag^{+}的比值测量。该 AIEgens 由三部分组成：一是具有双发射的 DPAC 骨架，二是作为信号放大器的 TPE 单元，三是两个结合 Hg^{2+}和 Ag^{+}的胸腺嘧啶/腺嘌呤基。当 Hg^{2+}或 Ag^{+}存在时，会发生配位介导的聚集，限制 DPAC 的分子内振动和 TPE 的分子内旋转，从而增强其在 600nm 和 475nm 处的发射。采用 I_{475}/I_{600} 作为比值信号输出，该基于 TPE 的双发射探针对 Hg^{2+}和 Ag^{+}的检出限分别低至 6.1nmol/L 和 0.1μmol/L。

金属离子触发的化学反应，如金属转移、水解和配体到金属电荷转移，也被用于调节 AIEgens 的荧光发射。Gao 等[67]提出了一种具有 AIE 活性的 2,2′-({4-[4,5-双(4-甲氧基苯基)-1-苯基-咪唑-2-基]苯基}亚甲基)双-(磺胺二基)二乙醇探针（MPIPBS）用于 Hg^{2+}的检测。在本研究中，Hg^{2+}可以诱导 MPIPBS 水解为 MPIB，由硫缩醛转化为醛，从而改变 MPIPBS 的水溶性和 ICT，开启发射。该探针报告的检出限达到 1.45nmol/L，在实际的水和尿液样本中具有很好的实用性。Chatterjee 等[68]报道了一种基于 TPE 的 AIEgens，通过 Hg^{2+}促进芳基硼酸的跨金属化，对 Hg^{2+}和甲基汞（CH_3Hg^{+}）进行选择性传感。Hg^{2+}或 CH_3Hg^{+}促进了 TPE-硼酸的快速跨金属化，使形成的 TPE-HgCl/TPE-HgMe 络合物的溶解度显著减小，从而增强了荧光发射。Hg^{2+}在水溶液中的检出限低至 0.12ppm。此外，该探针被 CH_3Hg^{+}处理的活细胞和斑马鱼进一步证实。

金属离子触发的自组装是一种新兴的金属离子传感技术。在这种情况下，金属离子与 AIE 活性探针结合可以通过自组装过程诱导发射增强或猝灭。Neupane 等[69]合成了一种用于检测 Al^{3+}的基于 AIE 的氰二苯乙烯肽基探针（AIE-CPP）。Al^{3+}的加入可以介导自组装肽基形成纳米颗粒，从而增强 600nm 处的荧光发射，降低 535nm 处的发射。该肽基探针以 I_{475}/I_{600} 作为信号输出，对 Al^{3+}具有灵敏的选择性比值响应，在水溶液中的检出限为 145nmol/L，远低于饮用水中规定的 Al^{3+}的最大残留量（7.41μmol/L）。

6.4.5 其他应用

1. 对饮品的品控

Yang 等[70]合成了一种 5-甲氧基羰基水杨醛腙（5-methoxycarbonyl salicylaldehyde hydrazone，MCSH）化学传感器，并将其用于实现对乙醛的快速和高度选择性的“开启”反应。当 MCSH 与乙醛在中性 pH 水溶液中反应时，无辐射化合物 MCSH 可以转化为具有强烈荧光的 AIE 活性化合物。该传感器的检出限为 0.045mmol/L，因此化合物 MCSH 在实际白酒中乙醛在线检测方面具有巨大的潜力。

2. 对食品包装的质量控制

Rahaman 等[71]首次设计了一种四硫醇取代 TPE 探针（TPE-4SH），用于检测食品包装中的氧气。氧的存在使硫醇氧化转化为二硫化物促进了 TPE 上的四硫醇聚合，进一步限制了 TPE 的旋转，提高了放射量。此外，在测试条上对包装样品中的 O_2 进行了检测，显示了这种四硫醇取代 TPE 在食品包装检验中的巨大潜力。

3. 转基因食品

Jiao 等[72]报道了一种将便携式聚合酶链式反应（polymerase chain reaction，PCR）仪与水溶性 TPE 衍生物集成的转基因食品视觉识别方法。该研究首先对转基因食品中的转基因进行了提取和 PCR 扩增，然后将扩增后的 PCR 产物与水溶性 1,1,2,2-四基[4-(2-溴乙氧基)苯基]乙烯(1,1,2,2-tetrayl[4-(2-bromoethoxy) phenyl]ethylene，TAPE)。TAPE 可以与 DNA 相互作用，辐射增强，通过紫外线灯或便携式智能手机，肉眼可以观察到。结果表明，只有转基因才能显示阳性结果。此外，所提出的 PCR-偶联 AIE 传感器可用于转基因木瓜、玉米和大豆样品的现场筛选和鉴定。值得注意的是，这项工作是第一次尝试使用 AIEgens 现场检测转基因食品。尽管如此，这仍然需要与其他平台方法相结合，如微流体和横向流动分析，从而缩短总检测时间（约 4h）。

6.5 展　望

在过去的十年里，由于 AIEgens 优异的光物理特性，AIEgens 与传感技术的集成推动了一系列用于食品质量和安全检测的、性能优越的荧光传感器的发展。AIEgens 增强传感技术是一种新兴的荧光分析方法，与传统的荧光传感器相比，具有更高的灵敏度和更高的精密度。本节总结了近年来 AIEgens 荧光探针及其在食品分析中的应用进展(表 6-1)。通过 AIEgens 巧妙的分子设计，各种各样的 AIE 荧光探针可以利用不同的工作机制实现，包括分散或聚集、溶解度的变化、光物理过程的干扰等。这些基于 AIEgens 的新型荧光探针已被证明能够以高灵敏度和高选择性的方式监测各种内源性或外源性污染物，显示出 AIEgens 在保障食品质量和安全监管方面具有巨大潜力。

表 6-1　AIE 荧光探针对食品安全和品质控制研究的总结

类型	目标物	检出限	范围	MRL	实际样品	激发/发射波长	参考文献
	三聚氰胺	1ppm	—	1ppm	婴儿奶粉	350nm/500nm	[23]
		680nmol/L	0～20μmol/L	—	奶粉	365nm/525、625nm	[24]
	罗丹明 B	1.41μmol/L	0～10μmol/L	—	番木瓜干，果汁	360nm/457、565nm	[25]
	罗丹明 6G	0.26μmol/L	0～10μmol/L	7ppm	番木瓜干，饮料	360nm/457、565nm	[26]
	阿特拉津	3pmol/L	5pmol/L～7nmol/L	20～250ng/g	黄瓜，葫芦，甘蔗	420nm/500nm	[29]
	乐果	0.008mg/L	5pmol/L～7nmol/L	10μg/kg	湖水	365nm/446、593nm	[73]
小分子	对氧磷	1μg/L	1～100μgL	10ppb	—	365nm/446、593nm	[30]
	二嗪农	0.5ng/mL	0.3～5.0ng/mL	0.5mg/kg	—	365nm/457nm	[27]
	氯霉素	1.26pg/mL	0.3～5.0ng/mL	0.3μg/kg	牛奶	405nm/535nm	[34]
	金刚烷胺	0.12μmol/L	10～18μmol/L	10μmol/L	—	-/537nm	[35]
	金霉素	28nmol/L	0～8μmol/L	100μg/kg	鱼，尿	365nm/540nm	[33]
	赭曲霉素	0.4ng/mL	0.5～30ng/mL	2μg/L	红酒，咖啡	430nm/495nm	[38]
	黄曲霉毒素	27.3ng/mL	40～300ng/mL	5μg/kg	豆瓣酱，花生油	405nm/535nm	[37]
		0.25ng/mL	0～3ng/mL	—	玉米，牛奶，米	340nm/480nm	[39]
	组胺	5μmol/L	0.1～10μmol/L	450μmol/L	鱼，基围虾，红酒，金枪鱼	325nm/590nm	[48]
	NH_3	960ppb	0～68ppm	2ppm	基围虾，扇贝	365nm/535nm	[46]

续表

类型	目标物	检出限	范围	MRL	实际样品	激发/发射波长	参考文献
大分子	酪蛋白	—	20～1500μg/mL	—	牛奶	350nm/470nm	[74]
		3.0ng/mL	0.1～5μg/mL	—	—	420nm/465nm	[49]
	内酰胺酶	0.5mU/mL	0～10mU/mL	—	牛奶	383nm/558nm	[51]
	碱性磷酸酶	5.36U/L	0～1200U/L	20～140U/L	—	476nm/662nm	[75]
病原体	大肠杆菌	10^2CFU/mL	10^2～10^5CFU/mL	3CFU/L	—	364nm/461nm	[57]
		7.3×10^5CFU/mL	10^6～1.70×10^8CFU/mL	—	—	330nm/450nm	[76]
	大肠杆菌O157：H7	3.98×10^3CFU/mL	5×10^3～1×10^6CFU/mL	0CFU/mL	—	364nm/502nm	[77]
	氰化物	75nmol/L	0.5～15μmol/L	—	水，斑马鱼	405nm/469nm	[78]
		13.2nmol/L	1～10μmol/L	—	水	730nm/514nm	[59]
		0.59μmol/L	0～80μmol/L	2.69μmol/L	水	313nm/458nm	[64]
		0.2μmol/L	0～25μmol/L	1.9μmol/L	饮用水	400nm/573nm	[79]
		0.94μmol/L	0～20μmol/L	—	—	420nm/450、562nm	[80]
		0.59μmol/L	0～100μmol/L	—	—	347nm/508nm	[81]
	亚硫酸氢盐	79.2nmol/L	0～80μmol/L	0～0.7mg/kg	水	360nm/430、530nm	[82]
	亚硫酸盐	3.6μmol/L	0～70μmol/L	0.7mg/kg	红酒，啤酒，雨水	330nm/466nm	[83]
		3.19μmol/L	1.0～30.0μmol/L	—	—	365nm/416、516nm	[84]
		7.4nmol/L	2～7μmol/L	—	盐	420nm/575nm	[85]
阳离子	Zn^{2+}	1.17μmol/L	4.68～2.240μmol/L	76μmol/L	饮用水	340nm/600nm	[86]
	Al^{3+}	26.7nmol/L	1～7μmol/L	1mg/kg	饮用水	330nm/430nm	[87]
	Cd^{2+}	12.25nmol/L	50nmol/L～35μmol/L	44nmol/L	水，奶粉	365nm/525nm	[88]
	Zn^{2+}	1.45nmol/L	0～302.4nmol/L	10nmol/L	湘江水	380nm/495nm	[67]

尽管如此，在设计用于传感先进 AIE 荧光探针时还需要解决几个挑战。应该在以下方面作出更多的努力。

（1）公认的 AIE 机制——RIM 在面对新的 AIE 荧光探针不断涌现下，无法很好地解释 AIE 现象。因此，对于 AIE 机制的广泛和深入的研究仍然是需要的，加强对 AIE 机制的理解有助于先进 AIE 荧光探针的精确分子设计，以实现更好的传感性能。

（2）食品基质一般是复杂的样品系统，它不仅包含各种营养成分，如蛋白质、脂类、糖类等，还包含添加剂等许多辅助成分。这些成分往往产生短波长的自发荧光，从而干扰了检测灵敏度，甚至可能导致错误的结果。因此，需要对长波长发射的 AIEgens 进行开发，以消除干扰，提高灵敏度和精确度。

（3）由于 AIEgens 在单个纳米颗粒中的负载量增加，因此将其转化为纳米尺寸的点或纳米颗粒是增强单个 AIEgens 荧光发射的有效策略。同时，在纳米颗粒形成过程中，易于实现多模态、多功能性或可控性，使 AIEgens 具有多样性、可变性和灵活性，可以支持更多的用途。然而，纳米 AIE 荧光探针在传感领域的相关研究和应用还很少。鉴于 AIE 纳米颗粒的优越性能，需要更多的尝试来说明 AIE 纳米的尺寸、形貌和发光强度与探针传感性能的关系。

（4）探针传感器的选择性是精确目标识别的关键问题。因此，迫切需要设计出对目标分析物具有高选择性的 AIEgens。此外，还将一些常用的特异性识别事件，如抗原抗体反应、核酸杂交、适配体识别、肽识别、分子印迹等与 AIEgens 设计相结合，以提高靶点的选择性。

（5）食品污染物的准确定量分析对于精确测量至关重要，特别是在现场使用方面。目前，AIEgens 的信号采集主要依赖于荧光分光光度计、多模酶标仪等大型仪器，价格昂贵，不适合现场实时监测。因此，将 AIEgens 与广泛使用的快速诊断系统集成（如 PCR、等温扩增、横向流地带、微流体装置、传感器阵列等），是构建便携式检测仪的一种有效策略，如荧光读数、智能手机辅助的光度计等。

（6）AIEgens 在食品分析中的应用是一个新兴领域，仍处于起步阶段，在食品工业中的相关研究和应用还比较有限，进一步扩展 AIE 荧光探针和分析物的多样性、分子设计的灵活性，以及传感原理的多样性是另一个值得探索的方向。

总之，我们希望通过本章的综述能够帮助读者更好地了解 AIE 荧光探针在食品检测领域的现状，激发对 AIE 传感技术新的研究视角和研究兴趣，从而推动新一轮的快速发展。在多学科协同创新的帮助下，我们相信 AIE 不仅可以作为研究使用的荧光传感平台，而且可以作为一个食品安全保障的强大筛选工具，从而从根本上减少实验室研究和工业生产之间的实际转化差距。

参 考 文 献

[1] Luo J, Xie Z, Lam J W Y, et al. Aggregation-induced emission of 1-methyl-1, 2, 3, 4, 5-pentaphenylsilole. Chem Commun, 2001, (18): 1740-1741.

[2] Zhang G F, Chen Z Q, Aldred M P, et al. Direct validation of the restriction of intramolecular rotation hypothesis via the synthesis of novel ortho-methyl substituted tetraphenylethenes and their application in cell imaging. Chem Commun, 2014, 50(81): 12058-12060.

[3] Chen J, Law C C W, Lam J W Y, et al. Synthesis, light emission, nanoaggregation, and restricted intramolecular rotation of 1, 1-substituted 2, 3, 4, 5-tetraphenylsiloles. Chem Mater, 2003, 15(7): 1535-1546.

[4] Parrott E P J, Tan N Y, Hu R, et al. Direct evidence to support the restriction of intramolecular rotation hypothesis for the mechanism of aggregation-induced emission: temperature resolved terahertz spectra of tetraphenylethene. Mater Horiz, 2014, 1(2): 251-258.

[5] Hide F, Díaz-García M A, Schwartz B J, et al. New developments in the photonic applications of conjugated polymers. Acc Chem Res, 1997, 30(10): 430-436.

[6] Luo J, Song K, Gu F L, et al. Switching of non-helical overcrowded tetrabenzoheptafulvalene derivatives. Chem Sci, 2011, 2(10): 2029-2034.

[7] Banal J L, White J M, Ghiggino K P, et al. Concentrating aggregation-induced fluorescence in planar waveguides: a proof-of-principle. Sci Rep, 2014, 4(1): 4635.

[8] Zhang C, Wang Z, Song S, et al. Tetraphenylethylene-based expanded oxacalixarene: synthesis, structure, and its supramolecular grid assemblies directed by guests in the solid state. J Org Chem, 2014, 79(6): 2729-2732.

[9] Mei J, Leung N L C, Kwok R T K, et al. Aggregation-induced emission: together we shine, united we soar! Chem Rev, 2015, 115(21): 11718-11940.

[10] Chen M, Li L, Nie H, et al. Tetraphenylpyrazine-based AIEgens: facile preparation and tunable light emission. Chem Sci, 2015, 6(3): 1932-1937.

[11] Shen X Y, Wang Y J, Zhang H, et al. Conjugates of tetraphenylethene and diketopyrrolopyrrole: tuning the emission properties with phenyl bridges. Chem Commun, 2014, 50(63): 8747-8750.

[12] Feng G, Kwok R T K, Tang B Z, et al. Functionality and versatility of aggregation-induced emission luminogens. Appl Phys Rev, 2017, 4(2): 021307.

[13] Gu X, Zhang G, Wang Z, et al. A new fluorometric turn-on assay for alkaline phosphatase and inhibitor screening based on aggregation and deaggregation of tetraphenylethylene molecules. Analyst, 2013, 138(8): 2427-2431.

[14] Liang J, Kwok R T K, Shi H, et al. Fluorescent light-up probe with aggregation-induced emission characteristics for alkaline phosphatase sensing and activity study. ACS Appl Mater Inter, 2013, 5(17): 8784-8789.

[15] Chen Y, Zhang W, Cai Y, et al. AIEgens for dark through-bond energy transfer: design, synthesis, theoretical study and application in ratiometric Hg^{2+} sensing. Chem Sci, 2017, 8(3): 2047-2055.

[16] Song Z, Hong Y, Kwok R T K, et al. A dual-mode fluorescence "turn-on" biosensor based on an aggregation-induced emission luminogen. J Mater Chem B, 2014, 2(12): 1717-1723.

[17] Zhao L, Wang T, Wu Q, et al. Fluorescent strips of electrospun fibers for ratiometric sensing of serum heparin and urine trypsin. ACS Appl Mater Inter, 2017, 9(4): 3400-3410.

[18] Hang Y, Wang J, Jiang T, et al. Diketopyrrolopyrrole-based ratiometric/turn-on fluorescent chemosensors for citrate detection in the near-infrared region by an aggregation-induced emission mechanism. Anal Chem, 2016, 88(3): 1696-1703.

[19] Li S, Gao M, Wang S, et al. Light up detection of heparin based on aggregation-induced emission and synergistic counter ion displacement. Chem Commun, 2017, 53(35): 4795-4798.

[20] Kong R M, Zhang X, Ding L, et al. Label-free fluorescence turn-on aptasensor for prostate-specific antigen sensing based on aggregation-induced emission-silica nanospheres. Anal Bioanal Chem, 2017, 409(24): 5757-5765.

[21] Peng L, Xu S, Zheng X, et al. Rational design of a red-emissive fluorophore with AIE and ESIPT characteristics and its application in light-up sensing of esterase. Anal Chem, 2017, 89(5): 3162-3168.

[22] Shen W, Yu J, Ge J, et al. Light-up probes based on fluorogens with aggregation-induced emission characteristics for monoamine oxidase-a activity study in solution and in living cells. ACS Appl Mater Inter, 2016, 8(1): 927-935.

[23] Sanji T, Nakamura M, Kawamata S, et al. Fluorescence "turn-on" detection of melamine with

aggregation-induced-emission-active tetraphenylethene. Chemistry, 2012, 18(48): 15254-15257.

[24] Niu C, Liu Q, Shang Z, et al. Dual-emission fluorescent sensor based on AIE organic nanoparticles and Au nanoclusters for the detection of mercury and melamine. Nanoscale, 2015, 7(18): 8457-8465.

[25] Li Y, Hou L, Shan F, et al. A novel aggregation-induced emission luminogen based molecularly imprinted fluorescence sensor for ratiometric determination of rhodamine B in Food Samples. Chemistryselect, 2019, 4(38): 11256-11261.

[26] Li Y, He W, Peng Q, et al. Aggregation-induced emission luminogen based molecularly imprinted ratiometric fluorescence sensor for the detection of rhodamine 6G in food samples. Food Chem, 2019, 287: 55-60.

[27] Chang J, Li H, Hou T, et al. Paper-based fluorescent sensor for rapid naked-eye detection of acetylcholinesterase activity and organophosphorus pesticides with high sensitivity and selectivity. Biosens Bioelectron, 2016, 86: 971-977.

[28] Tao C L, Chen B, Liu X G, et al. A highly luminescent entangled metal-organic framework based on pyridine-substituted tetraphenylethene for efficient pesticide detection. Chem Commun, 2017, 53(72): 9975-9978.

[29] Mohapatra S, Bera M K, Das R K. Rapid "turn-on" detection of atrazine using highly luminescent N-doped carbon quantum dot. Sensor Actuat B-Chem, 2018, 263: 459-468.

[30] Zhao X, Kong D, Jin R, et al. On-site monitoring of thiram via aggregation-induced emission enhancement of gold nanoclusters based on electronic-eye platform. Sensor Actuat B-Chem, 2019, 296: 126641.

[31] Liu X G, Tao C L, Yu H Q, et al. A new luminescent metal-organic framework based on dicarboxyl-substituted tetraphenylethene for efficient detection of nitro-containing explosives and antibiotics in aqueous media. J Mater Chem C, 2018, 6(12): 2983-2988.

[32] Wang C, Li Q, Wang B, et al. Fluorescent sensors based on AIEgen-functionalised mesoporous silica nanoparticles for the detection of explosives and antibiotics. Inorg Chem Front, 2018, 5(9): 2183-2188.

[33] Yu L, Chen H, Yue J, et al. Metal-organic framework enhances aggregation-induced fluorescence of chlortetracycline and the application for detection. Anal Chem, 2019, 91(9): 5913-5921.

[34] Zhang S, Ma L, Ma K, et al. Label-free aptamer-based biosensor for specific detection of chloramphenicol using AIE probe and graphene oxide. ACS Omega, 2018, 3(10): 12886-12892.

[35] Jiang G, Zhu W, Chen Q, et al. Selective fluorescent probes for spermine and 1-adamantanamine based on the supramolecular structure formed between AIE-active molecule and cucurbit[n]urils. Sensor Actuat B-Chem, 2018, 261: 602-607.

[36] Yu W, Li Y, Xie B, et al. An aggregation-induced emission-based indirect competitive immunoassay for fluorescence "turn-on" detection of drug residues in foodstuffs. Front Chem, 2019, 7: 228.

[37] Xia X, Wang H, Yang H, et al. Dual-terminal stemmed aptamer beacon for label-free detection of aflatoxin B_1 in broad bean paste and peanut oil via aggregation-induced emission. J Agr Food Chem, 2018, 66(46): 12431-12438.

[38] Zhu Y, Xia X, Deng S, et al. Label-free fluorescent aptasensing of mycotoxins via aggregation-induced emission dye. Dyes Pigm, 2019, 170: 107572.

[39] Jia Y, Wu F, Liu P, et al. A label-free fluorescent aptasensor for the detection of Aflatoxin B_1 in food samples using AIEgens and graphene oxide. Talanta, 2019, 198: 71-77.

[40] Ma L, Xu B, Liu L, et al. A label-free fluorescent aptasensor for turn-on monitoring ochratoxin a based on AIE-active probe and graphene oxide. Chem Res Chinese U, 2018, 34(3): 363-368.

[41] Nakamura M, Sanji T, Tanaka M. Fluorometric sensing of biogenic amines with aggregation-induced emission-active tetraphenylethenes. Chemistry, 2011, 17(19): 5344-5349.

[42] Alam P, Leung N L C, Su H, et al. A highly sensitive bimodal detection of amine vapours based on aggregation induced emission of 1, 2-dihydroquinoxaline derivatives. Chemistry, 2017, 23(59): 14911-14917.

[43] Gao M, Li S, Lin Y, et al. Fluorescent light-up detection of amine vapors based on aggregation-induced emission. ACS Sensors, 2016, 1(2): 179-184.

[44] Han J, Li Y, Yuan J, et al. To direct the self-assembly of AIEgens by three-gear switch: morphology study, amine sensing and assessment of meat spoilage. Sensor Actuat B-Chem, 2018, 258: 373-380.

[45] Hou J, Du J, Hou Y, et al. Effect of substituent position on aggregation-induced emission, customized self-assembly, and amine detection of donor-acceptor isomers: implication for meat spoilage monitoring. Spectrochim Acta A, 2018, 205: 1-11.

[46] Hu Y, Han T, Yan N, et al. Visualization of biogenic amines and *in vivo* ratiometric mapping of intestinal pH by AIE-active polyheterocycles synthesized by metal-free multicomponent polymerizations. Adv Funct Mater, 2019, 29(31): 1902240.

[47] He T, Wang H, Chen Z, et al. Natural quercetin AIEgen composite film with antibacterial and antioxidant properties for in situ sensing of Al^{3+}residues in food, detecting food spoilage, and extending food storage times. ACS Appl Bio Mater, 2018, 1(3): 636-642.

[48] Han A, Xiong L, Hao S, et al. Highly bright self-assembled copper nanoclusters: a novel photoluminescent probe for sensitive detection of histamine. Anal Chem, 2018, 90(15): 9060-9067.

[49] Sun Y, Liang X, Fan J, et al. Studies on the photophysical properties of 1, 8-naphthalimide derivative and aggregation induced emission recognition for casein. J Lumin, 2013, 141: 93-98.

[50] Li Z, Wang L, Guan W, et al. A novel homolateral and dicationic AIEgen for the sensitive detection of casein. Analyst, 2019, 144(11): 3635-3642.

[51] Peng L, Xiao L, Ding Y, et al. A simple design of fluorescent probes for indirect detection of β-lactamase based on AIE and ESIPT processes. J Mater Chem B, 2018, 6(23): 3922-3926.

[52] Wei X, Wu Q, Feng Y, et al. Off-on fluorogenic substrate harnessing ESIPT and AIE features for *in situ* and long-term tracking of β-glucuronidase in Escherichia coli. Sensor Actuat B-Chem, 2020, 304: 127242.

[53] Kang E B, Mazrad Z A I, Robby A I, et al. Alkaline phosphatase-responsive fluorescent polymer probe coated surface for colorimetric bacteria detection. Eur Polym J, 2018, 105: 217-225.

[54] Wu Y, Jin P, Gu K, et al. Broadening AIEgen application: rapid and portable sensing of foodstuff hazards in deep-frying oil. Chem Commun, 2019, 55(28): 4087-4090.

[55] Gao M, Hu Q, Feng G, et al. A multifunctional probe with aggregation-induced emission characteristics for selective fluorescence imaging and photodynamic killing of bacteria over mammalian cells. Adv Healthc Mater, 2015, 4(5): 659-663.

[56] Zhou C, Xu W, Zhang P, et al. Engineering sensor arrays using aggregation-induced emission luminogens for pathogen identification. Adv Funct Mater, 2019, 29(4): 1805986.

[57] Zhao L, Chen Y, Yuan J, et al. Electrospun fibrous mats with conjugated tetraphenylethylene and mannose for sensitive turn-on fluorescent sensing of escherichia coli. ACS Appl Mater Inter, 2015, 7(9): 5177-5186.

[58] Lou D, Fan L, Cui Y, et al. Fluorescent nanoprobes with oriented modified antibodies to improve lateral flow immunoassay of cardiac troponin I. Anal Chem, 2018, 90(11): 6502-6508.

[59] Kang M, Kwok R T K, Wang J, et al. A multifunctional luminogen with aggregation-induced emission characteristics cells and Gram-positive bacteria. J Mater Chem B, 2018, 6(23): 3894-3903.

[60] Feng G, Yuan Y, Fang H, et al. A light-up probe with aggregation-induced emission characteristics (AIE) for

selective imaging, naked-eye detection and photodynamic killing of Gram-positive bacteria. Chem Commun, 2015, 51(62): 12490-12493.

[61] Watt M M, Engle J M, Fairley K C, et al. "Off-on" aggregation-based fluorescent sensor for the detection of chloride in water. Org Biomol Chem, 2015, 13(14): 4266-4270.

[62] Wang C, Ji H, Li M, et al. A highly sensitive and selective fluorescent probe for hypochlorite in pure water with aggregation induced emission characteristics. Faraday Discuss, 2017, 196: 427-438.

[63] Zhang Q, Zhang P, Gong Y, et al. Two-photon AIE based fluorescent probe with large stokes shift for selective and sensitive detection and visualization of hypochlorite. Sensor Actuat B-Chem, 2019, 278: 73-81.

[64] Gabr M T, Pigge F C. A fluorescent turn-on probe for cyanide anion detection based on an AIE active cobalt(Ⅱ) complex. Dalton T, 2018, 47(6): 2079-2085.

[65] Huang L, Li S, Ling X, et al. Dual detection of bioaccumulated Hg^{2+} based on luminescent bacteria and aggregation-induced emission. Chem Commun, 2019, 55(52): 7458-7461.

[66] Li Y, Liu Y, Zhou H, et al. Ratiometric Hg^{2+}/Ag^{+} probes with orange red-white-blue fluorescence response constructed by integrating vibration-induced emission with an aggregation-induced emission motif. Chemistry, 2017, 23(39): 9205.

[67] Gao T, Huang X, Huang S, et al. Sensitive water-soluble fluorescent probe based on umpolung and aggregation-induced emission strategies for selective detection of Hg^{2+} in living cells and zebrafish. J Agr Food Chem, 2019, 67(8): 2377-2383.

[68] Chatterjee A, Banerjee M, Khandare D G, et al. Aggregation-induced emission-based chemodosimeter approach for selective sensing and imaging of Hg(Ⅱ) and methylmercury species. Anal Chem, 2017, 89(23): 12698-12704.

[69] Neupane L N, Mehta P K, Oh S, et al. Ratiometric red-emission fluorescence detection of Al^{3+} in pure aqueous solution and live cells by a fluorescent peptidyl probe using aggregation-induced emission. Analyst, 2018, 143(21): 5285-5294.

[70] Yang C, Li Y, Wang J, et al. Fast and highly selective detection of acetaldehyde in liquor and spirits by forming aggregation-induced emission luminogen. Sensor Actuat B-Chem, 2019, 285: 617-624.

[71] Rahaman S A, Mondal D K, Bandyopadhyay S. Formation of disulphide linkages restricts intramolecular motions of a fluorophore: detection of molecular oxygen in food packaging. Chem Commun, 2019, 55(21): 3132-3135.

[72] Jiao Z, Guo Z, Huang X, et al. On-site visual discrimination of transgenic food by water-soluble DNA-binding AIEgens. Mater Chem Front, 2019, 3(12): 2647-2651.

[73] Cai Y, Fang J, Wang B, et al. A signal-on detection of organophosphorus pesticides by fluorescent probe based on aggregation-induced emission. Sensor Actuat B-Chem, 2019, 292: 156-163.

[74] Liu Y, Wang Z, Zhang G, et al. Rapid casein quantification in milk powder with aggregation induced emission character of tetraphenylethene derivative. Analyst, 2012, 137(20): 4654-4657.

[75] Zhao M, Gao Y, Ye S, et al. A light-up near-infrared probe with aggregation-induced emission characteristics for highly sensitive detection of alkaline phosphatase. Analyst, 2019, 144(21): 6262-6269.

[76] Ajish J K, Ajish Kumar K S, Ruhela A, et al. AIE based fluorescent self assembled glycoacrylamides for *E. coli* detection and cell imaging. Sensor Actuat B-Chem, 2018, 255: 1726-1734.

[77] Zhang G G, Xu S L, Xiong Y H，et al. Ultrabright fluorescent microsphere and its novel application for improving the sensitivity of immunochromatographic assay. Biosens and Bioelectron, 2019, 135: 173-180.

[78] Gu J, Li X, Zhou Z, et al. Synergistic regulation of effective detection for hypochlorite based on a dual-mode probe by employing aggregation induced emission (AIE) and intramolecular charge transfer (ICT) effects. Chem Eng J,

2019, 368: 157-164.

[79] Zhang Y, Li D, Li Y, et al. Solvatochromic AIE luminogens as supersensitive water detectors in organic solvents and highly efficient cyanide chemosensors in water. Chem Sci, 2014, 5(7): 2710-2716.

[80] Hu J W, Lin W C, Hsiao S Y, et al. An indanedione-based chemodosimeter for selective naked-eye and fluorogenic detection of cyanide. Sensor Actuat B-Chem, 2016, 233: 510-519.

[81] Liang C, Jiang S. Fluorescence light-up detection of cyanide in water based on cyclization reaction followed by ESIPT and AIEE. Analyst, 2017, 142(24): 4825-4833.

[82] Jiang Q, Wang Z, Li M, et al. A novel nopinone-based colorimetric and ratiometric fluorescent probe for detection of bisulfite and its application in food and living cells. Dyes Pigm, 2019, 171: 107702.

[83] Xie H, Zeng F, Yu C, et al. A polylysine-based fluorescent probe for sulfite anion detection in aqueous media via analyte-induced charge generation and complexation. Polym Chem, 2013, 4(21): 5416-5424.

[84] Xie H, Jiang X, Zeng F, et al. A novel ratiometric fluorescent probe through aggregation-induced emission and analyte-induced excimer dissociation. Sensor Actuat B-Chem, 2014, 203: 504-510.

[85] Gao T, Cao X, Ge P, et al. A self-assembled fluorescent organic nanoprobe and its application for sulfite detection in food samples and living systems. Org Biomol Chem, 2017, 15(20): 4375-4382.

[86] Lin L, Hu Y, Zhang L, et al. Photoluminescence light-up detection of zinc ion and imaging in living cells based on the aggregation induced emission enhancement of glutathione-capped copper nanoclusters. Biosens Bioelectron, 2017, 94: 523-529.

[87] Boonmee C, Promarak V, Tuntulani T, et al. Cysteamine-capped copper nanoclusters as a highly selective turn-on fluorescent assay for the detection of aluminum ions. Talanta, 2018, 178: 796-804.

[88] Peng Y, Wang M, Wu X, et al. Methionine-capped gold nanoclusters as a fluorescence-enhanced probe for cadmium(Ⅱ) sensing. Sensors, 2018, 18(2): 658.

第7章　多维光学传感技术及应用

7.1　多维光学传感技术的定义

近年来，多维传感体系因其具有多通道传感能力的优点已在分析化学领域引起了研究者的广泛关注，它是将目标物产生的分析信号通过多种不同的换能器通道读出[1-3]，能够有效地避免由单一传感信号造成的累积误差，从而增加实验的准确性[4-7]。多维传感体系是一个相对新颖的概念，它抛弃了常规传感器的严格设计思想，该技术不仅可以提高准确性和多样性，而且可以同时检测和鉴定多种分析物。此外，多维传感体系也能够在复杂的混合物中检测和识别多组分分析物，这使得它更适合用于分析实际样品。多维传感的初步研究是基于高温金属氧化物的气体识别[7]，而多维光学传感技术多依赖于分析物与受体亚基的相互作用以产生光学性质的变化，这种变化可以通过监测和量化吸光度、发光度、反射率、散射度等光信号体现出来。过去的研究表明，多维光学传感器已被广泛地用于检测和区分各种分析物，如疾病生物标志物、细菌、食品和饮料等[8-10]。然而，开发新颖的多维光学传感器以监测环境、食物和生物样品中的重要物质仍然是一个挑战。目前来说，多维光学传感设备的设计策略通常包括传感器阵列、Lab-on-a-molecule/纳米颗粒和智能芯片。

7.1.1　传感器阵列

哺乳动物的嗅觉系统多是利用非特异性受体间的相互作用来区分外界的一系列气味刺激。通过模仿哺乳动物的嗅觉系统，传感器阵列可以根据交叉反应的传感元件，对各种分析物呈现出独特的响应模式。基于视觉指示器的丰富性，在传感器阵列的构造中经常采用光学上相关的信号（包括荧光、磷光或者散射光）。光学传感器阵列可根据光致发光或者比色变化迅速监测各种化学物质[11]，设计光学传感器阵列时，指示剂和分析物之间的相互作用应该是强有力的化学结合，而不是简单的弱物理吸附。

7.1.2　Lab-on-a-molecule/纳米颗粒

对于一些多维传感体系，研究者们设计并使用了某种类型的探针来监测和辨别多种分析物，这些分析物可以是分子实验室指示剂。在传统的分子实验室中，通常设计多个受体位点并将其连接到单个分子上，但是这种方法在合成中非常复杂，并且严格遵循“一个靶标契合一个受体单元”的概念。以延伸一种替代策略为目的，基于具有“多个靶标符合一个受体位点”的分子，开发和利用了可以进行多种分析物分析的传感器，该类传感器通常采用多种检测技术来区分不同的分析物。例如，可以通过电化学发光（electrochemiluminescence，ECL）方法检测一个靶标，或者是通过光致发光（photoluminescence，PL）方法，另外也可以通过紫外-可见（UV-Vis）分光光度法，依此类推。近年来，有研究还提出了基于纳米颗粒的实验室多分析物检测方法。通常情况下，由 Lab-on-a-molecule/纳米颗粒实验室策略构建的多维传感设备同样可以使用一系列检测方法，如利用在单个分子或纳米颗粒中的 ECL、散射光、荧光、磷光或紫外-可见光，同时结合合适的统计分析方法，可以实现多个目标分析物的检测和区分。

7.1.3 智能芯片

集成电路（integrated circuit，IC）技术的出现使基于微型电路的一系列相关制造成为可能，这被称为“智能芯片”。作为标准的基板材料，硅材料通常被用于 IC 的微细加工。另外，玻璃和聚合物膜的低成本且有吸引力的介电特性和光学特性也进一步推动它们被选作微加工的基底。随着 IC 技术的飞速发展，近年来已经构建了用于各种目标分析物的监测控制的芯片实验室系统。多种分析技术的集成使得基于智能芯片的化学传感器在许多领域得到了极大的扩展。通常，芯片实验室化学传感器是由几个换能器和一个传感层组成[12]。在存在目标分析物的情况下，传感层的理化特性将发生变化，接着换能器会通过测量多通道信号（如电化学、光学、热等）来实现监测控制，最后，对获得的数据进行进一步处理，并通过统计分析方法实现对各种目标分析物的感知和识别。

7.2 多维光学传感技术的特性

单一维度的光学信号对于提高分析检测的灵敏度和准确性而言不具备优势，这是因为它们容易被积累的系统误差和实验误差影响，对结构或性质相似的分析物不能实现很好的区分，从而降低了系统的识别能力与结果的可信度。多维光学传感技术因其不可比拟的优势可以在很大程度上克服传统单维光学传感技术的局限性，其特点总结如下：

（1）多维光学传感技术具备优秀的识别能力。多维光学传感技术具有一个以上的信号传输通道，因此能够读出更丰富的分析信息，极大地提高了分析的准确性和识别能力。相比于单维信号输出的光学传感技术，对于成分复杂或结构相似的待测生物大分子，多维光学传感技术不易受到干扰，因而被越来越多地应用于多种分析物的检测。

（2）多维光学传感技术的实用性可以体现在以下三点：首先它避免了多个光学元件的制备和排布在基质中耗费时间和精力的过程，提高了检测的便捷性；其次它在满足检测信息丰富性的同时，可以最大程度地缩小检测所需的空间体积；最后它的抗干扰能力强，识别能力高，因而扩大了其实际检测的适用范围。

（3）不同于单维光学传感体系，多维光学传感器阵列的选择性和检测极限不仅取决于构成该阵列的化学传感器的物理化学性质，还取决于阵列的组成和大小及各个传感器元件的内置冗余或与特定参数的重叠度。

（4）通过多维光学传感技术获得的检出限在某些方面与方法选择有关，因此只有在使用化学计量学方法处理完整的实验数据集，并且确定参数可能取决于所采用的计算方法时，才能评估该多维光学传感器阵列对分析物的鉴别好坏。

（5）多维光学传感技术通常不符合分析物和阵列中多个传感器元件之间的 1∶1 化学计量关系（因为它来源于“锁匙”概念），所以有能力在识别过程中实现 100% 的选择性。

7.3　多维光学传感技术与信息处理研究

无论信号输出的类型如何，多维光学传感技术都会产生大量的数据，通常情况下，无法通过对数据集的目视检查或者仅仅使用简单的线性回归之类的基本校准方法来解释和处理这些数据。因此，多项研究开始使用化学计量学方法来减少数据的维数，并以清晰明了的图片形式呈现数据以进行简单可辨别的视觉解释。数学分析方法在多维光学传感技术中起着至关重要的作用，在实验人员处理多维传感数据方面具有很大的帮助。其中模式识别技术已被广泛用于解释化学中的多变量数据集。值得注意的是，相关于多维传感响应的固有多变量性质要求实施此类方法以理解和评估数据质量。这些方法通常将数据重新解释为低维空间（降维）或对矢量响应方向和幅度的测量值进行比较。模式识别方法包括主成分分析（principal component analysis，PCA）、线性判别分析（linear discriminant analysis，LDA）、层次聚类分析（hierarchical cluster analysi，HCA）、人工神经网络（artificial neural network，ANN）和支持向量机（support vector machine，SVM），它们已广泛用于多维传感数据的实际处理中。另外，主成分回归（principal component regression，PCR）和偏最小二乘（partial least squares，PLS）等分析方法也具备多维传感数据处理的潜力。

7.3.1 主成分分析

一般而言，PCA 是一种统计处理方法，它通过将数据分解为特征向量和特征值来降低数据集的维数，其中各个特征值的大小表示数据的方差[13]。然后，可以用主成分（principal component，PC）轴以图形方式显示方差，其中第一个 PC 轴表示数据中的最大方差（图 7-1）。当使用肉眼观察获得的 PCA 图形时，不仅可以检测到代表相同分析物类别重复的数据点之间的紧密聚类，而且可以检测到代表不同分析物类别的数据点之间的良好分离，在这种情形下可以得出一个结论：该多维传感体系对分析物的辨别是成功的。每个受体的负荷值代表该受体对每个 PC 轴的贡献，这些可用于评估测定传感体系中不同受体的重要性[14]。因此，PCA 就是可以将数据集中的信息再次集中到较低维度的空间中，并按照其重要性的顺序对新维度进行排名。该过程在商业软件包即 MultiVariate Statistics Package 上进行。在 PCA 中，较大的方差表示样本在该维度上变化很大，而较小的方差表示样本接近平均值。

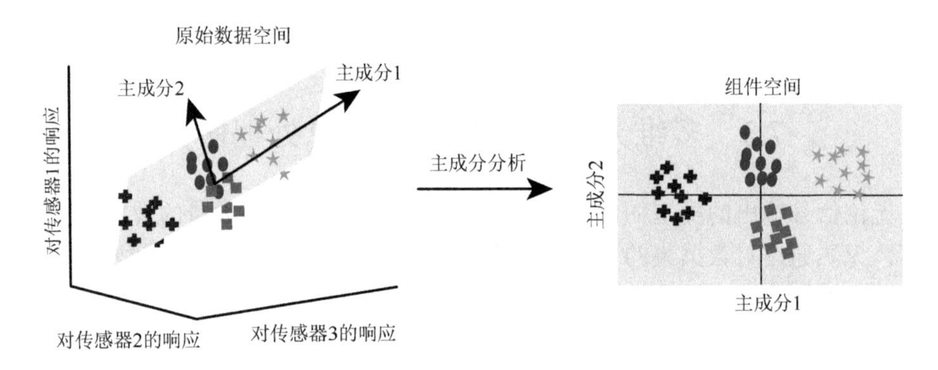

图 7-1　PCA 在数据集中显示的方差形式

比较特别的地方是，当应用于多维光学传感响应的表征时，PCA 会产生许多有用的信息，它是光学阵列传感领域中实现模式识别的最常用的方法之一。就当前的报告来看，PCA 技术可用于多种分析物的检测，包括阳离子、阴离子、氨基酸、糖类、炸药、有毒气体、蛋白质、甜味剂、饮料等。例如，Anzenbacher 等 [15] 对血清中的磷酸盐进行了分析，在分析过程中，研究人员使用了 6 个带有增强荧光信号的传感器阵列。需要特别注意的是，血清没有被纯化并且本身包含各种离子、蛋白质和色素背景等。由于血清是包含磷酸盐和羧酸盐的独特的缓冲液，因此暴露于创建的多维传感器阵列时可以给出独特的响应。当对添加了阴离子（磷酸根、焦磷酸根、抗菌肽或 ATP）的血清进行分析时，结果如预期的那样，由于其固有的阴离子含量，血清本身会增强多维传感器阵列的荧光，从而产生独特的荧光响应，这种现象会由阴离子的添加而出现进一步的调节变动。然后使用 PCA 来处理分析数据，结果显示该多维传感器阵列能够在磷酸盐、焦磷酸盐、抗菌肽和 ATP 之间生成可区分的响应模式。

Yang 等[16]基于金银合金纳米团簇（AuAg NCs）-金纳米颗粒（Au NPs）复合物的光学特性（荧光、散射光和紫外-可见光）的同时变化提出了一种三维传感器阵列，用于快速识别 13 种含硫物质和硫氧化细菌。对各种含硫物质的区分有助于我们深入了解硫如何影响细胞信号转导和其他生理过程。该传感器阵列是基于含硫物质与 Au NPs 表面上的 AuAg NCs 之间的强配位相互作用制备的，不同的含硫物质对 AuAg NCs 具有不同的亲和力，相应地会产生独特的光学性质。这些响应模式可以将分析物分为三类，即有机硫化物、无机硫化物和硫醇。包括胱氨酸、蛋氨酸、GSSG、S^{2-}、SO_3^{2-}、$S_2O_3^{2-}$、$S_2O_7^{2-}$、$S_2O_8^{2-}$、$S_4O_6^{2-}$、谷胱甘肽、*N*-乙酰-L-半胱氨酸、高半胱氨酸和半胱氨酸在内的 13 种含硫物质种类可以通过 PCA 在浓度低至 0.5μmol/L 的水平上实现很好的区分。此外，这 13 种含硫物质还可以以 $OD_{600} = 0.005$ 的水平很好地区分硫氧化细菌和非硫细菌（图 7-2）。

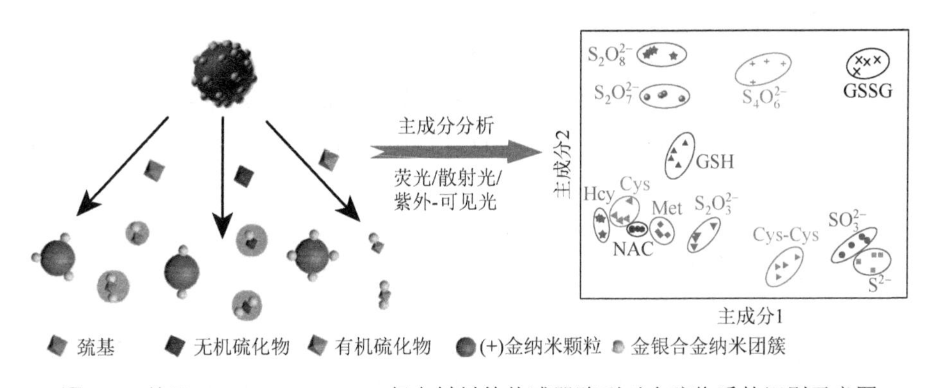

图 7-2　基于 Au NPs/AuAg NCs 复合材料的传感器阵列对含硫物质的识别示意图

另外，Yuan 等[17]将氨基硅烷和离子液体共改性的 Mn 掺杂 ZnS 量子点（Mn-ZnS 量子点）和 COF 集成到感光纳米颗粒中以提供三维光学响应信号，并将其与化学计量学方法即 PCA 方法结合起来用于分析多种农药残留。通过对一系列条件的探索和优化，成功将荧光、室温磷光和紫外-可见光结合用于水果和蔬菜中多种农药残留的判定和识别（图 7-3）。其中 1-乙烯基-3-乙基咪唑鎓四氟硼酸根作为离子液体用于修饰 Mn-ZnS 量子点以改善光学响应和农药吸附位点的富集，而 COF 载体也可以协同增强这些位点。这是一种有效分析农药的潜在方法，可以快速、可靠地分析农业和食品行业中的农药残留。

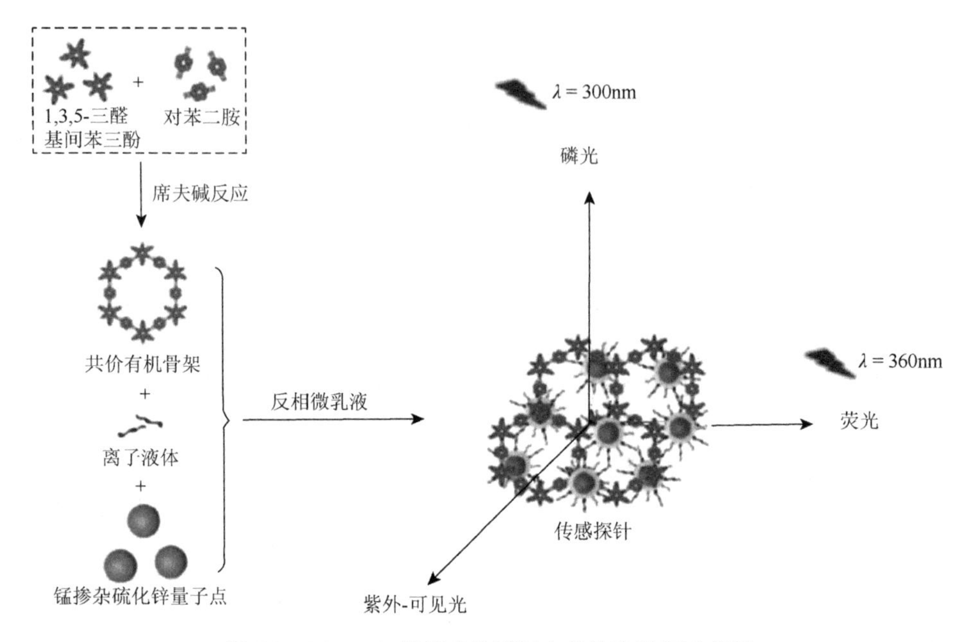

图 7-3 Mn-ZnS 量子点传感平台的构建过程示意图

如上所述，PCA 和其他探索性工具可以成功用于研究多维传感体系中的响应，还可以优化传感元件的数量和记录变量以获得最佳分辨率。使用 PCA 可以最大限度地减少实现分析物鉴别所需的传感器元件数量，选择对成功分析最有帮助的变量。

7.3.2 线性判别分析

类似于 PCA，LDA 也是一种降维方法，它通过使用初始成分的线性组合来创建一组正交尺寸。LDA 使用不同的方法将多通道样本投影到判别向量空间中，再通过最大化类间方差与类内方差的比值来确定坐标，确保类间距离最大而类内距离最小，这是成功获取高辨别率 LDA 图形的关键，从而可以更好地区分各种类。LDA 可以简单地对数据进行分类，也可用于将未知分析物分配到其适当的类别。在此方法中，来自阵列和分析物类别的数据被输入，从这些数据中计算出判别函数。与 PCA 一样，LDA 图形可以显示不同类别之间良好的分离情况。

LDA 可以使用线性判别函数以确定类别，也可针对标准根（或因数）绘制判别分数来提供图形输出。这些图形可以表示 LDA 的聚类相似模式并证明数据的辨别程度，即对给定的一组样本、阵列的分辨率的好坏进行判别。与 PCA 一样，对数据的预处理可能会对 LDA 的最终结果产生影响。但是与 PCA 相比，LDA 可以显示更好的数据聚类。LDA 已成功用于许多旨在进行多组分分析物分类的统计分析中，如各种环境和介质，包括溶液、蒸气和固液界面。被分析物的分类范围包括离子、小分子、糖、胺、炸药、肽分子等。在生物识别领域，LDA 获得了巨大的成功。例如，可以对蛋白质、生物流体、细胞（包括癌细胞和细菌）进行分析和分类的表面改性金属纳米颗粒已经开始引起了人们的特别关注[18]。

除此之外，Lavigne 等开发了一个基于 LDA 的多维传感器阵列。他们使用 3-(噻吩-3-基)丙酸的聚合物对各种脂肪族及芳香族胺、二氨氮和多胺进行了分类，带有负电荷的羧酸根残基的高度交叉响应的共轭聚噻吩会与分析物形成铵盐，得到的聚噻吩胺聚集会导致颜色发生变化，这一现象可通过紫外-可见光谱清楚地观察到。单个聚噻吩显示了多维响应，以 97%的准确度对 22 种结构相似且生物学相关的胺进行了分类。来自交叉响应的聚噻吩的类似多维响应可以使用波长比率法进行分析以量化鱼肉基质中存在的生物胺含量，从而评估食品的质量。这种方法可以鉴定与食物分解有关的胺类，如腐胺、尸胺和组胺，尤其是肉类[19]。

在另一个示例中，LDA 也已经成功用于基于阳离子含量（主要为 Ca^{2+}、Mg^{2+}）的矿物质水和纯净水样品鉴定中的多维传感器阵列的响应。Anzenbacher 及其同事鉴别测定了 9 种商业矿泉水品牌及两个对照/空白的响应。得到的结果可以清楚地分析出所有测试的矿泉水品牌的 Ca^{2+}和 Mg^{2+}含量，9 种品牌均包含不同种类和浓度的阳离子，并且比例也不同。LDA 结合交叉验证程序对所有试验均显示 100%正确的分类[20]。

基于抗氧化剂在各种生物过程和许多疾病中的重要作用，对抗氧化剂的区分具有重要意义。与一次检测单个目标的传统感应模式相比，多维传感器阵列可以同时区分各种抗氧化剂。Li 等公开了一种基于三种纳米材料包括氧化石墨烯、二硫化钼（MoS_2）和二硫化钨（WS_2）催化的比色法（如 UV-Vis）用于抗氧化剂的鉴别（图 7-4）。在这个多维传感器阵列中，抗氧化剂会抑制 5,5′-四甲基联苯胺与过氧化氢之间的反应，从而导致不同的比色响应模式。使用 LDA 方法在浓度为 60nmol/L 的缓冲液和血清样品中成功区分了五种抗氧化剂（包括抗坏血酸、半胱氨酸、褪黑激素、尿酸和谷胱甘肽）[21]。

另外的研究中，利用 Mn-ZnS 量子点的二维光学性质（磷光或荧光）作为信号开发了一种单材料双信号二维传感器，用来区分六种糖的浓度和类型（D-果糖、D-葡萄糖、D-半乳糖、D-甘露糖、L-山梨糖和蔗糖）。在将糖类分子加入猝灭系统之后，结合能力取决于糖的类型或浓度，这导致了 Mn-ZnS 量子点的磷光和荧光信号的差异。使用 LDA 可以分化这种差异，基于该原理扩展了单材料多维传感器的应用[22]。由于大多数的传统多维传感器阵列至少结合了两个或多个传感单元，很难将其小型化。为了解决该缺陷，建议设计一种可以获取多维信息的传感单元。例如，同样以 Mn-ZnS 量子点的包括 Ph、FL 和 RLS 的三维光学特性为信号，构建基于 Mn-ZnS 量子点/聚二烯丙基二甲基氯化铵（poly dimethyl diallylammonium chloride，PDDA）纳米杂化体的可以用来检测黏多糖（mucopolysaccharide，MPS）的多维传感体系，其中以带正电荷的 PDC 为受体。这类三维传感器阵列利用 Mn-ZnS 量子点与不同 MPS 之间的静态相互作用的差异，并利用 Ph、FL 和 RLS 的不同响应来区分和鉴定包括硫酸乙酰肝素（heparan sulfate，Hep）、透明质酸（hyaluronic acid，Hya）、硫酸皮肤素（dermatan sulfate，Der）和硫酸软骨素（chondroitin sulfate，Cho）在内的四种 MPS。由于可以通过 LDS 分析来区分静态交互差异，因此构建了用于区分不同类型和浓度的 MPS 的三维光学传感器。该三维光学传感器在存在生物样品基质的情况下仍能识别和分析黏多糖，具有良好的应用前景[23]。

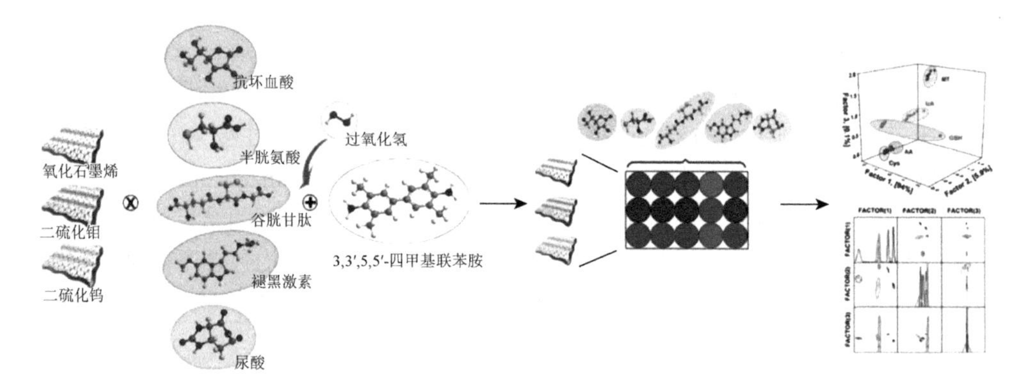

图 7-4　用于抗氧化剂的吸光度模式识别的比色传感器阵列的示意图

7.3.3　层次聚类分析

HCA 是一种使用距离度量确定聚类点的聚类方法。欧几里得距离通常用作数据点之间的距离度量，该度量标准是使用 N 维（N 通常是不同传感器响应的数量）来计算两个数据点之间的距离。在化学阵列分析中，HCA 是通过使用聚集的自下而上法或分开的自上而下法创建的。自上而下法是划分较大的群集，而自下而上法则是依次合并较小的群集，这种情况更为常见。在该方法中，使用链接准则（如最小方差、质心或均值）将两个最近的聚类合并为新的聚类，并将新的聚类与其他最近的点配对以形成另一个新的聚类，直到仅剩下一个聚类。不同的是，自上而下法是从单个群集中的所有数据开始，并努力将群集分离，直到每个数据点位于其自己的群集中。HCA 的最终图形结果是树状图。当将此方法与数组中的数据一起使用时，研究人员需要确定聚类的意义，因为在团聚方法的情况下，该方法始终会将所有数据最终放置在一个聚类中。

在多维光学传感阵列的背景下，可以明确地认识 HCA 的敏感程度，因为它利用数据的整个维度来显示图案。HCA 可以生成树状图，以一维方式显示各个观测值之间的定量差异（或相似性）。这是有价值的信息，因为它使化学特征与 *N* 维空间中的响应直接相关。但是，在数据集复杂或结构不清晰的情况下，HCA 通常会产生相似观察结果的不良聚类。与 PCA 及 LDA 一样，数据的预处理也可能会影响 HCA 的最终结果。

当前文献描述了使用 HCA 评估多维光学传感器的许多情况，其中包括饮料样品的分析，如甜味剂、糖和低聚糖、胺及其他分析物等。Anzenbacher 及其同事展示了用于阴离子检测的多维比色传感器阵列，能够成功区分包括多分析物样品在内的 20 多种分析物。他们通过 8 个比色传感器组成高分辨率多维传感阵列，利用八甲基吡咯受体对氟化物和焦磷酸盐的偏向选择性及对其他阴离子分析物的交叉响应性，成功实现了同一阵列对水中的阴离子的检测，也可以区分具有不同含量的氟化物和其他阴离子的牙膏品牌。该多维传感阵列记录的数据由每个传感器的 RGB 值组成，以生成总共 24 个变量（8 个传感器 3 种颜色）。HCA 用于显示传感器对 20 种不同的分析物和水中 10 种阴离子的响应的聚类，以及根据其阴离子含量鉴定牙膏的方法[24]（图 7-5）。

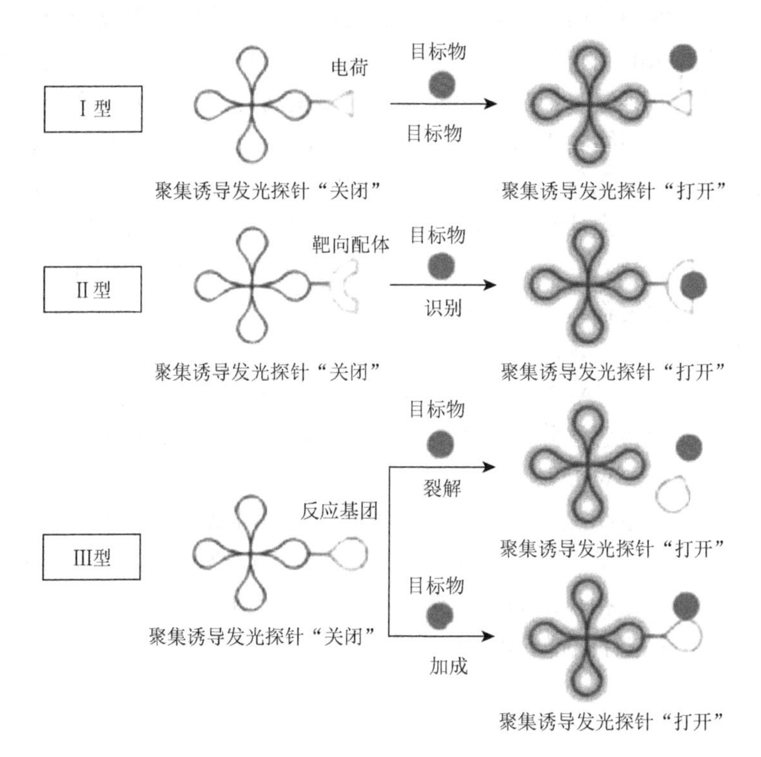

图 7-5　使用 Ward 连锁获得的 HCA 树状图显示的两次试验之间的欧几里得距离

Yuan 等建立了由金纳米棒（Au NRs）和金属离子（Hg^{2+}、Pb^{2+}、Cu^{2+}、Ag^{+}）组成的用于生物硫醇区分的多维比色纳米颗粒传感阵列。通过使用无标记的 Au NRs 作为比色探针，并使用 Au NRs 的颜色和光谱变化作为输出信号，将 HCA 用于处理信号并生成聚类图。由于生物硫醇与金属离子之间的亲和力不同，Au NRs 表现出独特的图案以形成类似指纹的比色阵列，该阵列可以用肉眼分辨出五种生物硫醇。该策略结合了 HCA 和传感器阵列，可快速准确地识别和检测生物硫醇。与 PCA 相比，HCA 的结果直观而简洁[25]。

7.3.4　人工神经网络

自 20 世纪 90 年代以来，有关 ANN 应用的论文数量大大增加。尽管对 ANN 的最初兴趣有所减弱，并且对这类方法的看法也有所细化，但是一些问题仍然存在或者经常被忽略。例如，ANN 经常与自然大脑的模型混淆。应该注意的是，ANN 与自然生物神经网络几乎没有相似之处。ANN 的用户经常将其视为一种黑魔术盒，可用于输入数据并获得解决方案。实际上，ANN 是自适应模型，几乎可以建立数据之间的任何关系，它可以被视为在一组输入向量和输出向量之间建立映射的黑匣子。就当前研究来看，它特别适合解决传统模型失败的问题，特别是对显示非线性关系的复杂现象进行建模（图 7-6）。因此，人们可以将 ANN 视为抽象机器，它在 n 维输入数据空间和 p 维输出空间之间创建非线性映射，这种非线性映射是在神经网络的学习过程中建立的。ANN 是一个可以经过“训练”以提供所需响应模式的层系统，它由输入层、隐藏层和输出层组成。输入层通常是来自阵列的数据（如荧光计数或 RGB 颜色值），输出层是系统所需的分析（如分析物），隐藏层是用户确定的，可以根据系统进行调整。训练过程中将调整隐藏层，以最大限度地从给定输入中获得所需输出（图 7-7）。然后，在给定未知数据集的情况下，该系统可用于预测分析物。

在目前的研究中，ANN 广泛应用于多维电化学传感器阵列，只有少数研究报道了其在多维光学传感器阵列中的应用，即用简单的 ANN 对来自光学传感器阵列的数据进行分析。Walt 及其同事展示了一种交叉反应光学传感器阵列，这是一种直接建立在嗅觉系统上真实的多分析物光纤传感器以用于感测蒸气[26]。此外，Jurs 及其同事还开发了一种用于有机物的光纤阵列传感器。Suzuki 等利用三种类型的市售金属致变色指示剂的吸收光谱对三元混合物中的重金属阳离子进行了感测，并通过 ANN 进行数据分析[27]。

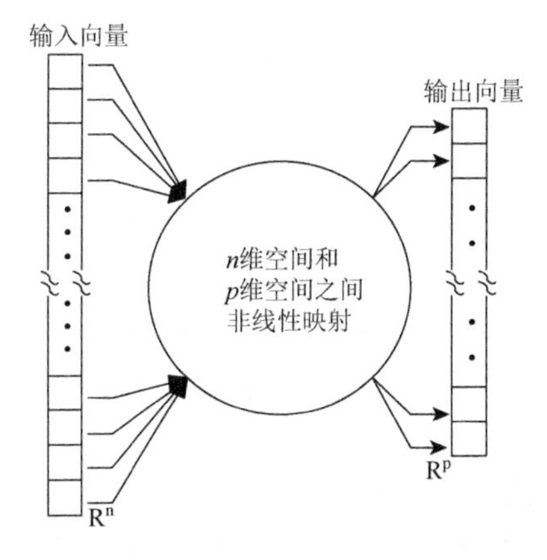

图 7-6　人工神经网络的概述

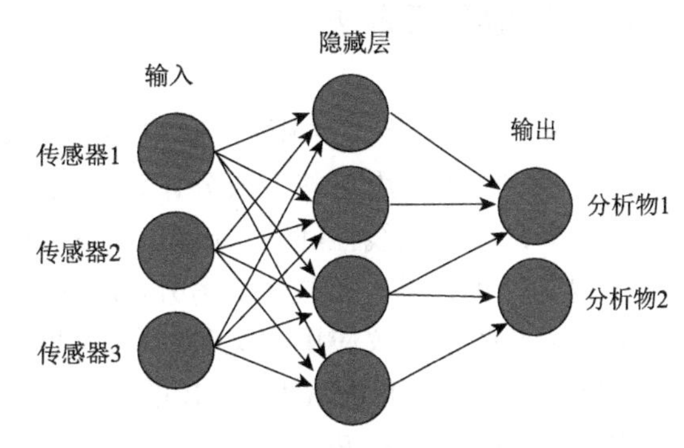

图 7-7　人工神经网络的各个分层

输入是来自阵列的响应数据，而输出是不同的分析物身份，在训练过程中调整隐藏层以最大程度地正确识别分析物

7.3.5　支持向量机

除了 PCA 和 LDA 等分析方法外，还有另外一种可以用于多元聚类和数据挖掘的矢量模型，即 SVM。近年来，SVM 在处理具有无法通过线性边界轻易分离的几个不同类的数据集的方面，已经成为一种非常可靠的方法。简而言之，SVM 是一种监督分类方法，旨在使用内核函数将输入映射到 n 维向量空间中以实现相应的类的分离。这些内核函数可以是线性、多项式、径向基函数等，内核函数根据要分类的数据的性质而具备灵活性。例如，如果数据集的输入与变量不显示线性相关，或者数据不可以进行线性分离，则可以使用内核函数将输入（数据点）映射到要素类所在的特征空间中以进行线性分离。一旦进入特征空间，参考训练数据，数据点就由具有最大裕度的超平面分隔开。两个不同类别的超平面之间的距离被称为最大余量超平面，它对应于使两个不同类别之间的分辨率最大化的决策边界。因此，SVM 可以寻找满足两个类之间最大间隔条件的数据点（支持向量）。支持向量的任何变化都将立即改变定义边界的超平面的性质。对 SVM 的进一步解释超出了本章的范围，但是在传感器阵列的背景下，SVM 已被证明其在诸如棘手的多分析物样品分析的问题中具有出色的数据处理性能。根据当前的研究的经验，与线性监督方法（如 LDA）相比，SVM 通常可以提供更好的分类准确性。SVM 已经成功应用于金属离子[28]、有机蒸气[29]或生物碱[30]等多维光学传感器阵列的构建。当将 LDA 与 SVM 进行比较时，SVM 是一种更复杂的边界方法，它更倾向于过度拟合正态分布的数据，但在具有复杂结构的实验数据的情况下，其性能通常更好。

7.3.6 其他分析方法

PCR 通常基于以下想法：获得的主要成分是隐变量，其代替清单变量进入（多个）回归。当使用这些主成分作为自变量，可以浓度作为因变量进行线性（如果是一个）或多元线性回归（multiple linear regression，MLR）。与 PCA 一样，PCR 也是一种线性分析技术。另外，PCR 与 LDA 类似，有时会提供过于乐观的结果，因此强烈建议应用交叉验证程序或外部预测样品集。

PLS 回归组合了 PCA 和 MLR 的特征，它也是 PCR 的可行替代方案，并且由于应用类似的数学过程，PLS 提供了类似于 PCA 和 PCR 获得的信息。使用最多的 PLS 算法是非线性迭代偏最小二乘法，可以在相关文献中找到细节和算法描述[31]。PCR 和 PLS 程序的比较表明两种方法在其结果中非常相似。然而，PLS 似乎使用比 PCE 更少的因素就可达到最佳预测能力，因此当前更青睐使用 PCR 处理相关数据。

7.4 多维光学传感技术的纳米微型化

在多维光学传感体系的设计与制作方面，具备不同种光学特性的单个纳米颗粒已经成为构建多维传感器的有前途的候选者，基于纳米颗粒的多维光学传感技术由于进一步的微型化而产生更高密度阵列，具有更加可靠的传感过程和数据结果。就当前的各项报道来看，碳量子点（CQDs）作为一种粒径小于 10nm 且具有发光性质的零维类球球纳米颗粒，已经凭借其出色的荧光特性在光电转换、光催化、生物成像系统和生物传感分析方面取得了广泛的发展。多年来，研究者们一直积极参与基于 CQDs 的光学检测领域，并非局限于 CQDs 的单发射荧光峰而进行的单维传感检测，逐渐开发了基于 CQDs 的多发射荧光峰以进行灵敏度更高、检出限更低的多维光学分析检测。

尽管大多数已报道的基于 CQDs 的光学传感系统处于单个波长的强度可调的状态。其中特殊的原子掺杂或者表面改性可以为提高基于 CQDs 的光学传感器的荧光效率和检测灵敏度作出贡献。但是，许多因素包括传感器浓度的变化、分布不均或仪器效率等通常会干扰检测的定量结果。与单荧光发射中心相比，双荧光发射中心和多荧光发射中心可以通过同时利用多维信号输出来克服这些障碍，有效提高传感检测的鲁棒性和准确性。表 7-1 总结了部分基于 CQDs 的单维、双维或多维光学传感器在分析物质检测中的应用。

基于CQDs的双维光学传感技术主要是通过比率型荧光测定来同时监测随目标物浓度改变的两个荧光发射峰的荧光响应变化，并以其比值进行定量检测；与单维荧光分析方法相比，检测过程中的假阳性风险显著降低，而且检测灵敏度明显提升。具有自我校准功能的比率型荧光测定法的基础主要是确定两个可以达到良好分辨的发射峰处的荧光强度之比，这可以有效避免背景吸收等外部干扰和消除光源波动等。另外，比率型荧光测定法的关键始终是双发射荧光传感器的设计和制备。因此，已经报道并开发了一系列基于 CQDs 的用于双维光学传感器的合成方法。

2019 年，有研究以邻苯二胺和 2-羟基-3-甲氧基苯甲醛为前体材料，成功获得了一种双发射荧光 CQDs，其选择性和抗干扰能力良好且响应时间快，可以在 100% 水溶液中通过双维荧光传感方法实现对精氨酸（Arg）的检测[32]。顺应当前的研究趋势和关注焦点，在同一年，Guan 及其同事使用一步溶剂热法合成了具有亮红色荧光的 N 和 S 共掺杂双发射 CQDs，由于杂原子的加入，获得的双发射 CQDs 具有石墨化程度高、氧化程度低等特点，其独特的双发光特性及激发无关性使其成功实现了在乙醇溶液中进行水样本的双维光学检测[33]。另外，有研究发现天然生物质中的复杂成分可使制备的 CQDs 包含具有特殊感测特性的不同的表面官能团，因此，以天然生物质为前驱体的 CQDs 可能会具备双荧光发射能力，于是使用富含天然生物碱和卟啉衍生物的白胡椒粉作为制备双发射荧光 CQDs 的原料，得到了在 520nm 发绿光且在 668nm 发红光的双发射荧光 CQDs，有趣的是，绿光（520nm）具备高效且特殊的“开启”荧光感应，而红光（668nm）变化可以忽略，作为参考得到在 0～150μmol/L 的浓度范围下，相对荧光强度比值（I_{520}/I_{668}）与辅酶 A（coenzyme A，CoA）的浓度具有极好的线性相关性[34]。另外，一种基于内在双发射荧光 CQDs 的比率型和无标记且可实现自校准的荧光 pH 纳米探针被研究。这项工作使用邻苯二胺（*o*-PD）作为双发射荧光 CQDs 的碳源和氮源，聚乙二醇（polyethylene glycol，PEG）作为表面钝化剂，草酸为双发射荧光 CQDs 提供富氧基团，最后在单一激发波长下，该双发射荧光 CQDs 由于固有的双重发射特性有效地避免了复杂设备的使用，作为一种出色的用于 pH 检测的双维光学传感器被开发应用[35]。

另外，使用单个双发射荧光 CQDs 同时区分两个不同靶标分析物质的新型双维荧光传感技术的开发持续受到关注，因为这种检测策略可以为生物医学或生物学分析提供更多的可靠信息，同时双目标甚至多目标分析物的同时检测也在一定程度上提高了检测效率，在快速检测及即时检测方面都是有利可循的。尽管当前已经报道过一些双发射荧光 CQDs，但具有波长分辨的双目标传感能力的 CQDs 的生成方法仍然不多，这对基于 CQDs 的多目标分析物的双维光学传感技术的发展形成了一定的阻碍。

Song 等使用一锅法在丙酮溶剂中对红茶进行处理，得到了具备双重发射特性的荧光 CQDs。制备的 CQDs 在使用各种技术进行表征后发现在 410nm 激发波长下，具有在 478nm 处的弱蓝色荧光发射峰和在 671nm 处的强红色荧光发射峰。另

外发现 Cu^{2+}会使该 CQDs 的红色发射带的荧光发生明显猝灭，最终完全消失，而 Al^{3+}的加入可以明显增强蓝色发射带的荧光，基于这个现象，开发了一种基于 CQDs 的可同时检测 Cu^{2+}和 Al^{3+}的双维光学传感器[36]。此外，一项研究通过一锅水热碳化法制备了一种新型双发射荧光 CQDs 以用于比率型荧光测定法检测活细胞系统中赖氨酸和 pH 的动态变化。制备的 CQDs 在 380nm 激发波长下，显示了在 440nm 和 624nm 处的两个不同的荧光发射峰。与先前的双发射荧光 CQDs 的不同之处是这种基于 CQDs 的双维荧光传感技术对 pH（624nm）和赖氨酸（440nm）表现出有趣的波长依赖性双重响应功能，赖氨酸使双发射荧光 CQDs 在 440nm 处的荧光强度增强，624nm 处的荧光强度维持稳定，所以在“开启”模式下构建了一种可靠的比率型双维光学传感检测方法[37]。Wang 等开发了一种于 180℃下碳化不同比例的水和甲酰胺混合物中的谷胱甘肽（GSH）以直接制备双发射荧光 CQDs 的方法，这种双发射荧光 CQDs 在 400nm 激发波长下具有 655nm 和 470nm 两处的荧光发射峰，伴随水/甲酰胺比例的增加，制备的双发射荧光 CQDs 显示出仅具有单个荧光发射峰的趋势，所以少量水可能会有利于双发射荧光 CQDs 的产生。另外发现在 pH＜7.0 的环境下加入 Fe^{3+}时，655nm 处的荧光明显猝灭，而在 pH＞7.0 的环境中加入 Zn^{2+}时，470nm 处的荧光猝灭，基于这个现象，制备的双发射荧光 CQDs 被用作比率型双维光学传感器，用于测定血清样品中的 Fe^{3+}和 Zn^{2+}[38]。

相比于单发射荧光 CQDs 进行的单维光学传感，在单一波长激发下有两处荧光发射峰的双发射荧光 CQDs 延伸的双维光学传感技术具有较为可喜的发展前景。一方面，基于 CQDs 的双维光学传感技术可直接通过比率型传感方法以克服受待测物影响的环境因素和背景信号的干扰，进而提高检测方法的准确性和灵敏度。另一方面，通过调节可见光区不同发射的荧光强度来改变体系的色调，大大拓宽了可视化传感的变色范围。基于双发射荧光 CQDs 构建的双维光学传感体系具有许多优势，但这并不能避免两个荧光发射峰强度的不可控调节，以及由于空白探针的出现而导致的两个荧光峰综合的荧光色不能实现较好的比例调控。另外，基于双发射荧光 CQDs 的两个荧光发射峰建立的双维光学传感技术的可视化变色范围不如三维乃至多维光学传感技术宽泛，所以以多个荧光发射峰调节的多维荧光分析检测技术具有很大的发展潜力。

这种技术往往依赖于多发射荧光 CQDs，多发射荧光 CQDs 是指在单一波长激发下具备三处及以上荧光发射的 CQDs，当构建荧光探针用于物质检测时可能会出现多个荧光检测信号光谱，识别被分析物质以后，多重荧光发射强度会发生增强或减弱等不同的变化趋势以克服无关因素干扰。另外，多重荧光的颜色会伴随荧光强度的变化产生诱变，从而更好地达到荧光可视化检测的程度。目前关于一锅法制备多发射荧光 CQDs 并应用于多维荧光分析的报道很少，多数研究只是进行了 CQDs 和其他发光材料的结合以得到多发射荧光材料并用于多维光学传感检测方面。例如有研究将互不干扰的蓝色发射碳量子点（blue-emitting carbon quantum dots，BCQDs）、绿色发射碳量子点（green-emitting carbon quantum dots，GCQDs）和红色发射碳量子点（red-emitting carbon quantum dots，RCQDs）混合组成了三色多维光学传感器，其中绿色发射碳量子点和红色发射碳量子点的荧光同时被 Cu^{2+}猝灭，而作为变色背景的蓝色发射碳量子点对 Cu^{2+}不敏感，可以充当一种可靠的参考信号。当不同量的 Cu^{2+}被添加时，三色多维光学传感器的比例荧光强度不断变化，所以将体积比为 3∶4∶9 的蓝色发射碳量子点、绿色发射碳量子点和红色发射碳量子点混合制备了一种便携式多维荧光试纸以实现人体尿液中 Cu^{2+}的快速灵敏的视觉监测，为后期的临床诊断提供了清晰地判断人尿中的铜水平是否异常的途径[39]。

总体而言，基于多发射荧光 CQDs 的多维荧光传感技术的响应可以更有效地克服与分析物无关因素的干扰，具有灵敏度高、响应时间快、响应稳定的优势。然而迄今为止，基于多发射荧光 CQDs 的多维荧光分析方法的开发还远远不够。我们不仅需要在一锅法合成多发射荧光 CQDs 的研究上做出更多的努力，而且以简单的步骤实现敏感的多色感测的目标仍然是一个挑战。此外，基于多维光学传感系统和化学计量学方法的结合，可以逐步开发基于多发射荧光 CQDs 的多维光学传感器。例如，凭借该类多维传感系统的高灵敏度和准确性，可同时识别和检测各种相似的物质，并且可以结合经典的偏最小二乘判别分析，得到的所有检测结果均具有高灵敏度、特异性及令人满意的分辨率[40]。使用诸如多变量曲线分辨率之类的软建模对基于多发射荧光 CQDs 的多维光学传感系统的荧光数据集执行化学计量学预处理。这是将这些具有有趣荧光特性的纳米复合材料转变为可用于分析的纳米传感器的关键步骤，有效地扩展了传统荧光和化学计量学方法的组合。

表 7-1　基于 CQDs 的单维、双维及多维光学传感体系在实际样品中的检测应用

传感材料	检测模式	目标物	样品基质	检出限	参考文献
N-acetyl-L-cysteine-CQDs	单维	组胺	鱼肉	13.0ppb	[41]
CQDs	单维	二嗪农	水	0.01μmol/L	[42]
Hapten-labeled CQDs	单维	金刚烷胺	鸡肉	0.10ng/g	[43]
N-CQDs@MIP	单维	氟尼康	苹果	0.004μg/g	[44]
CQDs@MIP	单维	黄曲霉毒素 B_1	花生	0.118ng/mL	[45]
N-CQDs/ Au NPs	单维	黄曲霉毒素 B_1	花生	16pmol/L	[46]
CQDs@Zeolite	单维	苦味酸	水	0.36μmol/L	[47]
N-CQDs/AuNCs	双维	多菌灵	苹果	0.83μmol/L	[48]
CQDs@mMIP	双维	青霉素 G	牛奶	0.34nmol/L	[49]
mMIP@CQD/QD	双维	地尼康唑	水	6.4μg/L	[50]

续表

传感材料	检测模式	目标物	样品基质	检出限	参考文献
CQDs	双维	辅酶 A	猪肝	8.75nmol/L	[51]
RCQDs/CQDs	双维	头孢氨苄	牛奶	0.7μmol/L	[52]
B-CQDs/P-CQDs@ZIF-8	双维	曲康唑	果汁	4.0nmol/L	[53]
Fe-CQDs	双维	半胱氨酸	水	0.047μmol/L	[54]
B-CQDs/G-CQDs/R-CQDs	多维	Cu^{2+}	人尿	1.3nmol/L	[55]

7.5 多维光学传感技术在食品品质检测中的应用

针对传统的单维光学传感技术的识别能力不足、实用性不高等问题，一系列研究开发的多维光学传感技术已经应用于食品安全的保障方面，这涉及食品中一些成分的检测，另外多维光学传感技术在其他领域的鉴别测定也可以为食品保障提供创造思路。这里介绍了已经开发的一系列多维光学传感技术在重金属离子、蛋白质、微生物、气体小分子、农药、食品及饮料等方面的高灵敏度、高选择性的定性和定量检测（表 7-2）。

表 7-2 多维光学传感技术在食品检测中的应用实例

分析物	传感器	检测模式	数据处理方式	参考文献
金属离子	MUA，Au NPs	吸光度	HCA	[32]
金属离子	SiO_2，SGTs	荧光	PCA	[34]
金属离子	GMP，Eu^{3+}	荧光	HCA	[36]
蛋白质	β-GAL，MNP	荧光	LDA	[50]
蛋白质	CdSe/ZnS QDs	荧光	LDA	[52]
蛋白质	MPA，Mn-ZnS QDs	散射光、荧光	PCA	[53]
细菌	四苯乙烯衍生物	荧光	PCA	[56]
细菌	PONI 聚合物	荧光	LDA	[57]
细菌	PPE，AMP	荧光	LDA	[58]
OPs	PAMAM	荧光	LDA，PCA	[59]
威士忌酒	GFP，PAE	荧光	LDA	[60]
茶叶	PPE/CB[8]	荧光	LDA	[61]
磷酸根阴离子	CQDs	荧光	PCA，HCA	[62]
农药	ABEI，GCQDs	荧光、化学发光	PCA	[63]
氨基酸	铱配合物	UV-Vis、PL 和 ECL	PCA	[64]

7.5.1　重金属离子的分析检测

Sener 等展示了用于鉴定和确定重金属离子的比色传感器阵列。传感器阵列由 5 个氨基酸和 11-巯基十一烷酸封端的 Au NPs 组成。氨基酸与 Au NPs 相互作用或与金属离子生成络合物，从而调节 Au NPs 的聚集。因此，通过使用 HCA 分析不同的比色响应成功地同时鉴别出 7 种金属离子[65]。在大多数情况下，各种交叉反应指示器都用于制造光学传感器阵列。这些传感器阵列可以区分具有相似化学结构和性质的分析物，但在混合物分析中不能很好地发挥作用。为了克服这种局限性，Liu 及其同事使用特定的响应指示器来制造比色传感器阵列，即使在混合物中也可以特定地监测三种重金属离子（Cu^{2+}、Hg^{2+}和 Ag^{+}）[56]。Chang 等报道了一种用于检测各种重金属离子的荧光传感器阵列，合成了几种小分子并将其用作传感指示剂，它们以独特的荧光模式显示出对每种金属离子的不同响应。通过 PCA 分析，传感器阵列清楚地区分了 7 种重金属离子[57]。随后，为了提高灵敏度，他们设计了另一种用于重金属离子检测的荧光传感器阵列，该阵列由二氧化硅纳米颗粒和“新加坡舌头”（singapore tongue，STG）制成。二氧化硅纳米颗粒用于增强 SGT 的荧光并提高金属离子的检出限。结果表明，传感器阵列可以检测到较低浓度水平的重金属离子[66]。

Pu 等设计了一种用于识别金属离子的荧光传感器阵列，该阵列建立在染料包裹的镧系元素-核苷酸配位聚合物纳米颗粒上。通过将鸟苷 5′-单磷酸酯、镧系元素离子（即 Eu^{3+}）和四种选择的染料混合，形成了四种具有不同荧光性质的配位聚合物纳米颗粒（CPNs），并将其用作传感探针[58]。

Anzenbacher 课题组在通过传感器阵列方法检测和鉴定金属离子方面也做得很好。利用 8-羟基喹啉共轭发色团作为感测元件后，在添加不同的金属离子时，8-羟基喹啉探针的荧光强度表现出不同的变化。通过 LDA 和 PCA 对所得数据进行分析，实现了 10 种金属离子的测定和识别[67]。此外，他们设计了另一种基于纳米纤维的传感器阵列用于金属离子监测。具有多胺和荧光团的纳米纤维不发出荧光，但两种纳米纤维的交叉点会由于多胺和荧光团之间的相互作用而产生荧光。金属离子会影响荧光团-多胺的荧光，导致交叉点的荧光响应多种多样。结果，传感器阵列能够借助 LDA 分析检测和区分 10 种金属离子[68]。

除了传感器阵列，基于分子实验室的纳米颗粒也在被逐渐开发应用于各种阴离子或者阳离子的检测辨别，这在食品安全方面是非常重要的。

Pan 等制作了一种基于碳点的用于重金属离子分析的多维传感平台。在他们的工作中，具有三个主要发射峰的碳量子点被用作视觉探针，不同的金属离子在三个发射峰处可以引起明显的荧光强度变化。通过 PCA 分析差分响应，可以识别 13 种金属离子（即 Pb^{2+}、Hg^{2+}、Cd^{2+}、Fe^{3+}、Ni^{2+}、Cu^{2+}、Co^{2+}、Zn^{2+}、Fe^{2+}、Ag^{+}、Cr^{3+}、Ce^{3+}和 Eu^{3+}）[69]。Leng 等建立了一个多通道传感系统，使用“双原子分子”方法检测和识别多种金属离子，该方法以二硫腙为比色指示剂，在不同的金属离子的存在下，二硫腙显示出各种各样的颜色变化。通过 HCA 分析了不同的颜色变化的数据，该传感平台成功地检测并区分了 6 种金属离子（即 Ag^{+}、Mn^{2+}、Zn^{2+}、Cu^{2+}、Ni^{2+}和 Co^{2+}）。此外，在十六烷基三甲基溴化铵的帮助下，该多维传感体系的传感性能得到了改善，能够检测和识别 10 种重金属离子[即 Ag^{+}、Mn^{2+}、Zn^{2+}、Cu^{2+}、Pb^{2+}、Cd^{2+}、Ni^{2+}、Cr(Ⅵ)、Co^{2+}和 Hg^{2+}]，进一步通过 HCA 分析获得了更高的灵敏度[70]。

Schmittel 课题组在多维传感检测领域也做了出色的工作。他们首先使用“分子实验室”方法开发了用于多离子分析的四通道传感平台[71]。基于三氧化二钌、ECL、PL 和 UV-Vis 的多种特性，他们将三（二亚胺）钌络合物用作传感单元，观察到金属离子在各种通道中引起不同的响应。此外，他们开发了一种三通道传感平台，以“分子实验室”策略为基础监测阴离子。在该设计中，铱（Ⅲ）-咪唑鎓配合物被用作传感受体。咪唑鎓单元与阴离子之间的相互作用是非特异性的，并且引入了基于铱的分子以提高选择性。最终，根据从三个通道（即 ECL、PL 和 UV）获得的特定模式，该“分子实验室”传感器成功应用于三种阴离子（AcO^{-}、$H_2PO_4^{-}$ 和 F^{-}）的检测和鉴定[72]。此外，该课题组还报道了与上述阳离子和阴离子分析相似的其他工作[73]。

7.5.2 蛋白质的分析检测

Xu 等报道了基于无标记 Au NCs 和 N 掺杂 CQDs 的多维光学传感器阵列用于蛋白质识别，可以很好地分辨出患者和健康人的血清，这暗示了所提出的传感器阵列在疾病诊断中的实际应用的潜力[74]。

DNA 具有无限的识别元件，通常被用作构建传感器阵列的理想交叉反应传感元件[75]。Sun 等设计了一个使用三种 DNA-Au NPs 共轭物的蛋白质识别传感器阵列。该传感器阵列可以以 100%的准确性实现 11 种蛋白质的检测和区分。美中不足的是，它需要 5-羧基荧光素标记的 DNA 作为传感元件[76]。

Wei 等探索了一种基于比色传感器阵列策略的蛋白质分化方法。他们利用 DNA-Au NPs 组合作为感知受体。结果成功鉴定出 11 种蛋白质。然而，该传感器阵列需要几个硫醇修饰的 DNA 链及复杂的程序[59]。为了解决上述问题，他们设计了另一个比色传感器阵列，使用两个 DNA-Au NPs 进行蛋白质鉴定。该传感器阵列对多种蛋白质表现出不同的吸光度变化，因此最终可以使用 PCA 方法以完全区分出 12 种蛋白质[77]。

其他的纳米材料，如硫化铜纳米颗粒（CuS NPs）和氧化石墨烯等也已经开始被用作识别元件以设计用于蛋白质传感的光学传感器阵列[78]。这两种纳米材料是许多荧光团的有效猝灭剂，结果显示荧光探针的发射可以被这些纳米材料有效猝灭。当添加蛋白质时，荧光探针被置换，导致探针的荧光恢复不同。最后，这些传感器阵列可以成功应用于各种蛋白质的判别和检测。Wang 等开发了一种基于磁性纳米颗粒（magnetic nanoparticles，MNP）的光学传感器阵列，用于多种蛋白质检测，与 β-半乳糖苷酶（β-galactosidase，β-gal）缀合的四个 MNP 被用作传感元件[79]。

Li 等设计了一种类似的传感器阵列用于蛋白质的确定和鉴定。三甲基铵或多巴胺官能化的 Fe_3O_4 NPs 被用作感知受体，并用作模仿辣根过氧化物酶的催化剂，过氧化氢的存在会导致 2,2′-叠氮基双（3-乙基苯并噻唑啉-6-磺酸）发生颜色变化[80]。

Yan 等报道了一种基于 CdSe/ZnS QDs 的光学传感器阵列，用于各种蛋白质的鉴定，借助 LDA 方法成功地对 12 种蛋白质进行了分类和区分，并且对复杂的蛋白质混合物也进行了准确无误的区分[81]。

另外，Wu 等报道了一种基于“实验室在纳米颗粒上”方法的用于区分不同蛋白质的多通道传感设备。他们选择巯基丙酸（mercaptopropionic acid，MPA）修饰的 Mn-ZnS 量子点作为传感元件，获得了每种蛋白质的不同响应模式，借助 PCA 方法可以检测和识别 8 种蛋白质[82]。

Lu 等提出了一个多维传感平台，通过“实验室在纳米颗粒上”的方法来区分蛋白质，该平台将 GO 用作传感单元。结果表明，各种蛋白质给出了不同的响应模式，并且借助 LDA 实现了该多维传感体系对 6 种蛋白质的识别区分[83]。

7.5.3　微生物的分析检测

Carey 等探索了一种比色传感器阵列用于鉴定人类致病细菌。他们的传感器阵列由 36 个传感元件组成，其颜色会由于细菌的挥发性代谢产物而发生显著的改变，借助 PCA 和 HCA，获得的传感器阵列能够识别 10 种细菌[84]。

2016 年，Lim 等设计了一个比色传感器阵列，它可以在 3h 内以 91.0%的灵敏度和 99.4%的特异性成功识别 15 种致病细菌[60]。

Chen 等提出了一种荧光传感器阵列用于快速地监测各种细菌。该传感器阵列是由五种不同的四苯乙烯衍生物组成的，基于这些探针与各种细菌之间不同的相互作用，会伴随着不同的荧光强度变化。因此，可以采用流式细胞仪分析荧光强度数据并借助 PCA 方法从而进一步实现细菌的鉴定。Li 等受到了上述已做工作的启发，专门为微生物传感设计了一种类似的比色传感器阵列，他们构建的传感器阵列由四种 Au NPs 组成，同样是基于微生物与 Au NPs 之间呈现的不同相互作用而导致的各种颜色变化，最后，借助 LDA 实现了该多维传感阵列对 15 种微生物的识别鉴定[85]。

Rotello 等开发了一种荧光传感器阵列来分类和识别不同种类的细菌。他们首先合成了三种聚（氧化降冰片烯酰亚胺）（PONI）聚合物，并将其用作传感器单元，在单个微孔中产生了 6 个输出通道。由于这些聚合物可以与细菌发生适应其自身的多价相互作用，因此获得了聚合物荧光强度的明显变化，这种现象为每种细菌提供了独特的荧光响应模式，再通过 LDA 分析不同的荧光模式，最后通过这种荧光聚合物传感器阵列可以对 5 种细菌进行精确的识别和分类[86]。

Bunz 等也报道了用于细菌识别的荧光传感器阵列。在他们的设计中，一个带负电的聚（对苯乙炔）（PPE）分别与三个带正电的 Au NPs 组装在一起，形成了纳米颗粒-PPE 杂化物，通过 LDA 分析，该项研究获得的多维传感器阵列实现了对大肠杆菌菌株的识别[61]。Bunz 课题组随后发明了另一种传感器阵列，该阵列由 PPE 和抗菌肽（antimicrobial peptide，AMP）复合物组成以用于微生物的鉴定。PPE 的荧光可以通过 AMP 发生猝灭，在存在微生物的情况下，它们不仅可以与 AMP 结合以释放 PPE，也可以与 PPE 和 AMP 形成三元复合物，理论上来说，至少会发生其中一种情况，这些现象会导致荧光的恢复或者进一步猝灭。通过 LDA 分析，可以根据遗传相似性或者染色特性对微生物进行鉴定和分组。此外，该传感系统也已经成功应用于尿液样本中的细菌监测[87]。

7.5.4 气体小分子的分析检测

Suslick 课题组在这个方面已经做了很多的工作。他们设计了一系列的比色传感器阵列来监测和区分不同的气体，这些气体会利用化学响应性染料作为传感元素来生成符合每种挥发物的所独有的图案，进一步通过 HCA、PCA 和 LDA 鉴定了挥发物[88]。

Mosca 等设计了一种荧光传感器阵列，他们使用三种芘衍生物作为传感元件来确定和识别硝胺及硝基芳族炸药。传感器阵列在暴露于硝胺时显示出增强的荧光，而在其他的硝基芳族化合物的存在下会显示出荧光猝灭的现象。因此，该传感器阵列已经成功应用于从硝基芳族炸药中区分爆炸物 1,3,5-trinitroperhydro-1,3,5-triazine（RDX）[89]。

Qi 等报道了用于区分挥发性有机小分子（volatile organic small molecules，VSOM）的荧光传感器阵列，他们首先准备了荧光微孔膜来制造传感器阵列，这种膜是通过四种含有有机硼的聚合物制成的，另外，引入了四个非硼基序作为接头以调节聚合物的荧光，最后集成了八片荧光膜以成功地构建传感器阵列。正如预期的那样，该荧光传感器阵列成功地区分了 20 种重要且常见的 VSOM。

不同于多维传感器阵列，Hierlemann 等制造了一种芯片实验室化学传感器以用于检测气体。他们开发的微传感器的聚合物涂层具有对空气中的挥发性有机化合物（volatile organic compound，VOC）的优异的敏感性。当其暴露于气体中时，聚合物涂层的物理性质会由于涂层和气体之间的物理吸附和大量的溶解而发生改变，进一步通过三个传感器（质量敏感型、电容型和量热型）检测到各种变化，另外在暴露于多种气体后可以获得不同的响应模式，结果成功地实现了对不同气体的识别区分[63]。同样，他们也开发了另一种多传感器单芯片传感系统来检测和区分气体，该系统是基于聚合物涂层和 VOC 之间的不同响应模式来进行的。VOC 的吸收改变了聚合物涂层的物理性能，进一步使用三个传感器（量热、质量敏感和电容传感器）记录了其变化。最后，他们提出了针对不同 VOC 的差分换能器响应，最终实现了对各种 VOC 的良好的区分和检测[64]。

Hu 等同样报道了一种用于监测各种 VOC 的芯片实验室传感器。在他们的工作中，n 型掺杂 $Si/TiO_2/Eu^{3+}$的 TiO_2（n-$Si/TiO_2/TiO_2$：Eu）被用作传感层，在紫外灯的照射下引入 VOC 后，n-$Si/TiO_2/TiO_2$：Eu 涂层的 PL 及表面光电压会发生变化，并且每种 VOC 的 PL 和 SPV 响应都是独一无二的。进一步利用 HCA 分析不同的模式，通过传感器成功识别并区分了二十种 VOC。此外，还实现了该设备在区分饮料样品（包括醋、酒）中的应用[90]。

7.5.5　农药的分析检测

Liu 等开发了一种用于快速测定有机磷酸盐（organic phosphate，OPs）的荧光传感器阵列。他们选择第五代（G5）胺端基的聚（酰胺基胺）树状聚合物和两种高荧光染料形成两种树状聚合物-染料复合物并将其用作传感元件，其中染料的荧光被 G5 猝灭。在 OPs 的存在下，来自树状聚合物-染料复合物的染料被替换并伴随荧光恢复。通过 LDA 和 PCA 分析，获得了五种 OPs 的出色的识别和区分的荧光传感器阵列[91]。Qian 等探索了比色传感器阵列用于识别和确定氨基甲酸酯和 OPs。该传感器阵列由对硫胆碱和 H_2O_2 敏感的五个指示剂组成。乙酰胆碱酯酶（AChE）借助胆碱氧化酶催化 *S*-乙酰硫代胆碱氯化物生成硫代胆碱或乙酰胆碱以形成 H_2O_2，这个过程的发生会伴随传感器阵列的颜色变化。在氨基甲酸酯和 OPs 的存在下，AChE 的活性被抑制，硫代胆碱和 H_2O_2 的产生量减少，从而进一步导致该多维传感阵列的无色或弱色变化。PCA 和 HCA 证明所提出的传感器阵列不仅可以识别 5 种氨基甲酸酯和 5 种 OPs 与其他农药，还可以将它们彼此准确地区分开[92]。

农药是反应性较弱的分析物，对指示剂没有明显的光学响应。为了提高灵敏度，在农药阵列设计中建议使用预处理技术。于是 Qian 等开发了一种比色传感器阵列，用于使用了强碱预处理策略的区分体系中来确定和鉴定氨基甲酸-*N*-甲酯农药。该传感器阵列由对苯酚有响应的五个指示剂组成。在碱性介质中，氨基甲酸-*N*-甲酯被分解为反应性酚，从而引起传感器阵列明显的颜色变化。在 PCA 和 HCA 的帮助下，各种氨基甲酸-*N*-甲酯与其他农药彼此之间均获得了精确的区分[93]。随后，他们设计了另一种光学传感器阵列来监测常见农药，该多维传感阵列由各种浓度和比例的 H_2SO_4 和 $KMnO_4$ 组成。在有农药的情况下，$KMnO_4$ 在 H_2SO_4 的帮助下褪色。不同的农药引起 $KMnO_4$ 的颜色不同。通过 HCA 分析，该传感器阵列能够识别多种农药，包括氨基甲酸酯、OPs、拟除虫菊酯、除草剂和有机氯[94]。

Fahimi-Kashani 等报道了一种比色传感器阵列，用于检测和鉴别 OPs，它由 9 种未修饰的 Au NPs 组成，在各种离子强度和 pH 条件下均如此。OPs 诱导了 Au NPs 的聚集，其颜色从红色变为紫色/蓝色，并且每种目标农药均获得了明显的比色响应。在 LDA 和 HCA 的帮助下，成功检测并区分了 5 种 OPs 农药[95]。

7.5.6 食品及饮料的分析检测

多维传感器阵列也已应用于直接检测和识别食品的类型和质量中。Huang 等探索了用于猪肉新鲜度评估的比色传感器阵列，该阵列使用四种天然色素作为传感单元。所选的颜料在不同的存储时间下具有不同的结合猪肉释放出的挥发性气体的能力，从而导致传感器阵列发生各种颜色变化。通过 PCA 分析，将样品分组并根据存储时间进行鉴定[96]。

当前的研究已经设计了类似的传感器阵列来估计鱼的新鲜度。但是，这类传感器阵列需要光学仪器读出数据，这不能被消费者轻易地处理。基于此，Li 等设计了一种比色传感器阵列，用于使用手持设备确定肉的新鲜度。该传感器阵列由各种染料组成，这些染料对从肉类中散发出来的挥发性生物胺和硫化物敏感。该手持设备可获取各种肉类的实时变色数据。通过 PCA、HCA 和 SVM 分析，根据肉类类型和存储时间，可以很好地区分不同的肉类产品[97]。

Chen 等提出了一种基于智能手机的比色传感器阵列，用于鸡肉的新鲜度监测，选择了多种化学响应性染料作为传感元件，以制造传感器阵列。各种存储期间的肉具有不同的 pH，并散发出不同的挥发性化合物，从而导致传感器阵列出现明显的颜色变化。智能手机捕获了实时换色数据。通过 PCA 分析可以对收集到的数据进行处理，结果表明，该传感器阵列可以评估每天甚至每小时鸡肉新鲜度的变化[98]。

多维传感器阵列技术也可以应用于饮料的检测和识别中。Umali 等描述了用于鉴别红酒的比色传感器阵列。在他们的传感器阵列中，通过将富含组氨酸的肽、金属离子和比色指示剂混合在一起以获得感官组合。加入红酒后，指示物发生位移，导致混合物的颜色发生变化。通过 PCA 和 LDA 分析，成功对各种品种或葡萄酒商的红酒进行了区分[99]。另外，Ghanem 等也报道了类似的传感器阵列以检测和区分红酒[100]。

Han 等提出了一种用于白葡萄酒识别的荧光传感器阵列，其分别使用阳离子和阴离子及复合物作为传感元素。白葡萄酒的加入会引起传感单元明显的荧光猝灭。通过 LDA 分析，开发的传感器阵列成功区分了 13 种白葡萄酒[101]。随后，受到启发设计了另一种荧光传感器阵列来区分威士忌，这类传感器阵列由 GFP 和聚（对亚芳基乙炔基）[poly（*p*-aryleneethynyl），PAE]组成，传感机制是基于各种威士忌酒诱导的 GFP 及 PAE 的荧光猝灭。通过 LDA 分析收集记录的相应的猝灭荧光数据，可以从口味、年龄和品牌上正确地区分各种威士忌。

Suslick 课题组报道了一种比色传感器阵列，并使用手持设备识别酒类。他们的传感器阵列由对液体蒸气敏感的 36 种交叉反应染料组成。暴露于液体蒸气后，手持设备可获取每个传感器对应位点的实时颜色变化。结果表明，不同的酒呈现出不同的颜色变化模式。传感器阵列通过 HCA、PCA 和 SVM 对获得的数据进行分析，实现了对 14 种代表性酒的轻松辨别，包括伏特加、白兰地、波旁威士忌、黑麦威士忌和苏格兰威士忌。此外，甚至可以通过其开发的比色传感器阵列检测 1%水稀释的液体[102]。

Hou 等设计了几种比色传感器阵列来识别白酒。这些传感器阵列通过监测释放的挥发性标记物来表征白酒，选择对挥发性化合物敏感的多种化学响应性染料来制造传感器阵列。通过化学计量学方法（PCA、HCA 和 LDA）进行分析，结果表明这些比色传感器阵列能够根据风味类型、香精和地理来源对白酒进行分类[103]。

另外，传感器阵列也已经被用于茶的质量评估。Hou 等开发了一种光学传感器阵列来区分各种绿茶。绿茶的化学成分包括氨基酸、蛋白质、多酚、多糖、咖啡因、微量元素、矿物质和挥发性化合物，因此选择 pH 指示剂、金属盐、金属卟啉来制造传感器阵列。所有选择的染料都印在疏水膜上。不同的绿茶导致阵列的颜色响应不同，并呈现出独特的图案。通过 PCA 和 HCA 分析，根据地理来源和等级划分了 9 种绿茶[104]。随后，他们进行了另一种比色传感器阵列在茶叶的鉴别方面的应用，选择各种染料、金属离子络合物来制造传感器阵列。茶的成分与染料竞争性地与金属离子结合，导致明显的颜色变化。因此，所提出的传感器阵列能够通过 HCA 和 PCA 将 70 个茶样品分为四类。

咖啡也是世界上最受欢迎的饮料之一，它包含 1000 多种化学成分，因此很难通过传统方法来区分和识别咖啡。Suslick 等报道了一种比色传感器阵列方法来识别咖啡。传感器阵列使用多种对咖啡中所含化合物敏感的化学响应性染料作为传感单元。不同的咖啡使传感器阵列呈现出明显的颜色变化。通过 PCA 和 HCA 的分析，实现了对 10 种商业咖啡品牌的检测和鉴别[105]。另外一类比色传感器阵列可以用来区分咖啡样品。这类传感器阵列由各种比色指示剂组成，这些指示剂对硫醇、硫化物、酮和醛具有相应的特异性。结果发现，各种咖啡导致传感器阵列的颜色变化不同。借助 HCA 和 PCA，成功区分了不同烘焙度的咖啡样品。

7.5.7 其他物质的分析检测

除上述应用外，还使用光学传感器阵列技术检测了许多其他种类的重要分析物。这些检测方法与分析对象都可以为今后在食品安全领域的多维传感体系的开发提供依据。例如，Galpothdeniya 等报道了比色传感器阵列以监测各种有机溶剂。在他们的这项工作中，首先合成了具有两个吸收带的单一离子液体（ionic liqud，IL）。IL 的两个吸收峰的比值大小与其浓度和溶剂类型有关，于是选择不同浓度的 IL 来构建传感器阵列。在存在不同溶剂的情况下，可以明显观察到传感元件相应的比率变化，利用 PCA 和 LDA 分析获得的多维数据可以发现，新开发的传感器阵列技术不仅可以区分 8 种醇，还可以区分 7 种乙醇和甲醇的二元化合物[106]。

Li 等制造了比色传感器阵列以检测和区分不同的抗氧化剂。在它们的设计中，钨二硫化物、MoS_2 和 GO 被用作传感器元件，这三种纳米材料显示出多样化的过氧化物酶活性，它们可以催化 H_2O_2 和 3,3′,5,5′-四甲基苯甲酸之间的反应从而导致各种颜色变化。值得注意的是，当不同的抗氧化剂存在时，纳米材料的过氧化物酶活性会被抑制，于是会导致阵列不显示或者仅仅显示出较弱的比色反应变化。进一步的 LDA 结果表明该项研究所提出的传感器阵列不仅可以区分缓冲液中的五种抗氧化剂，而且可以在实际的血清样本中区分五种抗氧化剂[107]。

Sun 等设计了荧光传感器阵列以识别各种磷酸根阴离子，他们构建的传感器阵列是使用三个 CQDs-金属离子系列作为传感单元。Cu^{2+}、Fe^{3+}和 Ce^{3+}会触发 CQDs 发生聚集，从而导致荧光猝灭现象的出现，然而添加磷酸根阴离子，会发生进一步的聚集或者使 CQDs-金属离子复合物发生分解，于是 CQDs 的荧光会再次发生猝灭或恢复。同样通过 PCA 和 HCA 分析差分荧光变化数据，成功地鉴定和识别了缓冲液和血清样品中的五种磷酸根阴离子[108]。类似的设计可以通过不同的荧光响应以检测和鉴别抗生素，同样将 CQDs-金属离子合并为传感探针，其中 Cu^{2+}、Ce^{3+}和 Eu^{3+}会对全彩色发射 CQDs 产生荧光猝灭效果。当添加不同种类的抗生素时，全彩色发射 CQDs 的荧光发生进一步的猝灭或恢复，从而可以得到各不相同的响应模式，通过 HCA 和 PCA 分析，证明荧光传感器阵列能够检测和识别缓冲液及实际样品中的 20 种抗生素。

Gao 等开发了一种通过“实验室-纳米颗粒”方法构建的多通道传感检测系统以用于农药的检测分析。在这项研究中，首先制备了 *N*-（氨基丁基）-*N*-（乙基异溶胶）改性的石墨烯量子点（GQDs）。由于 GQDs 具备优异的荧光和化学发光性质，毫无疑问地被选作传感受体。于是在各种杀虫剂存在的环境下可以获得不同的荧光和 GQDs 的化学发光响应。通过 PCA 处理数据，这类多维光学传感技术可以成功地以不同浓度实现五种农药（毒死蜱、敌百虫、乐果、氟虫双胺和噻虫嗪）的分析[109]。通过“纳米颗粒”方法来监测硫细菌和含硫物质的三通道传感平台可以被开发研究。例如 Yang 等采用金银合金纳米团簇（AuAg NCs）-Au NPs 复合物作为传感元件。不同的硫细菌和硫物质会对 AuAg NCs-Au NPs 复合物表现出不同的亲和力，导致该传感系统的元散射、紫外-可见光吸光度和荧光信号发生不同的变化，在 PCA 的帮助下可以成功识别 13 种含硫物质。此外，该传感系统还能识别出 2 种非硫细菌和 3 种硫氧化细菌。

Schmittel 等设计了一种基于 Lab-on-a-molecule 方法的氨基酸定量和识别的三通道传感装置。铱配合物因其优异的紫外-可见光谱、PL 和 ECL 特性而被选为传感受体。半胱氨酸（cysteine，Cys）和同型半胱氨酸（homocysteine，Hcy）可以引起 UV-Vis 和 PL 通道的信号变化，色氨酸（tryptophan，Trp）则会引起 ECL 通道的响应变化。最后，通过 UV/Vis、PL 和 ECL 通道对 3 种氨基酸（即 Cys、Hcy 和 Trp）进行了定量分析和鉴别[110]。

Li 等还开发了一种用于多糖识别的芯片上实验室传感器系统，该系统由具有丰富荧光传感信号的光子晶体（photonic crystals，PC）基质薄膜组成。当被染料二苯基硼酸 2-氨基乙酯（2-aminoethyl diphenylboronic，2-APB）或染料苯硼酸（phenylboronic acid，PBA）组合检测时，PC 芯片对多糖极度敏感。在各种糖类的存在下，它们会与 2-APB 或 PBA 发生竞争性结合，从而导致不同的荧光变化。通过 LDA 分析得到的数据显示，PC 芯片可以区分多达 12 种结构相似的糖类[111]。

7.6 展　　望

综上所述，使用多维传感方法能够准确监测和识别多种化学结构/性质相似的多组分分析物。根据所选的例子，我们发现多维化学传感器不仅可以在食品安全领域得到应用，在生物分子、化合物、疾病生物标记物、微生物等方面也已经获得了广泛的关注。另外，多维传感体系在构建方面的一些独特的创新及在其他领域的实际投入检测示例为今后食品安全方面的灵敏且分辨率高的检测识别起到了强有力的指导作用。

多维传感技术的独特优点是可以区分具有相似化学性质和结构的分析物，但通常不能用于识别混合样品中的每一种成分。实际上，这种技术更适合于复杂样品的全面定性分析，如样品中是否有一种或者几种成分发生了变化，混合物是否与另一种相同，以及一件商品是真还是假。尽管这种技术有一些局限性，但在某些特定的条件下，它无疑是一种很好的选择和有用的检测方式。通过使用半选择性受体的集合及化学计量学方法，多维比色和荧光传感体系具有更加良好的灵敏度和可调性，并且在便携性、易用性和仪器价格方面具有巨大的现场应用潜力。虽然这种传感方法已经在高度控制的环境中取得了成功，但在这些方法能够在实验室之外的环境下实施之前，仍有许多挑战需要克服。由于多维传感技术在实际应用中的最终用途取决于它的预测能力，所以这类传感技术受控于实验室环境中检测的预测能力可能与现场诊断能力显著不同。

为了创建基于多维传感体系的分析，在特定应用的合理条件下准确预测所需分析物的身份，必须满足几个条件。①分析物对多维传感体系的响应应该是可以重复的。该系统必须能够将来自未知物的反应与来自一组被训练的分析物的反应进行匹配，并且这些反应必须足够相似，以便将相同的分析物多次暴露在多维传感体系中以成功地做到这一点。②多维传感体系对于感兴趣的分析物的范围应具有足够的半选择性。如果传感器是非选择性的，那么数据的维数就会降低，系统正确区分被分析物的能力也会相应降低。每个分析物必须有足够独特的响应模式，以便与系统训练识别的其他分析物进行识别。③适当的系统训练是至关重要的。从被分析物对多维传感体系的响应和被分析物身份或类别的数据作为一个训练集呈现给系统，当系统收到来自未知分析物的响应时，它只有用于预测的信息，所使用的特定化学计量学方法也必须针对特定系统进行优化，在精度和整个传感系统的时间/成本之间的平衡仍然需要根据应用而定。

多维传感技术将在不久的将来蓬勃发展。首先，分析化学和超分子化学的最新进展为多维传感体系的构建创造了一个良好的环境，它们使多维传感技术成为众多鉴别检测过程的主流工具，甚至超越了经典的分析应用。其次，微型仪器的发展已经达到了被人类广泛使用的状态，大多数高通量分析工具都逐渐引起了研究人员的兴趣，况且它们较低的成本也被业界和学术研究团体所接受，这意味着越来越多的研究人员开始熟练使用多维传感技术进行实验和分析，并将依赖一系列的多维传感技术进行分析、勘探和可视化检测鉴别。最后，当前的经济压力成为这种传感体系被积极开发的动力，实际上研究人员始终在努力确保以高度经济的方式进行分析和测试，这一过程不仅支持高通量硬件，而且支持智能工具，如应用数学和统计学，它们将继续处于化学和工业研发的前沿。

就当前的研究来看，多维传感技术的设计与制作、传感单元及应用领域等诸多方面仍需进一步的探索。具备光学、电学和磁性特征中的两种或多种特性的单个纳米颗粒或分子是构建多维传感器的一种很有前途的候选材料，多维传感技术和纳米技术完全有机会在不久的将来发生更广泛的交叉，即多维传感技术进一步微型化到纳米级以产生高密度阵列，这种情况可以导致更加可靠的传感过程。作为一种新兴的技术，智能芯片（特别是柔性芯片）近年来已经备受关注，它将在我们的日常生活中发挥越来越大的作用。此外，“是”或“否”方式被认为是多维传感技术更实际的应用领域，如食品质量监测、疾病诊断、真假项目鉴别等。最终，开发更加多种多样的实时、现场、低成本的监测将成为实现样品分析的迫切需要。随着这些要求的满足，多维传感技术方法不仅可以为食品领域，甚至可以为环境、工业和临床分析开辟新的机遇。

参考文献

[1] Ábalos T, Jiménez D, Ez R M, et al. Hg^{2+} and Cu^{2+} selective detection using a dual channel receptor based on thiopyrylium scaffoldings. Tetrahedron Lett, 2009, 50(27): 3885-3888.

[2] Jiménez D, Martínez-Máez R, Sancenón F, et al. Multi-channel receptors and their relation to guest chemosensing and reconfigurable molecular logic gates. European Journal of Inorganic Chemistry, 2005, (12): 2393-2403.

[3] Schmittel M I, Lin H W. Quadruple-channel sensing: a molecular sensor with a single type of receptor site for selective and quantitative multi-ion analysis. Angew Chem Int Ed, 2007, 46(6): 893-896.

[4] Liu D, Liu M, Liu G, et al. Dual-channel sensing of volatile organic compounds with semiconducting nanoparticles. Anal Chem, 2010, 82(1): 66-68.

[5] Wu P, Miao L N, Wang H F, et al. A multidimensional sensing device for the discrimination of proteins based on manganese-doped ZnS quantum dots. Angew Chem Int Ed, 2011, 50(35): 8118-8121.

[6] Hagleitner C, Hierlemann A, Lange D, et al. Smart single-chip gas sensor microsystem. Nature, 2001, 414(6861): 293-296.

[7] Hierlemann A, Gutierrez-Osuna R. Higher-order chemical sensing. Chem Rev, 2008, 108(2): 563-613.

[8] Musto C J, Suslick K S. Differential sensing of sugars by colorimetric arrays. Curr Opin Chem Biol, 2010, 14(6): 758-766.

[9] Eacute S, Rochat B, Gao J, et al. Cross-reactive sensor arrays for the detection of peptides in aqueous solution by fluorescence sspectroscopy. Chemistry, 2010, 16(1): 104-113.

[10] Steiner M S, Meier R J, Dürkop A, et al. Chromogenic sensing of biogenic amines using a chameleon probe and the red-green-blue readout of digital camera images. Anal Chem, 2010, 82(20): 8402-8405.

[11] Jeon S, Ahn S E, Song I, et al. Gated three-terminal device architecture to eliminate persistent photoconductivity in oxide semiconductor photosensor arrays. Nat Mater, 2012, 11(4): 301-305.

[12] Hierlemann A, Brand O, Hagleitner C, et al. Microfabrication techniques for chemical/biosensors. Proceeding of the IEEE, 2003, 91(6): 839-863.

[13] Jurs P C, Bakken G A, Mcclelland H E. Computational methods for the analysis of chemical sensor array data from volatile analytes. Chem Rev, 2000, 100(7): 2649-2678.

[14] Stewart S, Ivy M A, Anslyn E V. The use of principal component analysis and discriminant analysis in differential sensing routines. Chem Soc Rev, 2014, 43: 70-84.

[15] Zyryanov G, Palacios M, Anzenbacher P. Rational design of a fluorescence-turn-on sensor array for phosphates in blood serum. Angew Chem Int Ed, 2010, 119(41): 7859.

[16] Yang J Y, Yang T, Wang X Y, et al. A novel three-dimensional nano sensing array for the discrimination of sulfur containing species and sulfur bacteria. Anal Chem, 2019, 91(9): 6012-6018.

[17] Yuan X, Zhang D, Zhu X, et al. Triple-dimensional spectroscopy combined with chemometrics for the discrimination of pesticide residues based on ionic liquid-stabilized Mn-ZnS quantum dots and covalent organic frameworks. Food Chem, 2020, 342(16): 128299.

[18] You C C, Miranda O R, Gider B, et al. Detection and identification of proteins using nanoparticle fluorescent polymer chemical nose sensors. Nat Nanotechnol, 2007, 2(5): 318-323.

[19] Nelson T L, Tran I, Ingallinera T G, et al. Multi-layered analyses using directed partitioning to identify and discriminate between biogenic amines. Analyst, 2007, 132(10): 1024-1030.

[20] Wang Z, Palacios M A, Anzenbacher P. Fluorescence sensor array for metal ion detection based on various coordination chemistries: general performance and potential application. Anal Chem, 2008, 80(19): 7451-7459.

[21] Li X, Kong C, Chen Z. Colorimetric sensor arrays for antioxidant discrimination based on the inhibition of the oxidation reaction between 3,3′,5,5′-tetramethylbenzidine and hydrogen peroxides. ACS Appl Mater Inter, 2019, 11(9): 9504-9509.

[22] Miao Y M, Qi Y, Lv J Z, et al. A two-dimensional sensing device based on manganese doped zinc sulfide quantum dots for discrimination and identification of common sugars. New J Chem, 2017, 41: 14882-14889.

[23] Miao Y, Sun X, Yang Q, et al. Single-sensing-unit 3D quantum dot sensors for the identification and differentiation of mucopolysaccharides. New J Chem, 2018, 42: 16752-16757.

[24] Palacios M A, Nishiyabu R, Marquez M, et al. Supramolecular chemistry approach to the design of a high-resolution sensor array for multianion detection in water. J Am Chem Soc, 2007, 129(24): 7538-7544.

[25] Yuan D, Liu J J, Yan H H, et al. Label-free gold nanorods sensor array for colorimetric detection and discrimination of biothiols in human urine samples. Talanta, 2019, 203(22): 12094-12100.

[26] Johnson S R, Sutter J M, Engelhardt P C, et al. Identification of multiple analytes using an optical sensor array and pattern recognition neural. Anal Chem, 1997, 69(22): 4641-4648.

[27] Mikami D, Ohki T, Yamaji K, et al. Quantification of ternary mixtures of heavy metal cations from metallochromic absorbance spectra using neural network inversion. Anal Chem, 2004, 76(19): 5726-5733.

[28] Pei R, Shen A, Olah M J, et al. High-resolution cross-reactive array for alkaloids. Chem Commun, 2009, 22(22): 3193-3195.

[29] Mayr T, Igel C, Liebsch G, et al. Cross-reactive metal ion sensor array in a micro titer plate format. Anal Chem, 2003, 75(17): 4389-4396.

[30] Aernecke M J, Guo J, Sonkusale S, et al. Design, implementation, and field testing of a portable fluorescence-based vapor sensor. Anal Chem, 2009, 81(13): 5281.

[31] Jurs P C, Bakken G A, Mcclelland H E. Computational methods for the analysis of chemical sensor array data from volatile analytes. Chem Rev, 2000, 100(7): 2649-2678.

[32] Wang Y, Liu H, Song H, et al. Synthesis of dual-emission fluorescent carbon quantum dots and their ratiometric fluorescence detection for arginine in 100% water solution. New J Chem, 2019, 43: 13234-13239.

[33] Guan Q, Su R, Zhang M, et al. Highly fluorescent dual-emission red carbon dots and their applications in optoelectronic devices and water detection. New J Chem, 2019, 43(7): 3050-3058.

[34] Long R, Guo Y, Xie L, et al. White pepper-derived ratiometric carbon dots for highly selective detection and imaging of coenzyme A. Food Chem, 2020, 315: 126171.

[35] Xia C, Cao M, Xia F J, et al. An ultrafast responsive and sensitive ratiometric fluorescent pH nanoprobe based on label-free dual-emission carbon dots. J Mater Chem C, 2019, 7: 2563-2569.

[36] Song J, Ma Q, Liu Y, et al. Novel single excitation dual-emission carbon dots for colorimetric and ratiometric

fluorescent dual mode detection of Cu^{2+} and Al^{3+} ions. RSC Adv, 2019, 9: 38568-38575.

[37] Song W, Duan W, Liu Y, et al. Ratiometric detection of intracellular lysine and pH with one-pot synthesized dual emissive carbon dots. Anal Chem, 2017, 89(3): 13626-13633.

[38] Yu L, Wang X, Si Y, et al. A novel ratiometric fluorescent probe for detection of iron ions and zinc ions based on dual-emission carbon dots. Sensor Actuat B-Chem, 2019, 284: 186-192.

[39] Cai Y, You J, You Z, et al. Profuse color-evolution-based fluorescent test paper sensor for rapid and visual monitoring of endogenous Cu^{2+} in human urine. Biosens Bioelectron, 2017, 99: 332-337.

[40] Ou H, Lu X, Fu H, et al. "Turn-off" fluorescent sensor based on double quantum dots coupled with chemometrics for highly sensitive and specific recognition of 53 famous green teas. Anal Chim Acta, 2018, 1008: 103-110.

[41] Shi R J, Feng S H, Park C Y, et al. Fluorescence detection of histamine based on specific binding bioreceptors and carbon quantum dots. Biosens Bioelectron, 2020, 167: 112519.

[42] Shekarbeygi Z, Farhadian N, Khani S, et al. The effects of rose pigments extracted by different methods on the optical properties of carbon quantum dots and its efficacy in the determination of diazinon. Microchem J, 2020, 158: 105232.

[43] Dong B L, Li H F, Sun J F, et al. Homogeneous fluorescent immunoassay for the simultaneous detection of chloramphenicol and amantadine via the duplex FRET between carbon dots and WS_2 nanosheets. Food Chem, 2020, 327: 127107.

[44] Yuan X, Liu H, Sun B. N-doped carbon dots derived from covalent organic frameworks embedded in molecularly imprinted polymers for optosensing of flonicamid. Microchem J, 2020, 159: 105585.

[45] Guo H, Liang Y, Hai Y, et al. Synthesis of carbon quantum dots-doped dummy molecularly imprinted polymer monolithic column for selective enrichment and analysis of aflatoxin B_1 in peanut. J Phar Biomed Anal, 2018, 149: 258-264.

[46] Wang B, Chen Y, Wu Y, et al. Aptamer induced assembly of fluorescent nitrogen-doped carbon dots on gold nanoparticles for sensitive detection of AFB_1. Biosens Bioelectron, 2016, 78: 23-30.

[47] Wang B, Ying M, Zhang C, et al. Blue photoluminescent carbon nanodots prepared from zeolite as efficient sensors for picric acid detection. Sensor Actuat B-Chem, 2017, 253: 911-917.

[48] Yang Y, Xing X, Zou T, et al. A novel and sensitive ratiometric fluorescence assay for carbendazim based on N-doped carbon quantum dots and gold nanocluster nanohybrid. J Hazard Mater, 2019, 386: 121958.

[49] Jalili R, Amjadi M. Bio-inspired molecularly imprinted polymer-green emitting carbon dot composite for selective and sensitive detection of 3-nitrotyrosine as a biomarker. Sensor Actuat B-Chem, 2018, 255: 1072-1078.

[50] Amjadi M, Jalili R. Molecularly imprinted mesoporous silica embedded with carbon dots and semiconductor quantum dots as a ratiometric fluorescent sensor for diniconazole. Biosens Bioelectron, 2017, 96: 121-126.

[51] Long R, Guo Y, Xie L, et al. White pepper-derived ratiometric carbon dots for highly selective detection and imaging of coenzyme A. Food Chem, 2020, 315: 126171.

[52] Hao A Y, Wang X Q, Mei Y Z, et al. A smartphone-combined ratiometric fluorescence probe for specifically and visibly detecting cephalexin. Spectrochim Acta A, 2020, 249: 119310.

[53] Shokri R, Amjadi M. A ratiometric fluorescence sensor for triticonazole based on the encapsulated boron-doped and phosphorous-doped carbon dots in the metal organic framework. Spectrochim Acta A, 2021, 246: 118951.

[54] Lu C, Liu Y, Wen Q, et al. Ratiometric fluorescence assay for L-cysteine based on Fe-doped carbon dot nanozymes. Nanotechnology, 2020, 31(44): 445703-445710.

[55] Cai Y, You J, You Z, et al. Profuse color-evolution-based fluorescent test paper sensor for rapid and visual

monitoring of endogenous Cu^{2+} in human urine. Biosens Bioelectron, 2018, 99: 332-337.

[56] Liu L, Lin H. Paper-based colorimetric array test strip for selective and semiquantitative multi-ion analysis simultaneous detection of Hg^{2+}, Ag^{+}, and Cu^{2+}. Anal Chem, 2014, 86(17): 8829.

[57] Xu W, Ren C, Teoh C L, et al. An artificial tongue fluorescent sensor array for identification and quantitation of various heavy metal ions. Anal Chem, 2014, 86(17): 8763-8769.

[58] Pu F, Ran X, Ren J, et al. Artificial tongue based on metal-biomolecule coordination polymer nanoparticles. Chem Commun, 2016, 52(16): 3410-3413.

[59] Wei X, Chen Z, Tan L, et al. DNA-catalytically active gold nanoparticle conjugates-based colorimetric multidimensional sensor array for protein discrimination. Anal Chem, 2016, 89(1): 556.

[60] Lim S H, Mix S, Anikst V, et al. Bacterial culture detection and identification in blood agar plates with an optoelectronic nose. The Analyst, 2016, 141(3): 918-925.

[61] Phillips R L, Miranda O R, You C C, et al. Rapid and efficient identification of bacteria using gold-nanoparticle-poly(para-phenyleneethynylene)constructs. Angew Chem Int Ed, 2010, 47(14): 2590-2594.

[62] Qi Y, Xu W, Kang R, et al. Discrimination of saturated alkanes and relevant volatile compounds via the utilization of a conceptual fluorescent sensor array based on organoboron-containing polymers. Chem Sci, 2018, 9: 1892-1901.

[63] Hagleitner C, Hierlemann A, Lange D, et al. Smart single-chip gas sensor microsystem. Nature, 2001, 414(6861): 293-296.

[64] Kurzawski P, Hagleitner C, Hierlemann A. Detection and discrimination capabilities of a multitransducer single-chip gas sensor system. Anal Chem, 2006, 78(19): 6910-6920.

[65] Sener G, Uzun L, Denizli A. Colorimetric sensor array based on gold nanoparticles and amino acids for identification of toxic metal ions in water. ACS Appl Mater Inter, 2014, 6(21): 18395-18400.

[66] Peng J, Li J, Wang X, et al. Silica nanoparticle-enhanced fluorescent sensor array for heavy metal ions detection in colloid solution. Anal Chem, 2018, 90(3): 1628-1634.

[67] Wang Z, Palacios M A, Anzenbacher P. Fluorescence sensor array for metal ion detection based on various coordination chemistries: general performance and potential application. Anal Chem, 2008, 80(19): 7451-7459.

[68] Anzenbacher P, Li F, Palacios M A. Toward wearable sensors: fluorescent attoreactor mats as optically encoded cross-reactive sensor arrays. Angew Chem Int Ed, 2012, 51(10): 2345-2348.

[69] Pan L, Sun S, Zhang A, et al. Truly fluorescent excitation-dependent carbon dots and their applications in multicolor cellular imaging and multidimensional sensing. Adv Mater, 2016, 27(47): 7782-7787.

[70] Leng Y, Qian S, Wang Y, et al. Single-indicator-based multidimensional sensing detection and identification of heavy metal ions and understanding the foundations from experiment to simulation. Sci Rep, 2016, 6: 25354.

[71] Schmittel M, Lin H W. Quadruple-channel sensing: a molecular sensor with a single type of receptor site for selective and quantitative multi-ion analysis. Angew Chem Int Ed, 2007, 46(6): 893-896.

[72] Chen K, Schmittel M. A triple-channel lab-on-a-molecule for triple-anion quantification using an iridium(Ⅲ)-imidazolium conjugate. Chem Commun, 2014, 50(43): 5756-5759.

[73] Khatua S, Samanta D, Bats J W, et al. Rapid and highly sensitive dual-channel detection of cyanide by bis-heteroleptic ruthenium(Ⅱ) complexes. Inorg Chem, 2012, 51(13): 7075-7086.

[74] Xu S, Lu X, Yao C, et al. A visual sensor array for pattern recognition analysis of proteins using novel blue-emitting fluorescent gold nanoclusters. Anal Chem, 2014, 86(23): 11634.

[75] Clelland C T, Risca V, Bancroft C. Hiding messages in DNA microdots. Nature, 1999, 399(6736): 533-534.

[76] Sun W, Lu Y, Mao J, et al. Multidimensional sensor for pattern recognition of proteins based on DNA-gold nanoparticles conjugates. Anal Chem, 2015, 87(6): 3354-3359.

[77] Wei X, Wang Y, Zhao Y, et al. Colorimetric sensor array for protein discrimination based on different DNA chain length-dependent gold nanoparticles aggregation. Biosens Bioelectron, 2017, 97: 332.

[78] Xiang R, Fang P, Ren J, et al. A CuS-based chemical tongue chip for pattern recognition of proteins and antibiotic-resistant bacteria. Chem Commun, 2015, 51(13): 2675-2678.

[79] Wang X, Zhao X, Zheng K, et al. Ratiometric nanoparticle array-based near-infrared fluorescent probes for quantitative protein sensing. Langmuir, 2019, 35(16):5599-5607.

[80] Xu S, Nie Y, Jiang L, et al. Polydopamine nanosphere/gold nanocluster(Au NC)-based nanoplatform for dual color simultaneous detection of multiple tumor-related microRNAs with DNA-assisted target recycling amplification. Anal Chem, 2018, 90: 4039-4045.

[81] Yan P, Li X, Dong Y, et al. A pH-based sensor array for the detection and identification of proteins using CdSe/ZnS quantum dots as an indicator. Analyst, 2019,144: 2891-2897.

[82] Wu P, Miao L, Wang H, et al. A multidimensional sensing device for the discrimination of proteins based on manganese-doped ZnS quantum dots. Angew Chem Int Ed, 2011,50(35):8118-8121.

[83] Lu Y X, Kong H, Wen F, et al. Lab-on-graphene: graphene oxide as a triple-channel sensing device for protein discrimination. Chem Commun, 2013, 49: 81-83.

[84] Carey J R, Suslick K S, Hulkower K I, et al. Rapid identification of bacteria with a disposable colorimetric sensing array. J Am Chem Soc, 2011, 133(19): 7571.

[85] Li B, Li X, Dong Y, et al. Colorimetric sensor array based on gold nanoparticles with diverse surface charges for microorganisms identification. Anal Chem, 2017, 89(20): 10639–10643.

[86] Ngernpimai S, Geng Y, Makabenta J M, et al. Rapid identification of biofilms using a robust multichannel polymer sensor array. ACS Appl Mater Inter, 2019, 11(12): 11202-11208.

[87] Bunz U H, Han J, Cheng H, et al. A polymer/peptide complexased sensor array that discriminates bacteria in urine. Angew Chem Int Ed, 2017, 56(48): 15246-15251.

[88] Zheng L, Fang M, Lagasse M K, et al. Colorimetric recognition of aldehydes and ketones. Angew Chem Int Ed, 2017, 56(33): 9860-9863.

[89] Mosca L, Behzad S K, Anzenbacher P. Small-molecule turn-on fluorescent probes for RDX. J Am Chem Soc, 2015, 137(25): 7967-7969.

[90] Hu J, Jiang X, Lan W, et al. UV-induced surface photovoltage and photoluminescence on n-Si/TiO_2/TiO_2: Eu for dual-channel sensing of volatile organic compounds. Anal Chem, 2011, 83(17): 6552.

[91] Liu Y, Bonizzoni M. A supramolecular sensing array for qualitative and quantitative analysis of organophosphates in water. J Am Chem Soc, 2014, 136(40): 14223.

[92] Qian S, Lin H. Colorimetric sensor array for detection and identification of organophosphorus and carbamate pesticides. Anal Chem, 2015, 87(10): 5395-5400.

[93] Qian S, Leng Y, Lin H. Strong base pre-treatment for colorimetric sensor array detection and identification of N-methyl carbamate pesticides. RSC Adv, 2016, 6(10): 7902-7907.

[94] Ao Z, Guan Z, Cai H, et al. Nitrone formation: a new strategy for the derivatization of aldehydes and its application on the determination of furfurals in foods by high performance liquid chromatography with fluorescence detection. Talanta, 2018, 178: 834-841.

[95] Fahimi-Kashani N, Hormozi-Nezhad M R. Gold-nanoparticle-based colorimetric sensor array for discrimination of

organophosphate pesticides. Anal Chem, 2016: 8099.

[96] Huang X W, Zou X B, Shi J Y, et al. Determination of pork spoilage by colorimetric gas sensor array based on natural pigments. Food Chem, 2014, 145: 549-554.

[97] Li Z, Suslick K S. Portable optoelectronic nose for monitoring meat freshness. ACS Sensors, 2016, 1: 1330-1335.

[98] Chen Y, Fu G, Zilberman Y, et al. Low cost smart phone diagnostics for food using paper-based colorimetric sensor arrays. Food Control, 2017, 82: 227-232.

[99] Umali A P, Leboeuf S E, Newberry R W, et al. Discrimination of flavonoids and red wine varietals by arrays of differential peptidic sensors. Chem Sci, 2011, 2: 439-445.

[100] Ghanem E, Hoptor H, Navarro A, et al. Predicting the composition of red wine blends using an array of multicomponent peptide-based sensors. Molecules, 2015, 20(5): 9170-9182.

[101] Han J S, Bender M, Seehafer K, et al. Identification of white wines by using two oppositely charged poly(*p*-phenyleneethynylene)s individually and in complex. Angew Chem Int Ed, 2016, 55: 7689-7692.

[102] Li Z, Suslick K S. A hand-held optoelectronic nose for the identification of liquors. ACS Sensors, 2018, 3: 121-127.

[103] Ya Z, He K, Lu Z M, et al. Colorimetric artificial nose for baijiu identification. Flavour Fragrance J, 2012, 27(2): 165-170.

[104] Huo D, Yu W, Mei Y, et al. Discrimination of Chinese green tea according to varieties and grade levels using artificial nose and tongue based on colorimetric sensor arrays. Food Chem, 2014, 145: 639-645.

[105] Benjamin A, Suslick L F A K. Discrimination of complex mixtures by a colorimetric sensor array: coffee aromas. Anal Chem, 2010, 82(5): 2067-2073.

[106] Galpothdeniya W, Regmi B P, Mccarter K S, et al. Virtual colorimetric sensor array: single ionic liquid for solvent discrimination. Anal Chem, 2015, 87(8): 4464-4471.

[107] Hong R Y, Chen Q. Dispersion of inorganic nanoparticles in polymer matrices: challenges and solutions. Adv Polymr Sci, 2015, 267: 1-38.

[108] Sun S, Jiang K, Qian S, et al. Applying carbon dots-metal ions ensembles as a multichannel fluorescent sensor array: detection and discrimination of phosphate anions. Anal Chem, 2017, 89: 5542-5548.

[109] Gao L, Li J, Hua C. Chemiluminescence and fluorescence dual-signal graphene quantum dots and their application in pesticides sensing array. J Mater Chem C, 2017, 5(31): 7753-7758.

[110] Chen K, Schmittel M. An iridium(III)-based lab-on-a-molecule for cysteine/homocysteine and tryptophan using triple-channel interrogation. Analyst, 2013, 138: 6742-6745.

[111] Qin M, Huang Y, Li Y, et al. A rainbow structural-color chip for multisaccharide recognition. Angew Chem Int Ed, 2016, 128(24): 7025-7028.

第 8 章　荧光纳米材料与分子印迹联用技术及应用

8.1　分子印迹技术

8.1.1　分子印迹技术的定义

分子印迹技术（molecular imprinting technique，MIT）是模拟天然分子识别现象，人工合成对特定模板分子具有高度选择性的固态高分子聚合物的技术，又称分子模板技术，涉及材料化学、高分子化学、生物化学等多学科。20 世纪 40 年代初，诺贝尔奖获得者鲍林（Pauling）提出了分子印迹技术的基本思想，以抗原为模板合成抗体的理论，即所谓的键合位点和空间匹配的观点。1949 年，Dickey[1]第一次提出“分子印迹”这个概念，但是在漫长的一段时间内并没有引起人们重视。一直到 1973 年，Wulff 课题组第一次报道了人工合成的分子印迹聚合物（MIP），分子印迹技术才逐渐被人们所认识。随后，Mosbach 等于 1993 年在 *Nature* 上发表了茶碱印迹聚合物的报道[2]，该技术在近几年内逐渐被人们所重视，并得到了飞速的发展。

8.1.2　分子印迹技术的基本原理

分子印迹技术原理是在合适的制孔剂中将模板分子和功能单体充分溶解，加入交联剂与引发剂，在其共同作用下使反应体系发生共聚，形成高聚物，最后在适宜的洗脱条件下，使模板分子溶解于适当的洗脱液，进而除去模板分子，得到可以特异性识别模板分子的聚合物。

8.1.3　分子印迹技术的分类

目前，根据分子印迹聚合物在聚合过程中功能单体与模板分子间相互作用的机制不同，分子印迹技术可分为三种方法，即共价法、非共价方法、共价与非共价结合法。

（1）共价法，又称预组装法，由 Wulff 等创立，是指模板分子和功能单体之间通过共价键相互作用进行聚合反应，然后使用化学方法将聚合物中的模板分子移除[3, 4]。通过这种方法得到的聚合物有着分子间识别位点均匀、能力相对强、定位准确的优点，大多不会存在功能单体过量的现象。其缺陷主要是模板分子很难从分子印迹预聚合物中去除，从而导致它的吸附和解吸过程缓慢，同时也限制了其在某些快速分析的样品中的应用。在制备的分子印迹聚合物中，模板通常通过有机溶剂或索氏提取法去除，因为分子的结合是基于共价相互作用，其强性质不利于快速结合和重新结合，共价印迹中的所有识别位点表现出相同的敏感性和亲和力[5]。

（2）非共价方法，又称自组装法。这种方法是目前使用最多的，由 Norrlow 等创立，主要是因为其比较简单，模板分子与功能单体之间通过非共价键作用，如氢键、离子键、疏水作用、范德瓦耳斯力、预聚合步骤中模板和功能单体络合物之间的离子或 π-π 相互作用等[6]。合成结束后，通过单一或复合溶剂水洗，将模板分子从整个聚合物中移除。然后再通过非共价键作用，重新将模板分子键合到已经制备好的分子印迹聚合物中。

与共价法相比，二者的区别主要是功能单体与模板分子间结合机制不同(图 8-1)。在合成功能单体-模板分子复合物时，共价法主要通过可逆性的共价键进行连接，而非共价法则是通过较弱的相互作用。非共价法更加容易进行，不需要烦琐的预聚合络合物的合成，且大量的化合物，特别是生物化合物，能够与功能单体非共价相互作用，所以在分子印迹技术的未来发展过程中，非共价方法所蕴含的潜力更大。

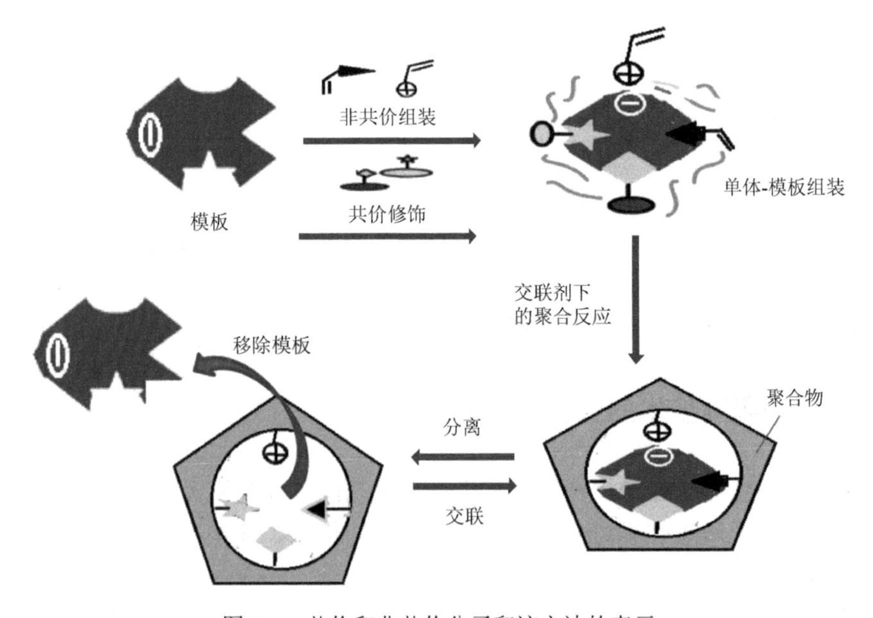

图 8-1　共价和非共价分子印迹方法的表示

（3）共价与非共价结合法，Vulfson 等又将其称之为“牺牲空间法”（sacrificial spacer method，SPM），结合了上述两种方法的优势。先将功能单体和目标物之间通过共价键相互作用相结合，然后将聚合物中的模板分子移除，最后通过非共价键相互作用将功能单体和模板分子结合。

8.1.4 分子印迹技术的应用

近几年来，分子印迹技术引起了生物、化学、药学和医学等研究领域的关注。分子印迹技术所制备的分子印迹聚合物，具有对模板分子选择性高、亲和力好、稳定性高等优点，引起了研究人员高度重视[7]，目前已在色谱分离、固相萃取、免疫分析以及生物传感器等许多研究领域得到了广泛的应用。

1. 色谱分离

分子印迹聚合物最大的优势是对目标物具有高选择性和特异性，因此，其最广泛的研究领域是分离混合物。分子印迹聚合物适用范围广，对于离子、小分子、生物大分子的分离研究已比较成熟。此外，分子印迹聚合物还可以用于手性分离。

Kempe 等以 L-苯乙醇酸为模板分子制备了分子印迹聚合物，将其用于杂环芳香族化合物手性分离[8]。Hosoya 等制备了形状均一的分子印迹聚合物，将其作为高效液相色谱固定相选择性分离了胺类物质 *N*-[3,5-*N*-(3,5-二硝基苯甲酰)-甲基苄胺][9]。Lin 等使用 L-苯丙氨酸-*N*-酰苯胺作为模板分子，甲基丙烯酸或 2-乙烯基吡啶作为功能单体，其通过非共价键相互作用在柱上制备分子印迹聚合物，然后与毛细管电色谱法结合，实现对氨基酸对映体的分离[10]。Kempe 使用非共价键法制备分子印迹聚合物，首次将功能单体甲基丙烯酸与交联剂季戊四醇三丙烯酸酯和 2,2-双（羟甲基）丁醇三甲基丙烯酸酯进行共聚，将制备的聚合物作为高效液相色谱手性固定相选择性分离各种光学活性的氨基酸衍生物和肽[11]。

2. 固相萃取

分子印迹技术与固相萃取技术联用是近年来的研究趋势，将制备的分子印迹聚合物填充到固相萃取柱中，利用分子印迹聚合物的高选择性吸附目标物，最后选择合适的溶剂将已吸附的目标物洗脱，收集洗脱液，从而使目标物从混合物中得到分离。

Blomgren 等利用分子印迹技术从小牛尿液中萃取得到盐酸克伦特罗，将其通过固相萃取和高效液相色谱-紫外检测器联用，实现对盐酸克伦特罗的定量检测[12]。Lin 等利用分子印迹技术与固相萃取技术联用提取药草和血浆中的青藤碱[13]。Caro 等报道了分子印迹技术与固相萃取技术相结合，用于环境和生物样品中的检测应用[14]。Zhu 等利用分子印迹聚合物对水和土壤样品中极性有机磷农药进行了选择性固相萃取分析[15]。Breton 等通过传统本体聚合法制备得到了分子印迹聚合物与固相萃取技术联用选择性吸附氰草津[16]。Yang 等使用本体聚合法制备了一种新的丁宁分子印迹聚合物，将其与固相萃取技术联用，从尿液样本中选择性地提取丁宁[17]。Dong 等利用分子印迹聚合物的选择性和固相萃取技术相结合，测定土壤中的单嘧磺隆残留[18]。

3. 免疫分析

分子印迹聚合物特异性识别目标物的特性，与抗原抗体的高度特异性识别性能相似，它也常常替代抗体用于免疫分析检测。目前，已经有大量的文章报道其在免疫分析中的应用，且分子印迹技术与 ELISA 联用，是近年来的研究趋势。

Piletsky 等将分子印迹聚合物通过化学修饰接枝到微孔板表面，将其作为人工肾上腺素受体，与 ELISA 相结合检测 β-兴奋剂[19]。Wang 等使用室温离子液体介导化学氧化聚合与分子印迹技术相结合，直接在聚苯乙烯 96 孔板上制备分子印迹膜，将控制厚度的分子印迹膜作为人工抗体建立了一种仿生 ELISA，将其应用于水中雌酮的测定[20]。Chianella 等使用分子印迹聚合物纳米颗粒直接替代抗体，与 ELISA 联用，开发了一种新型检测万古霉素的方法[21]。

4. 生物传感器

生物传感器由识别元件与换能器组成，将分析物产生的信号转变为相应的响应信号。1991 年，Mosbach 等首次将分子印迹聚合物用于传感器领域，利用分子印迹聚合物作为识别元件，制备了生物传感器。近年来，分子印迹聚合物在生物传感器方面的研究已日趋成熟，其主要应用于光学、电化学、热、质量、比色等方面。

Umporn 等使用非共价方法制备了呋喃妥因分子印迹聚合物热传感材料，随着目标物浓度的逐渐增加，热量的变化呈现出对应减少的现象[22]。Pietrzyk 等将分子印迹聚合物滴定到聚噻吩阻隔膜上，基于压电微天平质量传感器选择性测定腺嘌呤[23]。Alizadeh 研究了对氧磷的电化学传感器。通过三种不同的方法制备分子印迹聚合物电化学传感器，包括将分子印迹聚合物包埋于碳糊电极内、将分子印迹聚合物聚合到玻碳电极表面、将分子印迹聚合物和石墨烯混合后涂到玻碳电极表面，结果表明采用第一种方法制备的分子印迹电化学传感器性能最佳[24]。Shimizu 等使用甲基丙烯酸为功能单体，以乙二醇二甲基丙烯酸酯为交联剂，其比例为 20∶80，通过改变不同的模板分子，制备了基于 7 种芳香胺分子印迹聚合物的比色传感器（图 8-2）。通过线性判别分析所建立的响应模式准确性可以达到 94%[25]。

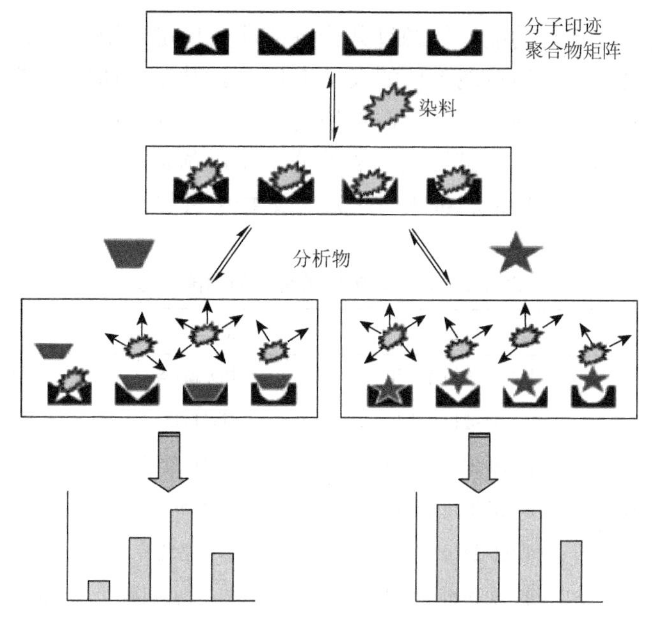

图 8-2　分子印迹聚合物的比色传感器示意图

8.2　分子印迹聚合物的制备

8.2.1　分子印迹聚合物的制备原理及过程

分子印迹聚合物的制备过程如图 8-3 所示，主要由三个步骤组成。

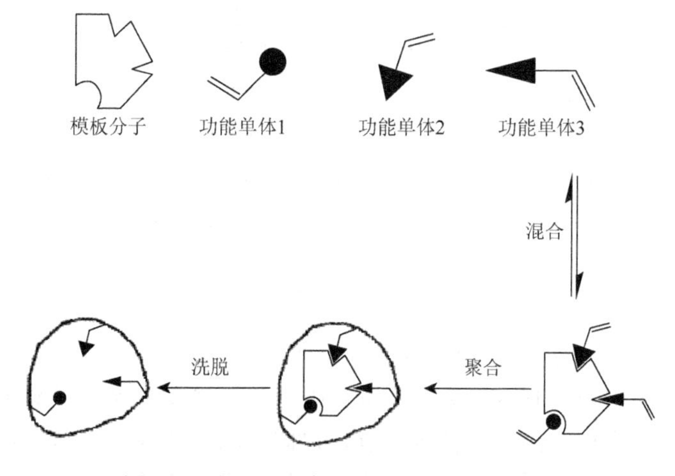

图 8-3　分子印迹聚合物的制备过程示意图

首先，模板分子与功能单体通过共价键或非共价键作用，这里功能单体的选择显得尤为重要，常见的功能单体如表 8-1 所示。其次，通过功能单体与交联剂的共聚，形成分子印迹预聚合物，常见的交联剂如表 8-2 所示。最后，模板分子的洗脱要选择适当的溶剂，破坏已形成的分子印迹预聚合物中模板分子和功能单体之间的键合，从而成功地将模板分子从预聚物中去除，形成分子印迹聚合物。

表 8-1 分子印迹技术常用的功能单体

功能单体	用途	功能单体	用途
丙烯酸	非共价键相互作用	1-乙烯基咪唑	非共价键相互作用
甲基丙烯酸	非共价键相互作用	4-乙烯基吡啶	非共价键相互作用
甲基丙烯酸甲酯	非共价键相互作用	2-乙烯基吡啶	非共价键相互作用
甲基丙烯酸羟乙酯	非共价键相互作用	2,6-二氨基吡啶	非共价键相互作用
三氟甲基丙烯酸	非共价键相互作用	*N*-乙烯基吡咯烷酮	非共价键相互作用
丙烯酰胺	非共价键相互作用	3-氨丙基-3-甲氧基硅烷	非共价键法用于溶胶-凝胶
对乙烯苯甲酸	非共价键相互作用	3-氨丙基-3-乙氧基硅烷	非共价键法用于溶胶-凝胶
亚甲基丁二酸	非共价键相互作用	*N*-（2 氨乙基）-氨丙基-3 甲氧基硅烷	非共价键法用于溶胶-凝胶
二丙烯酰胺-2-甲基-1-丙磺酸	非共价键相互作用	4-乙烯苯酚	共价键相互作用
4-乙烯苯硼酸	共价键相互作用	4-乙烯苯胺	共价键相互作用

表 8-2 分子印迹技术常用的交联剂

交联剂	用途	交联剂	用途
N,N'-二甲基双丙烯酰胺	水相分子印迹	四乙氧基硅烷	溶胶-凝胶分子印迹
N,N'-1,4-亚苯基二丙烯酰胺	有机溶剂分子印迹	戊二醛	表面分子印迹
N,O-二丙烯酰-L-苯丙氨醇	水相分子印迹	环氧氯丙烷	表面分子印迹
乙二醇二甲基丙烯酸酯	有机溶剂分子印迹	季戊四醇三丙烯酸酯	有机溶剂分子印迹
二乙烯基苯	有机溶剂分子印迹	季戊四醇四丙烯酸酯	有机溶剂分子印迹
三甲醇基丙烷三甲基丙烯酸酯	有机溶剂分子印迹		

MIPs 是一种具有特定识别位点的可塑性抗体，在模板分子存在下，通过功能单体的聚合反应很容易制备出来，具有吸附性好、亲和力强、制备简单、抗逆性强、成本低、稳定性和高选择性等优点。它们在固相萃取、化学仿生传感技术、色谱分离和模拟酶等领域显示出重要的应用前景[26]。传统的分子印迹聚合物具有

良好的特异性识别性能。然而，它们在分析和检测过程中缺乏信号输出能力。因此，它们需要与仪器确认方法结合使用[27]。

将荧光材料引入分子印迹聚合物合成系统中，并将靶分子和分子印迹聚合物之间的结合位点转化为可读的荧光信号，进而构建分子印迹荧光传感器（molecularly imprinted fluorescence sensor），实现对目标的特异性识别和荧光检测[28]。色谱方法是常见且最为准确的检测方法之一，但存在耗时长、需要专业操作等问题，而光谱法存在峰重叠、准确度低等问题。因此，基于纳米材料的光谱学可以同时满足高准确度和缩短检测时间的要求，从而实现食品安全中简单、快速、准确检测的要求。与生物传感器相比，纳米材料具有更高的热稳定性和化学稳定性，可应用于更复杂和多变的食品系统。近年来，分子印迹荧光传感器已成为医学、环境和食品安全传感分析领域的研究热点。

8.2.2　分子印迹聚合物的合成方法

分子印迹聚合物的合成方法通常包括以下五种。

1. 本体聚合法

本体聚合法是一种最传统、最简单、最常见的方法。即将功能单体、模板分子和交联剂在适当的溶剂中搅拌，待稳定后加入引发剂引发聚合，一般需要 24h。反应结束后，将预聚物取出，用研钵将其研碎过筛后，使用索氏提取法去除模板分子。最后将其放入真空干燥箱中干燥，即得到需要的分子印迹聚合物。尽管此方法制备简单，但是在研磨的过程中会造成聚合物的损失、破坏现象，也会影响聚合物颗粒的均一性。Wei 等通过本体聚合法制备了对 17-β-雌二醇具有高选择性的分子印迹聚合物，通过扫描电子显微镜观测到该聚合物是大小均一的硅球状，且分散均匀[29]。Lavignac 等使用本体聚合法，利用非共价键键合方法制备了阿特拉津的分子印迹聚合物[30]。

2. 溶胶-凝胶法

溶胶-凝胶法是一种常见的分子印迹聚合方法。该方法选择的功能单体和交联剂通常是硅烷偶联剂，在聚合过程中不需要引发剂，但需要加入催化剂使硅烷试剂水解，形成分子印迹聚合物。常见的催化剂为氨水溶液。该方法与本体聚合法相比，操作环境温和，也不需要研磨，因此可以减少在研磨过程中聚合物的损失。Leung 等使用 3-[*N*,*N*-双（9-蒽基甲基）氨基]丙基三乙氧基硅烷作为功能单体，利用目标物与功能单体中蒽基形成酸碱离子对，检测 2,4-二氯苯氧基乙酸[31]。

Silva 等使用溶胶-凝胶法以 3-丙基三甲氧基硅烷为功能单体，以四乙氧基硅烷为交联剂制备得到咖啡碱的分子印迹聚合物，将其应用于水样及人尿样中甲基黄嘌呤的检测[32]。

3. 表面印迹法

表面印迹法是将分子印迹聚合物制备于某个特定的载体表面，目前最常见的是二氧化硅微球载体、量子点、碳量子点、金属有机骨架材料、上转换荧光纳米材料等。该方法最大的优势是弥补了传统的本体聚合法由于包埋过深，模板分子无法完全洗脱的问题，因为其键合位点位于载体的表面，这样大大提高了分子印迹聚合物的传质速率。Kim 等制备得到了核壳型分子印迹聚合物颗粒，分子印迹聚合物包裹在芳香族聚酰亚胺涂层的硅球外面，用于雌酮的检测[33]。Qian 等将分子印迹聚合物包裹在金属有机骨架材料表面，制备核壳型的材料用于残留速灭威的检测[34]。最近，Qian 等又将分子印迹聚合物包裹在 $NaYF_4$:Yb^{3+},Er^{3+}上转换荧光纳米材料表面，通过荧光强度的变化实现对目标物速灭威的检测[35]。Mao 等使用有机硅烷试剂修饰高发光的碳量子点，将其与分子印迹聚合物相结合，检测人尿样品中的多巴胺残留，这种方法简单、快速、准确性较高，不会受其他分子或离子的干扰[36]。

4. 电聚合法

电化学检测是近几年出现的新型的检测方法，通过电聚合法制得的分子印迹聚合物，呈现薄膜状态，均匀地修饰于电极的表面，可以直接用于电化学检测。Pernites 等使用电聚合法以咔唑为电活性单体制备了三联噻吩的分子印迹聚合物，通过表面等离子体共振传感检测药物分子[37]。Kong 等使用循环伏安电聚合法制备了分子印迹膜，通过与石英晶体微天平联用，将其用于莱克多巴胺的定量检测[38]。Aghaei 等以 2-巯基苯并咪唑为功能单体，使用电聚合法制备了一种新型的电容型分子印迹传感器，将其用于胆固醇的检测[39]。

5. 原位聚合法

原位聚合法也称整体柱法，即将分子印迹聚合物直接聚合在色谱柱或管道内，避免制备好的聚合物再重新填柱子造成的损失及不均匀性，该方法具有很强的实用性。Ou 等利用左旋四氢印迹整体柱和反相高效液相色谱结合的方法检测了延胡索中的延胡索乙素[40]。Yan 等使用原位聚合法制备了单片茶碱分子印迹聚合物，并探讨发现其的结合机制可能为氢键，即分子印迹聚合物和目标物——茶碱分子之间的疏水键[41]。

8.2.3 分子印迹聚合物的构建策略

Andersson 等在 20 世纪 80 年代通过光学表面椭偏法生产了第一个基于分子印迹聚合物的传感器，用于维生素 K_1 的传感[42]。从那时起，分子印迹聚合物与各种光学材料的结合在分析传感领域得到了改进。自此，基于分子印迹聚合物的具有超灵敏特性的荧光传感器已经广泛应用于检测和测定过程中。

图 8-4 为制造嵌入荧光纳米材料的分子印迹荧光传感器的一般过程。如图所示，印迹的第一步是将可聚合的功能单体排列在周围，然后通过分析物和单体前体之间的分子相互作用形成印迹复合物，通常在液相中组装并通过交联剂聚合固定。在这个过程中，发射核心被包裹在分子印迹聚合物基质中。从所得聚合物基质中除去模板，产生了对分析物分子显示出特异性亲和力的空白识别位点。

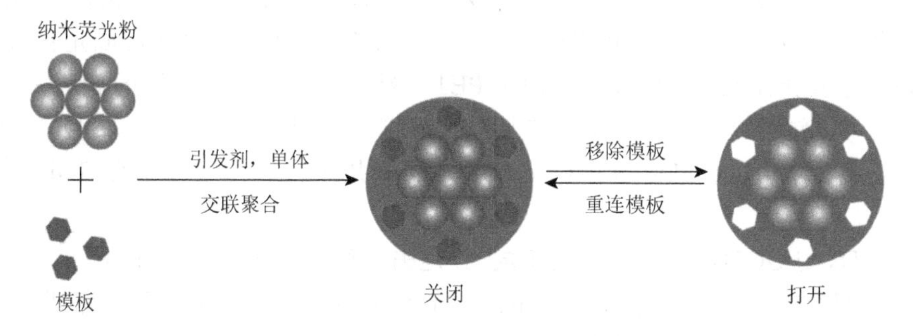

图 8-4 基于荧光纳米材料分子印迹聚合物的制备过程

常用于制备分子印迹聚合物的荧光纳米材料有量子点（QDs）、金属纳米团簇、镧系螯合物和上转换荧光纳米材料等。

1. 基于量子点分子印迹聚合物的构建

QDs 发现于 20 世纪 80 年代初，由ⅡB-ⅥA 或ⅢA-ⅤA 数百至数千个原子组成，并在三个维度上限制在纳米尺度上，显示出优越的量子限制效应。与有机荧光染料相比，QDs 具有更高的光稳定性，且可以显示强发光、激发范围广、发射光谱清晰等特点，这与 QDs 的尺寸有关。嵌入在分子印迹聚合物中的最著名的 QDs 是基于 Cd 和 Zn 的，并且我们知道，使用疏水配体[如三辛基氧膦（trioctyl phosphine oxide，TOPO）]合成的 QDs 可以赋予 QDs 出色的荧光量子产率和化学稳定性，但限制了其亲水性应用。有研究报道通过逆向微乳液聚合，将疏水性 TOPO 修饰的 CdSe QDs 嵌入分子印迹聚合物中，使用环己烷作为连续相，并使用 Triton X-100 作为表面活性剂，获得了高荧光量子产率和亲水性，可用于莱克多巴胺的检测。为了进一步提高在水环境中的应用便利性同时具有高的荧光量子产率，在水相中通过修饰各种封端剂来合成 QDs。以 CdTe QDs 为例，用巯基乙酸修饰 CdTe QDs 以增加表面张力并阻碍其生长，并通过溶胶-凝胶聚合进一步将瘦肉精或三聚氰胺印迹层固定在其表面。CdTe QDs 导带上的电荷没有回到价带，而是转移到了盐酸克伦特罗或三聚氰胺的导带，因此荧光随着分析物浓度的增加而线性猝灭。其他相关的亲水配体修饰的 QDs 也有报道。

由于传统重金属量子点的内在毒性，分子印迹聚合物优先使用新的环境友好型量子点，即石墨烯量子点（graphene quantum dots，GQD）和碳量子点（carbon quantum dots，CQDs）。

GQDs 是 2004 年发现的一种零维石墨纳米材料，是一种碳基 QDs，其横向尺寸小于 100nm，具有纳米级的 sp^2 域。当前，有两种可能的机制被用来解释其光致发光机制：与缺陷的存在有关的带隙跃迁和电子-空穴结合。GQDs 是通过热氧化切割 GO 或其他碳前体来合成，如通过热解柠檬酸。Mehrzad-Samarin 等[43]合成了 GQDs，并用 APTES 对其进一步修饰，合成了二氧化硅固定化 MIP。GQDs 与重新结合的甲硝唑之间的 PET 导致荧光猝灭。类似的研究还有对 APTES-GO 进行水热脱氧，并通过典型的溶胶-凝胶聚合将获得的 GQDs 嵌入分子印迹聚合物中，GQDs 与 4-硝基苯酚之间的共振能量转移到导致 GQDs 的荧光猝灭。

CQDs 与 GQDs 于 2004 年同年发现，是另一种类型的碳基 QDs，尺寸在 10nm 以内，可以通过电弧放电、激光烧蚀和电化学氧化（“自上而下”的路线）破坏较大的碳结构（如石墨和碳纳米管）或通过燃烧/热处理分子前驱体，如柠檬酸、碳水化合物和聚合物-二氧化硅纳米复合材料（“自下向上”路线）来制备。目前有两种可能的 CQDs 荧光发射机制解释：由共轭 π 域引起的带隙跃迁，以及与 CQDs 的表面缺陷相关的原因。Feng 等 [44]使用柠檬酸作为碳源合成了乙烯基修饰的 CQDs，并通过表面印迹法进一步提出了包含 CQDs 的传感器，其中通过计算机模拟筛选出甲基丙烯酸和 4-乙烯基吡啶的功能单体。掺杂的 CQDs 充当信号识别源，识别 *α*-阿马尼汀并进行光学信号输出。此外，Li 等[45]制备了没有进一步修饰后 CQDs 嵌入的分子印迹聚合物：热解柠檬酸的羧基与 *N*-（*β*-氨基乙基-*γ*-氨基丙基甲基二甲氧基硅烷）的胺基反应合成有机硅烷官能化的 CQDs，然后，将 CQDs 与交联剂缩合，形成一锅溶胶-凝胶反应的 Si—O—Si 骨架，印迹 1,8-二羟基蒽醌（另一种模板）（曲霉毒素的替代物）。被包裹 CQDs 的常规荧光猝灭可能是由于受激发的电子从 CQDs@MIP 转移到曲霉毒素。

近年来绿色环保主义风靡世界各地，同时出于环境方面的考虑，研究人员把更多的精力集中在容易获得的、生态友好的和廉价的生物质资源上。因此，CQDs 的制备也向着绿色无毒方向发展。Cheng 等以核桃壳为原料，使之在 1000℃高温碳化成 CQDs[46]；Prasannan 等在 180℃用一锅水热炭化法，以柑橘废皮为原料，合成了荧光 CQDs[47]。Liu 等用甘薯皮通过溶胶-凝胶法制备了分子印迹聚合物包覆的生物质 CQDs[48]（图 8-5）。为了生产生物质 CQDs，他们使用甘薯皮为原料，采用水热合成法，不使用有毒溶剂或复杂的制备程序。

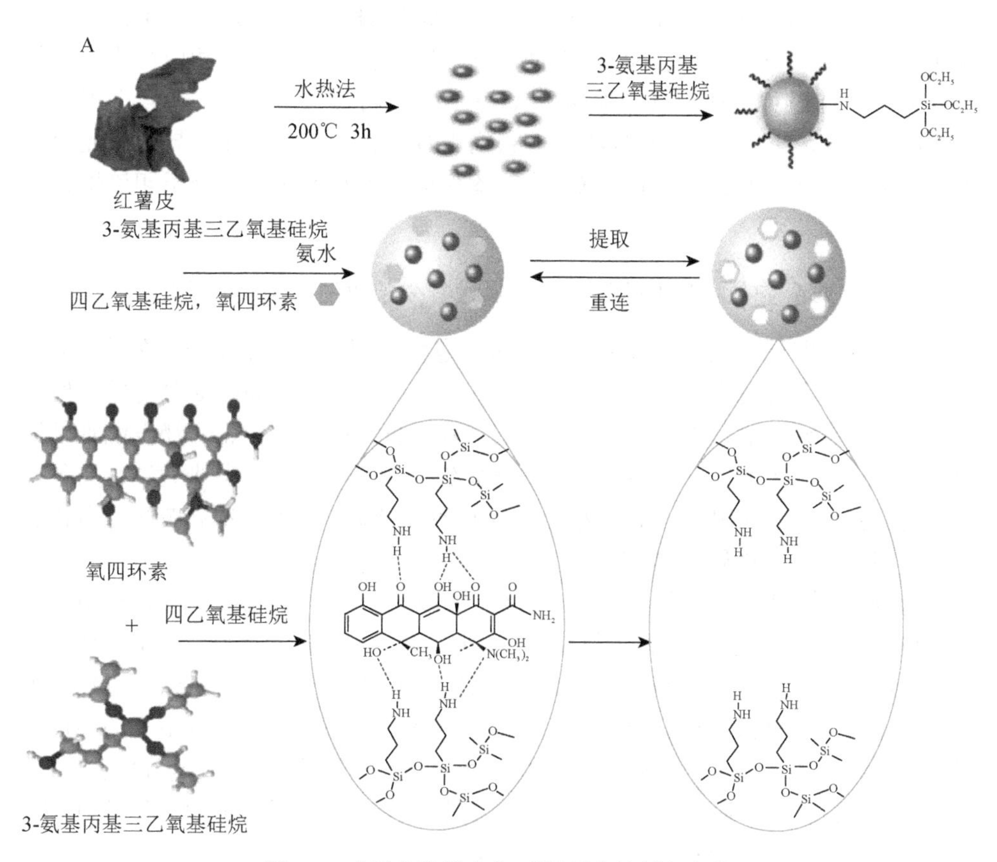

图 8-5　分子印迹聚合物-碳量子点的制备步骤

2. 基于金属纳米团簇分子印迹聚合物的构建

纳米团簇（NCs）是一种新型的荧光纳米材料，通常包含 5nm 之内及数十到数十个超小尺寸的原子，因此它们位于金属原子和纳米颗粒之间。由于与电子的费米波长相当的超小尺寸，NCs 的离散能级提供了与尺寸有关的荧光。除了具有与 QDs 相当的荧光特性外，NCs 还具有低细胞毒性、生物相容性和环境友好性的特点。制备金纳米团簇（Au NCs）和银纳米团簇（Ag NCs）等纳米团簇最通用的方法是使用合适的试剂（如 L-谷胱甘肽）还原水溶液中的金属离子，以稳定 NCs 并增强荧光。

与其他 NCs 相比，Au NCs 在水溶液中表现出更强、更持久的荧光信号，这归因于较低的表面活化能和更强的聚集。例如，在双酚 A（bisphenol A，BPA）印迹层中，强电荷从双酚 A 的富电子芳环转移到双酚 A 的缺电子氨基，并生成 Meisenheimer 配合物以接收双酚 A 的光致发光能量，导致双酚 A 的荧光猝灭。同样，通过在 Ag NCs 芯上的表面印迹，回弹的双酚 A 也通过激发电荷从导电带向双酚 A 转移来猝灭 Ag NCs。然而，贵金属纳米团簇的制备和应用成本高是不可忽视的。相对便宜的铜纳米团簇（Cu NCs）可能是替代它们的一个很好的选择，但与 Au NCs 和 Ag NCs 相比，它们更容易在空气中氧化，导致荧光猝灭和诱导聚集，限制了超小型 Cu NCs 的制备和进一步功能化及在分子印迹聚合物中的应用。

3. 基于镧系螯合物和上转换荧光纳米材料分子印迹聚合物的构建

镧系元素即稀土元素，由于其独特的不饱和 4f 轨道而具有显著的发光特性，在不同的能级上会发生电子跃迁产生荧光。f-f 跃迁通常是 Laporte 禁止的，但在镧系元素中是允许的，因此，跃迁概率低，寿命长（10^{-6}～10^{-2}s）；激发能难以被吸收，导致发光效率低，其替代方法是开发镧系螯合物以提高荧光效率。在各种镧系螯合物中，铕（III）（Eu^{3+}）螯合物因其激发带宽、发射带窄和荧光寿命长而被优先用于分子印迹聚合物。

此外，镧系掺杂上转换荧光纳米材料（upconversion fluorescent nanoparticles，UCNPs）是分子印迹聚合物的新应用，它可以通过多次光子吸收、能量转移或光子雪崩将低能量光（近红外光或红外光）转化为高能光紫外-可见光。与紫外-可见光相比，近红外或红外光可以在不受光损伤的情况下对样品进行更深的穿透，避免了共存物质产生的自身荧光。此外，UCNPs 可以发出窄带和长寿命荧光，毒性低，光漂白。特别是，有效的上转换过程只能通过掺杂三价镧系离子（如 Eu^{3+}）来实现，因为它们在亚稳态上的寿命很长，允许在发射前吸收下一个电子。

8.3 荧光纳米材料与分子印迹联用技术的特性

目前，食品安全检测技术包括仪器检测技术和快速检测技术。仪器检测技术包括气相色谱、液相色谱、毛细管电泳、超临界流体色谱、气相色谱-质谱联用和液相色谱-质谱联用。然而，仪器检测技术显示出复杂样品预处理过程、高成本、复杂操作、长检测时间和大规模昂贵设备的缺点。这种方法不能实现快速现场检测，并且需要专业操作人员。相比之下，快速检测技术简单、快速、成本低、有选择性，并显示出高特异性。因此，它适用于食品质量和安全的快速筛选和监测。近年来，食品质量安全危害因素快速检测技术发展迅速。这些发展主要包括紫外可视化技术[49]、荧光传感技术[50]、拉曼技术[51]、生物免疫技术[52]和电化学技术[53]。

我们对于复杂样品中低浓度目标物的检测主要依赖传统的色谱技术，包括气相色谱、质谱法、气相色谱-质谱联用、高效液相色谱，以及酶联免疫吸附试验或其他先进技术。这些技术灵敏度高、选择性强、重现性好，但也有明显的缺点，如昂贵的实验室样品预处理、复杂的设备、烦琐的样品纯化和制备步骤、大量的处理时间、训练有素的人员要求，不适合检测大量样品，缺乏便携性。这些缺点在很大程度上限制了其应用。因此，我们更需要一种具有高选择性和高灵敏度、操作简便且经济的检测方法，而荧光纳米材料与分子印迹联用技术正符合这一要求。

8.3.1　荧光纳米材料的特性

分子荧光检测技术因其灵敏度高、实时和原位检测能力强、速度快、样品消耗少、成本相对较低等优点而备受关注。随着现代纳米科学的不断发展，具有独特发光特性的各种先进纳米材料被公认为潜在的荧光探针或定量平台。考虑到食品安全检查，基于荧光纳米材料的荧光检测技术显示出了卓越的食品质量控制、食品污染分析和农药残留检查能力：常见用于内嵌的荧光材料如表 8-3 所示，其中应用最为广泛的是量子点[54]和金属纳米团簇[55]。

表 8-3　分子印迹复合材料内嵌各种荧光材料的优点和局限性

类型	优点	局限性
有机荧光染料	种类繁多、颜色丰富、易获取、体积小、生物相容性好、荧光强度相对较高	激发峰窄，发射峰宽且拖尾，稳定性差，易光漂白
量子点	①半导体量子点：化学稳定性好、激发峰宽、发射峰窄且对称、发光强、斯托克斯位移大、保色性好；②碳量子点：毒性低、生物相容性好、化学稳定性良好和与光致发光性质量子点相当	含重离子的量子点：毒性和荧光间歇性
金属纳米团簇	毒性低、易于制备，生物相容性优良，与量子点相比，显示出更强和更持久的荧光信号，归因于更好的耐光漂白和闪烁	贵金属纳米团簇价格昂贵
上转换荧光纳米颗粒	更深的光穿透、缺乏自发荧光（来自生物样品）、长寿命和金属纳米团簇的其他优异光学特性	

相比于传统的荧光染料，荧光纳米材料不仅具有较高的荧光强度和优越的光稳定性，而且具有纳米材料特有的量子效应、小尺寸效应等性质，从而可以弥补传统荧光染料无法克服的缺陷，为化学、物理、医学和生物领域带来新的发展机遇。荧光传感作为传统传感的一种可能替代方案，具有响应时间短、灵敏度高、成本低和简单等优点[56]。近年来，不同的研究人员已经将基于荧光的传感器应用于各个领域，如生物医学诊断、环境监测、质量控制和食品安全。

1. 量子点

量子点是半导体纳米颗粒，由粒径在1～10nm范围内的半导体纳米材料组成。发荧光的半导体纳米材料通常结合二价和三价及四价和六价元素。量子点表现出很强的量子限制效应，因为它们的半径低于激子玻尔半径，一个离散能级（而不是能带）的阶梯形成了类似于分子系统的阶梯。因此，量子点可以表现出独特的光学特性和电子特性，如清晰的发射轮廓、高光致发光和光稳定性效率及与尺寸相关的发射波长。例如，量子点的荧光发射光谱可以通过改变其大小和组成来控制（甚至扩展到覆盖整个可见光区域）。量子点通常表现出宽的激发光谱，通常具有显著的斯托克斯位移和窄且对称的发射峰。同时，量子点暴露于光下表现出优异的稳定性。纳米尺寸的量子限制效应使量子点具有突出的电光特性，如大的消光系数、长的荧光寿命、高的荧光量子产率、显著的光稳定性和强的抗光漂白能力，这些都使其优于传统的用于纳米传感的荧光团。

量子点的光学性质与尺寸大小关系密切，一般来讲，量子点的粒径越小，带隙宽度越大，动能增加越多，电子吸收和发射的能量也越大，量子点的吸收峰和发射峰都会向高能方向移动，发生蓝移；反之，量子点的吸收峰和发射峰会发生红移。因此，通过改变量子点的粒径，即可改变量子点的光学性质，从而制得不同颜色的量子点。由于量子点具有表面原子密度小、表面活化能高、激子运动受限、量子隧穿等一系列特殊性质，因而表现出与传统荧光染料不同的光学性质，在生物医学和光电领域有特殊的应用价值。

量子点的传感机制取决于其发光灵敏度。大多数猝灭或光致发光传感的基础是化学或物理相互作用中目标分析物和量子点荧光团之间的能量转换。量子点具有较长的荧光寿命、较高的荧光量子产率和较宽的吸收光谱，是一种合适的荧光传感纳米颗粒。

2. 碳量子点

碳量子点作为量子纳米材料的最新成员之一，通常由生物材料合成，其主要由碳、氢、氧和氮组成，是一类粒径在10nm以下的准球形碳纳米颗粒。因此，它们的原料比金属量子点原料更丰富、更可靠，比金属量子点具有更好的安全性，且有着良好的光稳定性、易于功能化、高电化学活性、绿色易合成路线、优异的水溶性、良好的生物相容性、明亮的荧光和可调的表面功能性等优异性能，自发现以来吸引了人们的极大关注。

作为一种新型的零维纳米材料，自2004年发现以来，碳量子点逐渐发展成为一种杰出的碳基荧光材料[57]。碳量子点除了继承了有机小分子和传统半导体的优点外，还因其光学性质可调、抗光漂白、低毒性和突出的生物相容性而得到了广泛的研究，因其量子限制效应和表面/边缘效应，使它的荧光性质可以通过调节合成前体、条件和策略而发生变化。

由于其识别特异性、结构可预测性和应用普遍性的独特性质，MIP/CDs 与荧光检测的联用引起了学者们极大的研究兴趣，但碳量子点不能对目标物质进行特异性选择，这阻碍了碳量子点传感器的进一步发展。同时复杂样品中的目标分子也很难检测，因为一些样品的自发荧光特性与碳量子点的荧光发射光谱重叠，并且它们经常被其他物质猝灭，这限制了碳量子点的应用[58]。

碳量子点作为荧光纳米材料有以下几点特性：①具有 pH 的依赖性；②具有依赖于激发波长的发射行为；③具有可调的发射波长；④具有上转换荧光特性；⑤其光致发光机制包括固有发射和表面态发射；⑥磷光性质。

3. 金属纳米团簇

团簇也称超细小簇，属纳米材料的尺度概念。金属纳米团簇一般由少则数个、多则上百个金属原子组成，其尺寸与电子费米波长相当，作为新一代荧光纳米材料，荧光金属纳米团簇提供了金属中原子和纳米颗粒行为之间的联系，随着尺寸接近电子的费米波长，金属纳米团簇表现出尺寸依赖性荧光和离散电子态。金属纳米团簇因其超小的尺寸、强的光致发光、优异的生物相容性和光稳定性及无毒而成为具有吸引力的多功能纳米颗粒。与量子点相比，金属纳米团簇主要由金、银或铜金属核和生物分子配体组成，且具有更好的生物相容性和无毒性。这使得金属纳米团簇成为检测食品污染的理想荧光纳米探针。

按纳米团簇金属核分类，可分为金、银、铜等单金属纳米团簇，或者金银、金铜等合金纳米团簇；按纳米团簇外壳配体种类分类，则有硫醇、膦、炔、硒等单配体保护的纳米团簇，或者硫醇/膦等多配体保护的金属纳米团簇；按配体分子大小分类，则有像苯乙硫醇、谷胱甘肽等小分子保护的金属纳米团簇，也有像蛋白质（牛血清白蛋白）、聚合物等大分子保护的金属纳米团簇。

金属纳米团簇的合成主要有以下四种方法。①还原生长法，一般来说，金属纳米团簇是在合适的还原剂存在下由金属离子还原形成的，然而，在这种情况下，金属纳米颗粒很容易相互作用，不可逆地聚集以降低其表面能，从而产生大的纳米颗粒。因此，生产金属纳米团簇时需要一个合适的稳定支架。此外，支架的性质不仅决定了它们的大小，还决定了它们的荧光。②种子生长法，即采用较小尺寸金属纳米团簇作为种子，逐步生长为较大尺寸金属纳米团簇的方法。与还原生长法相似，均可以通过 2 电子（e^-）还原过程实现。③合金化法，即利用一定量的外来模体逐步交换原来纳米团簇表面的模体实现金属交换从而得到异金属掺杂的合金纳米团簇的方法。④配体交换法与合金化法类似，都属于交换过程，只不过一个是通过交换外来模体生成合金纳米团簇，另一个是交换外围保护配体生成另一种配体保护的或者多配体保护的纳米团簇。金属纳米团簇的合金化及配体交换反应均可以通过表面模体交换机制实现。

荧光金属纳米颗粒具有良好的荧光性质、优异的光稳定性、亚纳米尺寸和低细胞毒性，已成为量子点和其他荧光团的重要替代物，用于生物标记和分子传感器的开发。

8.3.2　分子印迹技术的特性

分子印迹技术有着高选择性、低成本、制备简单、稳定性好等优点，在固相萃取、色谱分离及生物传感器等方面得到广泛应用，分子印迹聚合物可用于提高检测灵敏度和分离效率。传感器也有易于实现、处理周期短、灵敏度和选择性高、用户友好和成本效益高等优点[59]。

MIP 在大多数传感系统中起着重要作用，具有定制和合成的识别位点，这些识别位点在官能团、大小和形状上与目标分子互补。基于分子印迹技术的荧光传感器，由于与小的有机物相比能够放大它们的内在信号，并且 MIP 的化学性质灵活，因此很容易制成具有不同荧光团识别单元的装置[60]。MIP 材料与功能性纳米荧光材料相结合，凭借其优越的表面积、卓越的光学性能和多重传感能力，且具有检测速度快、操作简单、成本低、特异性强和灵敏度高等优点，因此被广泛应用于食品分析。

8.3.3　荧光印迹聚合物的特性

量子点/碳量子点独特的光学性质和分子印迹聚合物高选择性相结合是荧光印迹聚合物的显著优点。荧光印迹聚合物吸附特定目标分子，进一步转换为响应的光信号。在大多数情况下，荧光印迹聚合物的吸附过程促使量子点/碳量子点的荧光强度成比例地降低，使得该材料对于定量分析有价值，并且有望成为制备具有增强的稳定性、灵敏度和选择性响应的传感器的候选材料。因此，量子点/碳量子点作为环境友好的替代纳米材料被引入，能够提供令人满意的光学性能、良好的生物相容性和几乎无毒[61]。

将碳量子点与分子印迹联用技术联用大大提高了碳量子点传感器的选择性、灵敏度和抗干扰能力。荧光碳量子点作为一种新型的碳基纳米材料，具有合成简单、成本低、光学性能优异、水溶性好、生物相容性好等优点。由于其独特的识别特异性、结构可预测性和应用普遍性，荧光印迹聚合物/碳量子点与荧光检测的耦合引起了极大的研究兴趣。

8.4　荧光纳米材料与分子印迹聚合物联用的传感检测技术

基于荧光纳米材料分子印迹聚合物传感检测技术的基本分析原理可以概括为识别成分与目标之间的相互作用，从而导致传感材料的荧光特性的变化，而这些变化定量地与目标分析物的浓度或结构有关，如图 8-6 所示。此外，识别组件激发/发射的影响不大。分子印迹聚合物的荧光信号输出主要有四种，分别是荧光猝灭、荧光增强、比率传感、波长偏移。

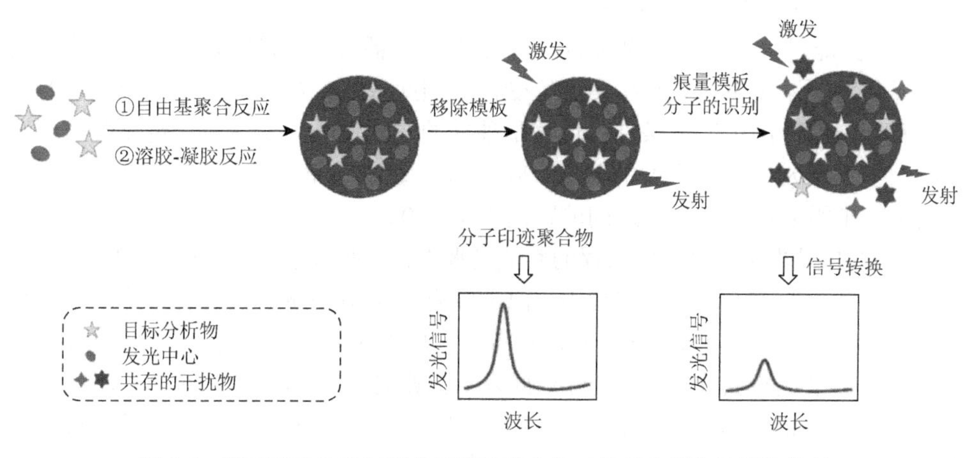

图 8-6　基于荧光纳米材料分子印迹聚合物对目标分析物检测的机制

8.4.1　荧光猝灭

目标分析物对分子印迹聚合物（主要以碳量子点讨论）的猝灭机制主要分为静态猝灭效应（static quenching effect，SQE）、动态猝灭效应（dynamic quenching effect，DQE）、光致电子转移（photoinduced electron transfer，PET）、荧光共振能量转移（fluorescence resonance energy transfer，FRET）和内部过滤效应（inner filter effect，IFE）。

（1）SQE 与分子印迹聚合物中荧光纳米材料基态分子和猝灭剂之间的非荧光基态配合物的形成密切相关。猝灭过程符合 SQE 机制时具有如下特征：①不论猝灭剂存在与否，即 $\tau_0/\tau = 1$，荧光寿命不发生显著变化；②引入猝灭剂后吸收光谱发生变化；③升高温度导致基态复合物的不稳定时，荧光强度逐渐增加。在 SQE 过程中，分子印迹聚合物和猝灭剂之间的化学作用是必要的，因此对碳量子点进行修饰或功能化是必不可少的。

（2）DQE 过程涉及荧光纳米材料的激发态与猝灭剂之间的碰撞。其不同的特性具体表现为：①$\tau_0/\tau \neq 1$；②吸收光谱无明显变化；③随着温度升高，猝灭效果随之增加。

（3）PET 的猝灭机制与电子供体/受体的激发阶段和猝灭剂之间的电子转移过程有关。猝灭剂可以与碳量子点表面上的基团配位形成络合物，当激发的电子返回基态时，该络合物会引发非辐射发射。对于碳量子点而言，其 PET 可以分为还原性和氧化性 PET。作为电子受体，碳量子点在还原 PET 过程中从供体接收电子，这是由猝灭剂的 LUMO 与碳量子点 HOMO 之间的带隙驱动的。在氧化 PET 过程中，电子通过活化的碳量子点传递给猝灭剂。氧化 PET 由碳量子点的 LUMO 和猝灭剂的 LUMO 之间的带隙驱动。

（4）当能量供体通过非辐射的“偶极-偶极”耦合而不是发射光子供受体吸收时，供体将其激发态能量直接传递给受体，因此 FRET 机制的特征在于非辐射能量转移。FRET 满足以下条件：供体是独立的发光中心，受体不一定要发光，而是具有与供体发射光谱重叠的独立吸收光谱。此外，FRET 过程与距离有关，有效的 FRET 需要供体和受体之间的距离为 1～10nm。

（5）IFE 是指由于系统中共存的其他光吸收物质吸收了激发光和/或发射光导致荧光团的荧光猝灭。在 IFE 过程中，由于没有产生新物质，碳量子点的吸收峰和荧光寿命不会改变。IFE 是在荧光光谱研究中众所周知的干扰，并且经常利用 Parker 方程来校正荧光强度。最近根据以下原则开发了基于 IFE 的分子印迹聚合物：①猝灭剂的吸收光谱与碳量子点的激发/发射光谱重叠；②碳量子点与猝灭剂的距离大于 10nm。通过利用 IFE 猝灭机制，已成功开发出许多针对无机和有机分析物的荧光传感器。例如，碳量子点的荧光可以被银纳米颗粒（Ag NPs）和 Cr(Ⅵ)猝灭，而某些分析物由于对猝灭剂的亲和力更强，因此荧光会被恢复。

8.4.2　荧光增强

在目标分析物作用下荧光增强的分子印迹聚合物需要满足以下两点：①碳量子点在没有目标分析物的情况下显示弱荧光或无荧光；②荧光被目标分析物增强时，就会开发出直接增强的荧光传感材料。聚集诱导发光（aggregation-induced emission，AIE）和金属增强荧光（metal-enhanced fluorescence，MEF）的两个主要机制解释了目标分析物引起荧光增强现象。在 AIE 机制中，目标分析物可以与荧光团表面上的基团配位，从而导致表面电荷变化。MEF 通常基于金属纳米结构（如 Au/Ag NPs）的表面等离子体共振（surface plasmon resonance，SPR）现象，SPR 现象使得局部电磁场增强，从而引起附近的荧光团荧光增强，例如，Ag^+诱导的荧光增强可用于检测 Ag^+。

8.4.3　比率传感

单发射型荧光传感器由于荧光强度会受到与目标分析物无关的因素的影响，如传感器的浓度、化学环境、光谱仪参数和样品基质引起的光散射，其灵敏度和选择性均有待提高。比率型荧光传感器通过计算两个或两个以上分辨良好的发射的荧光强度比值，可以进行自我校准。换句话说，比率传感可提供出色的准确性和可靠性，减少环境影响和虚假信号。可以通过将碳量子点与其他荧光团杂交或设计具有固有双重发射的碳量子点来构建双发射传感系统。

8.4.4　波长偏移

发射波长偏移或斯托克斯偏移的变化也可以用于设计荧光传感器。发射波长的位移距离或斯托克斯位移与拟合范围内的目标分析物浓度呈线性比例关系。

8.5　荧光纳米材料与分子印迹联用技术在食品品质检测中的应用

8.5.1　量子点与分子印迹技术联用的应用

2004 年，Lin 等首次将量子点运用到分子印迹技术领域，他们在 4-乙烯基吡啶修饰的量子点表面制备了咖啡因分子印迹聚合物薄膜，将其作为光学传感材料分析识别咖啡因、可可碱和茶碱。在此基础上，进一步研究制备了基于量子点的尿酸、雌三醇和 L-半胱氨酸分子印迹聚合物[62, 63]。随后研究者们对量子点与分子印迹联用技术产生了浓厚的兴趣，进而进行了大量的报道，其研究对象主要分为有机小分子和生物大分子两大类。其中对于有机小分子的研究主要为农兽药残留类，对于生物大分子的研究主要为蛋白质类，最近也有报道量子点与分子印迹聚合物运用于毒素物质的检测。

1. 检测有机小分子

Wang 等建立了基于 Mn 掺杂的 ZnS 量子点分子印迹聚合物的室温磷光传感体系，将其用于水中五氯苯酚的检测[64]，通过表面分子印迹技术将 MIP 层锚定在 Mn 掺杂的 ZnS 量子点表面，研制了一种新型的基于 MIP 的室温磷光（room temperature phosphorescence，RTP）传感器。

Liu 等制备了基于 Mn 掺杂的 ZnS 量子点的分子印迹聚合物，将其用于化学发光传感体系，通过量子点荧光猝灭光学传感检测水中的4-硝基苯酚[65]，结果表明，通过量子点荧光猝灭，MIP修饰的Mn掺杂ZnS量子点对模板分子（4-硝基苯酚）具有很高的选择性。

Stringer等首次将氨基功能化的CdSe量子点嫁接在分子印迹聚合物表面，通过荧光传感检测水中硝基芳烃[66]，使用荧光标记的分子印迹聚合物传感方案，以检测三硝基甲苯（trinitrotoluene，TNT）和二硝基甲苯（dinitrotoluene，DNT）的水溶液浓度。该传感器具有显著的灵敏度，DNT的检测下限为30.1μmol/L，TNT的检测下限为40.7μmol/L。这些浓度相当于0.5～1ppm。

Ge等通过层层自组装法制备了一种基于CdTe量子点和溴氰菊酯分子印迹聚合物的新型化学发光传感器，将其用于化学发光传感体系检测溴氰菊酯[67]，通过平衡结合实验评估分子印迹聚合物与溴氰菊酯的结合特性，并利用扫描电子显微镜研究其形态，且通过平衡结合实验研究了MIP和非印迹聚合物（non-molecularly imprinted polymer，NIP）的结合特性，可知MIP和NIP都可以在水溶液中吸附溴氰菊酯。但是，MIP的吸附能力明显优于NIP。在MIP含量为10mg的情况下，溴氰菊酯的浓度为0～6.0μg/mL。

Zhou等合成了一种新型基于石墨烯量子点的荧光分子印迹聚合物，并将其用于检测水中对硝基酚（4-nitrophenol，4-NP）。具体的制备过程如图8-7所示[68]，

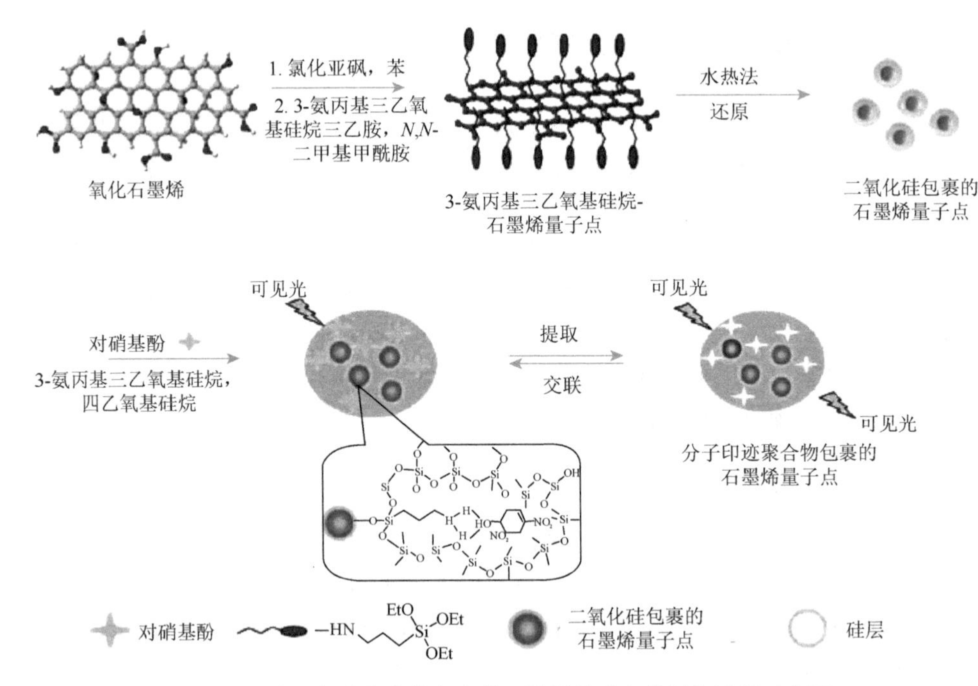

图8-7　分子印迹聚合物包裹的石墨烯量子点的制备过程示意图

石墨烯量子点和 MIP 的结合使分子印迹聚合物具有稳定的荧光性能和模板选择性。由于共振能量从石墨烯量子点（供体）转移到4-NP（受体），当4-NP分子反弹到结合位点时，MIP涂层石墨烯量子点复合材料的荧光可以有效地猝灭。与NIP涂层相比，MIP涂层石墨烯量子点具有更强的结合位点，这是由于其有效的印迹效果，适用于模板分子4-NP。

Xu等使用3-氨丙基三乙氧基硅烷作为功能单体，四乙氧基硅烷作为交联剂，三硝基苯酚作为假模板，制备基于 CdTe 量子点的分子印迹聚合物，将其作为荧光传感材料检测2,4,6-三硝基甲苯（TNT）[69]，随着样品溶液中TNT的存在和增加，在 TNT 和量子点表面的伯胺之间形成了 Meisenheimer 配合物，量子点的能量转移到复合物中，导致量子点猝灭，从而荧光强度降低，因此可以利用光学方式感测TNT，该传感器已成功应用于测定土壤样品中TNT的含量。

Chen等使用双酚酸作为假模板制备了基于量子点的分子印迹聚合物，将其作为光学传感器检测水和土壤中的四溴双酚A（tetrabromobisphenol A，TBBPA）[70]，获得的DPA-MIP-QDs传感器具有卓越的选择性，且对TBBPA有着较高的结合亲和力。Ye等使用一步水相合成法制备了亲水性的量子点分子印迹聚合物，将其用于选择性识别4-氯苯酚（4-chlorophenol，4-CP）[71]，通过这种方法制备的量子点具有简单、快速且无需分离过程的特点，经过 FTIR 光谱的检测进一步确定二氧化硅涂覆的 CdTe 量子点表面上存在MIP，洗脱后，峰形发生变化，表明4-CP已成功地印在硅胶壳中。

Wei等制备了巯基丁二酸修饰的CdTe量子点的分子印迹纳米硅球，通过目标物对量子点荧光猝灭的作用，选择性识别 λ-三氟氯氰菊酯。这个荧光猝灭过程符合 Stern-Volmer 方程的浓度依赖方式[72]，通过透射电子显微镜和扫描电子显微镜镜观察到CdTe量子点和CdTe@SiO_2@MIP材料的结构和形态，量子点的形状接近球形，尺寸在（2.5±0.3）nm 范围内。Li 等使用 3-氨丙基三乙氧基硅烷作为功能单体，四乙氧基硅烷作为交联剂，通过表面印迹过程制备了基于 CdSe 量子点的分子印迹聚合物，将其用于实际样品水中高效氯氟氰菊酯的检测[73]，也表现出更高的光稳定性。

Huy 等使用溶胶-凝胶法制备了基于 CdTe 量子点的分子印迹聚合物，通过目标物与量子点荧光强度的猝灭作用，将其用于瘦肉精（盐酸克伦特罗）和三聚氰胺的识别检测[74]，可以通过改变聚合的速度、模板分子的浓度、量子点的浓度及模板分子、功能单体和交联剂的比例来控制 MIP-CdTe 颗粒的尺寸。基于量子点的荧光猝灭，MIP-CdTe 量子点对盐酸克伦特罗/三聚氰胺分子具有出色的选择性和高灵敏度。通过分析牛奶和肝脏样品中的盐酸克伦特罗和三聚氰胺，成功评估了该方法在实际样品中的可行性，回收率达92%～97%。

Lian 等通过电聚合法将基于量子点的分子印迹聚合物薄膜和壳聚糖复合物聚合到金电极表面，将其作为电化学传感材料检测尿素[75]，实验结果表明所制备的传感器在结构相似性和共存物质中对模板分子表现出优异的特异性识别。此外，该传感器具有良好的重现性和稳定性，可用于测定人血清样品中的尿素，这使得该传感器在实际应用中的可行性较好。

Wang 等[76]合成了一种基于 CdTe 量子点的分子印迹聚合物，以此为材料开发了一种新型的微流控光电传感器，并将其用于检测 *S*-氰戊菊酯，采用固定化 CdTe 的方法制备了纸基 PEC 传感器 QDs@MIP，在纸基丝网印刷工作电极上通过电沉积金纳米颗粒（Au NPs）来提高电子转移效率，提高灵敏度（图 8-8）。

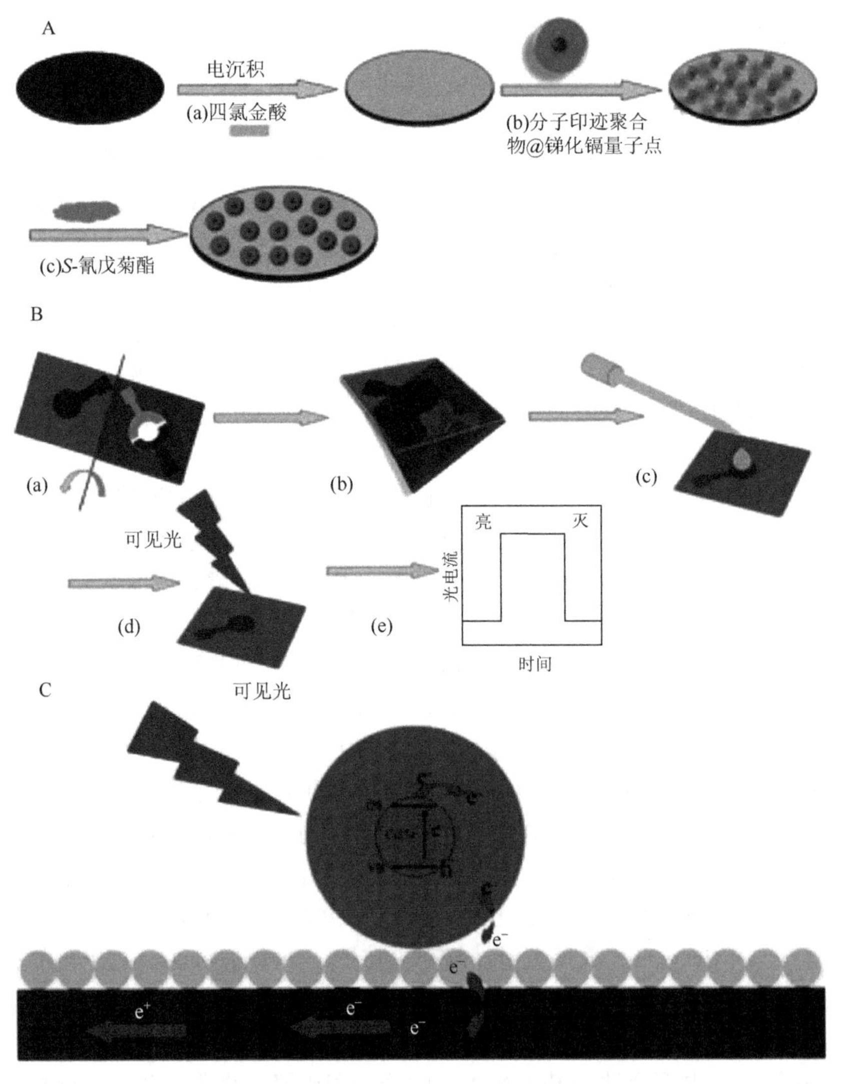

图 8-8　基于 CdTe 量子点-分子印迹聚合物的微流控光电传感器的制备过程[76]

以 *S*-氰戊菊酯为目标分析物，提出的纸基 MI-PEC 传感器在紫外光照射下产生的光电流随着 *S*-氰戊菊酯溶液浓度的增加而减小，猝灭后的纸基 MI-PEC 的检出限为 3.2×10^{-9}mol/L。

2. 检测生物大分子

Zhang 课题组应用量子点和分子印迹联用技术检测了多种蛋白质，他们通过溶胶-凝胶法制备了基于 CdTe 量子点的分子印迹聚合物，将其用于细胞色素 C 的检测[77]，通过溶胶-凝胶反应（印迹过程）合成了复合材料。

将三种不同的分子印迹聚合物固定在改性牛血清蛋白修饰的量子点表面作为荧光人工受体，特异性识别对应的三种模板分子，分别是溶菌酶、细胞色素 C 和甲基化牛血清蛋白。这种将分子印迹聚合物作为荧光受体从复杂样品中分离检测目标蛋白的方法，最大的优势在于可以有效地避免昂贵的抗体和烦琐的样品前处理过程[78]。

使用溶胶-凝胶法制备基于 CdTe 量子点的分子印迹聚合物，并将聚 *N*-异丙基丙烯酰胺和 *N*,*N*-亚甲基双丙烯酰胺作为感温元件引入分子印迹聚合物中，通过温度变化来实现对模板分子牛血红蛋白的识别[79]，由于蛋白质结构的复杂性及其序列的多样性，蛋白质的印迹研究仍然存在挑战，热敏聚合物可以根据环境的温度刺激改变其结构尺寸，它们可以作为温度门来控制目标分子的识别和释放，为蛋白质印迹提供了一种新的方法。

Tang 等合成了基于 CdS 量子点的表面印迹聚合物，通过目标物对量子点的荧光产生猝灭作用，特异性地识别牛血清蛋白（bovine serum albumin，BSA）[80]，将水溶性量子点直接与分子印迹聚合物预聚溶液混合，并对其进行形貌分析，以显示这种新型分子印迹聚合物材料的纳米级结构。实验结果表明，吸附量可达 226.0mg/g，比未掺杂的 BSA 分子印迹聚合物大 142.4mg/g，证明了量子点与 BSA 表面印迹技术结合的有效性。

Lee 等通过使用分子印迹聚（乙烯-共-乙烯醇）量子点的复合纳米颗粒，光学传感识别唾液蛋白[81]，在唾液靶分子（如淀粉酶、脂肪酶和溶菌酶）存在下，使用具有各种乙烯摩尔比的聚（乙烯-共-乙烯醇）溶液进行相转化来制备复合 QDs/MIP。唾液的这些主要蛋白质成分已被认为可能是胰腺癌的生物标志物。在分析物与复合物 MIP 的结合中，以浓度依赖的方式观察到量子点荧光猝灭，并用于构建校准曲线。最后，将复合 MIP 颗粒用于定量检测实际样品（唾液）中的淀粉酶、脂肪酶和溶菌酶。

Yang 等将新型的抗原决定簇分子印迹聚合物（epitope molecularly imprinted polymer，EMIP）与靶蛋白 BSA 合成了分子印迹聚合物包裹的二氧化硅修饰的 CdTe 量子点，通过荧光强度的变化特异性地定量检测牛血清中的 BSA[82]，所得的 EMIP 膜能够通过识别腔选择性地捕获模板肽和相应的靶蛋白 BSA。

3. 检测毒素

Fang 等首次将量子点分子印迹聚合物荧光传感体系用于玉米赤霉烯酮（zearalenone toxin，ZON）毒素的检测，他们使用本体聚合法制备了基于 CdSe/ZnS 量子点的分子印迹聚合物，ZON 价格昂贵，毒性很大，因此 ZON 类似物环癸基-2,4 二羟基苯甲酸酯（cyclodecyl-2,4-dihydroxybenzoate，CDHB）被用作替代模板，将其作为荧光传感材料用于谷物样品中霉菌毒素 ZON 的检测[83]。

4. 重金属

Luo 等[84]通过化学刻蚀策略，在不使用功能单体和交联剂的情况下，合成了一种新型的磁性 Cd^{2+}印迹荧光 CdTe 量子点，即直接在巯基修饰的磁性二氧化硅球表面引入碲化镉量子点，利用乙二胺四乙酸（ethylenediaminetetraacetic acid，EDTA）刻蚀制备荧光离子印迹，合成了基于 CdTe 量子点和 Fe_3O_4 的离子印迹聚合物。该传感器不仅可用于 Cd^{2+}的荧光定量分析，还可用于 Cd^{2+}的磁性吸附和去除。

8.5.2 碳量子点与分子印迹技术联用的应用

1. 检测有机小分子

Li 等采用微波辅助溶胶-凝胶法制备了单孔中空分子印迹包埋 CDs。该方法的检出限为 3.1ng/mL，线性范围为 10～200ng/mL，回收率为 93%～105%，精密度低于 1.6%。在 4℃保存两个月后，分散在 PBS 中，荧光峰没有偏移，初始荧光强度为 94%[85]。

Poshteh-Shirani 等提出了一种通过水热法的荧光方法，用于基于分子印迹聚合物涂覆的硅烷掺杂碳量子点纳米复合材料作为光学传感器（MIP@Si-CQDs）来感测啶虫脒（acetamiprid，ACT）[86]。

Zhang 等基于碳量子点嵌入共价有机骨架的表面印迹法开发了一种用于色胺（tryptamine，Try）的光传感检测系统[87]，光传感器由基于碳量子点嵌入的共价有机骨架的分子印迹聚合物组成。操作原理取决于吸附剂，其提供具有高亲和力和特异性的大量可接近的识别位点，以实现快速摄取和高尝试能力。光敏系统依赖于 Try 分子印迹聚合物的荧光强度与 Try 分子浓度在 0.025～0.4mg/kg 范围内呈线性关系，检出限为 7μg/kg。

Jiao 等合成了基于分子印迹聚合物的荧光碳量子点传感器，用于鉴定全氟辛烷磺酸[88]。他们使用掺杂在壳聚糖水凝胶上的碳量子点作为信号传感器，通过环氧氯丙烷与壳聚糖的聚合反应，利用模板分子与壳聚糖的氨基和碳量子点之间的相互作用形成静电相互作用或氢键。将所提出的水凝胶应用于尿液和血清样品中全氟辛烷磺酸的检测，并与液相色谱-质谱法进行了比较。

2. 检测生物大分子

Fang 等将碳量子点和分子印迹聚合物结合构建了荧光探针[89]。他们分别以溶菌酶、碳量子点/二氧化硅和 *N*-异丙基丙烯酰胺作为模板、信号报告子和功能单体制备了分子印迹聚合物包覆的碳量子点/二氧化硅复合材料。为了荧光识别牛血红蛋白，Lv 等采用一锅法，以多巴胺为功能单体制备了磁性碳量子点[90]。

3. 检测毒素

Eskandari 等 [91]成功制备了基于碳量子点的荧光探针，并将其应用于尿液中头孢克肟残留量的测定，线性范围为 0.001～0.7g/mL，检出限为 0.54ng/mL。本方法已成功用于药物和尿液样品中头孢克肟残留量的测定（图 8-9）。

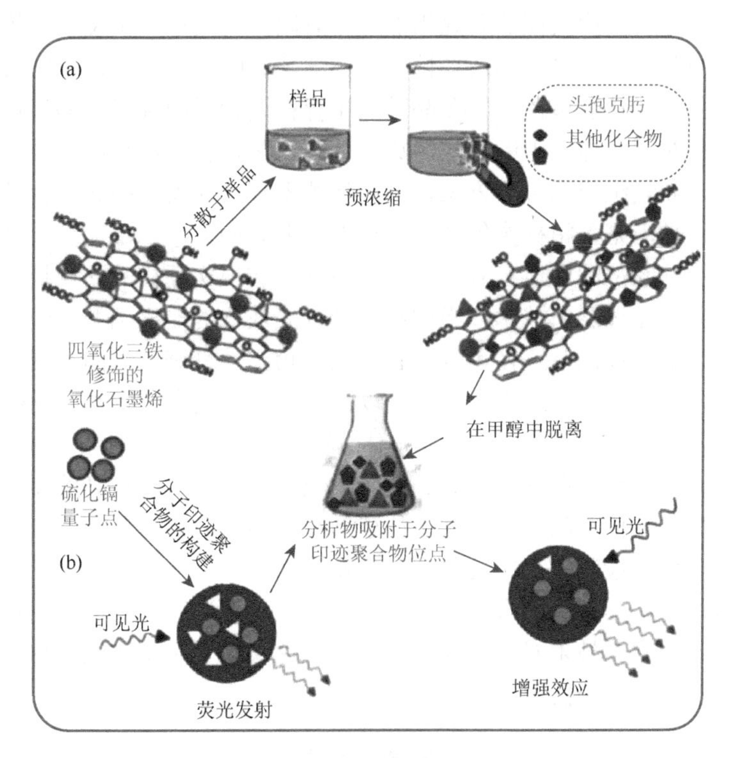

图 8-9　基于碳量子点的荧光探针的制备及其在尿液中头孢克肟残留检测中的应用

（a）头孢克肟的预浓缩；（b）荧光探针的荧光检测

8.6 展　　望

荧光纳米材料与分子印迹联用技术的高选择性和荧光材料的高灵敏度响应，将分子识别转化为可读的荧光信号。这一方面弥补了分子印迹聚合物只能识别而不能传输信号的缺点，并有效地集成了识别单元和信号输出单元。分子印迹荧光传感器进一步提高了分子印迹的性能，拓宽了其应用范围，从而促进了复杂基质中痕量物质的高效富集和高灵敏度检测。与传统的分析技术相比，分子印迹技术具有高灵敏度和高选择性的特点，因此在食品和环境安全的快速检测方面显示出巨大的潜力和良好的应用前景。

荧光纳米材料与分子印迹联用技术将以更快的速度发展。其挑战和展望主要集中在以下几个方面：①现有合成方法制备的分子印迹聚合物仍然存在一些缺点，如形状不规则、粒径不均匀、相互作用位点不均匀、聚合时间长等。因此，有必要针对分子印迹聚合物开发新的合成方法。②对分子印迹过程、分子识别机制、传质机制和聚合物结构表征的研究仍然非常有限，需要进一步发展，需要进一步的研究来提高分子印迹材料的选择性、传质速率和吸附能力，以及制备能够特异性结合模板分子的功能单体。③食品基质中存在两种或两种以上的残留物非常常见，经常需要对同一样品中的不同污染物、残留物进行多次检测。因此，通过调整探针尺寸、元素组成和合成方法，同时检测多种食品安全因素，并开发复合多指标类集调查是未来多指标类集调查发展的重要方向。④开发新型荧光材料，考虑到传感性能、经济和环境友好性。⑤为更好地实现实际样品的现场检测，荧光纳米材料与分子印迹联用技术应当向高选择性集成化的非标记型、快速超灵敏、裸眼可视化、制备周期短、使用寿命长、储存稳定性良好的方向发展。研发更加简易、便携、可视化的快速检测仪器，以方便对食品安全隐患的现场检测。

综上所述，设计和开发更多功能单体-模板分子相互作用体系，对可控聚合方法进行深入研究，制备选择性更高、聚合物层更薄、灵敏度更高的微纳米颗粒，结合智能手机、平板电脑、云数据库构建新型智能荧光快速检测平台，对促进食品和环境安全快速检测技术的发展具有重要意义。

相信跨学科科学辅助综合方法的建立可以克服上述障碍，促进当前荧光纳米材料与分子印迹联用技术对食品检测的进步。这种努力有望有助于环境状况、食品安全和人类健康现场监测的进步。

参 考 文 献

[1] Diekey FH. The preparation of specific adsorbents. Proc Nat Acad Sci USA, 1949, 35(11): 227-229.

[2] Norrlow O, Glad M, Mosbach K. Acrylic polymer preparations containing recognition sited obtained by imprinting

with substrates. J Chromatogr, 1984, 299 (1):29-41.

[3] Wulff G. Molecular recognition in polymers prepared by imprinting with template, polymeric reagents and catalytic. ACS Symp Ser, 1986, 308(2): 186-200.

[4] Wulff G, Vesper W, Einsler R G. Sythetic polymers with chiral cavities. Makromol Chem, 1977, 178(11): 2799-2802.

[5] Gama M R. Bottoli CBG Molecularly imprinted polymers for bioanalytical sample preparation. J Chromatogr, 2017, 1043: 107-121.

[6] Norrlow O, Glad M, Mosbach K. Acrylic polymer preparations containing recognition sited obtained by imprinting with substrates. J Chromatogr, 1984, 299(1): 29-41.

[7] Li A. Molecular imprinting: developments and applications in the analytical chemistry field. J Chromatogr B, 2000, 745(1): 3-13.

[8] Kempe M, Mosbach K, Fischer L. Chiral separation using molecular imprinted heteroaromatic polymers. J Mol Recognit, 1993, 6(1): 25-29.

[9] Hosoya K, Yoshizako K, Shirasu Y, et al. Molecular imprinted uniform-size polymer based stationary phase for high performance liquid chromatography structural contribution of cross-linked polymer network on specific molecular recognition. J Chromatogr A, 1996, 728(1-2): 139-147.

[10] Lin J M, Nakagama T, Uchiyama K, et al. Capillary electrochromatographic separation of amino acid enantiomers using on-column prepared molecularly imprinted polymers. J Pharmaceu Biomed Anal, 1997, 15(9-10): 1351-1358.

[11] Kempe M. Antibody-mimicking polymers as chiral stationary phase in HPLC. Anal Chem, 1996, 68(11): 1948-1953.

[12] Blomgren A, Berggren C, Holmberg A, et al. Extraction of clenbuterol from calf urine using a molecularly imprinted polymer followed by quantitation by high-performance liquid chromatography with UV detection. J Chromatogr A, 2002, 975(1): 157-164.

[13] Lin L, Zhang J, Fu Q, et al. Concentration and extraction of sinomenine from herb and plasma using a molecularly imprinted polymer as the stationary phase. Anal Chim Acta, 2006, 561, (1-2): 178-182.

[14] Caro E, Marcé R M, Borrull F, et al. Application of molecularly imprinted polymers to solid-phase extraction of compounds from environmental and biological samples. Trend Anal Chem, 2006, 25(2): 143-154.

[15] Zhu X, Yang J, Su Q, et al. Selective solid-phase extraction using molecularly imprinted polymer for the analysis of polar organophosphorus pesticides in water and soil samples. J Chromatogr A, 2005, 1092(2): 161-169.

[16] Breton F, Euzet P, Piletsky S A, et al. Integration of photosynthetic biosensor with molecularly imprinted polymer-based solid phase extraction cartridge. Anal Chim Acta, 2006, 569(1-2): 50-57.

[17] Yang J, Hu Y, Cai J B, et al. A new molecularly imprinted polymer for selective extraction of cotinine from urine samples by solid-phase extraction. Chin Chem Lett, 2006, 384(3): 761-768.

[18] Dong X, Wang N, Wang S, et al. Synthesis and application of molecularly imprinted polymer on selective solid-phase extraction for the determination of monosulfuron residue in soil. J Chromatogr A, 2004, 1057(1-2): 13-19.

[19] Piletsky S A, Piletska E V, Chen B, et al. Chemical grafting of molecularly imprinted homopolymers to the surface of microplates. Application of artificial adrenergic receptor in enzyme-linked assay for β-agonists determination. Anal Chem, 2000, 72(18): 4381-4385.

[20] Wang S, Xu Z, Fang G, et al. Development of a biomimetic enzyme-linked immunosorbent assay method for the

determination of estrone in environmental water using novel molecularly imprinted films of controlled thickness as artificial antibodies. J Agr Food Chem, 2009, 57(11): 4528-4534.

[21] Chianella I, Guerreiro A, Moczko E, et al. Direct replacement of antibodies with molecularly imprinted polymer nanoparticles in ELISA-development of a novel assay for vancomycin. Anal Chem, 2013, 85(17): 8462-8468.

[22] Umporn A, Nenad G E, Frieder W S. Thermometric sensing of nitrofurantoin by noncovalently imprinted polymers containing two complementary functional monomers. Anal Chem, 2011, 83(20): 7704-7711.

[23] Pietrzyk A, Suriyanarayanan S, Kutner W. Molecularly imprinted polymer (MIP) based piezoelectric microgravimetry chemosensor for selective determination of adenine. Biosens Bioelectron, 2010, 25(11): 2522-2529.

[24] Alizadeh T. Comparison of different methodologies for integration of molecularly imprinted polymer and electrochemical transducer in order to develop a paraoxon voltammetric sensor. Thin Solid Films, 2010, 518(21): 6099-6106.

[25] Greene N T, Shimizu K D. Colorimetric molecularly imprinted polymer sensor array using dye displacement. J Am Chem Soc, 2005, 127(15): 5695-5700.

[26] Gui R, Jin H, Guo H, et al. Recent advances and future prospects in molecularly imprinted polymers-based electrochemical biosensors. Biosens Bioelectron, 2018, 100: 56-70.

[27] Bagheri A R, Arabi M, Ghaedi M, et al. Dummy molecularly imprinted polymers based on a green synthesis strategy for magnetic solid-phase extraction of acrylamide in food samples. Talanta, 2019, 195: 390-400.

[28] Wagner S, Bell J, Biyikal M, et al. Integrating fluorescent molecularly imprinted polymer (MIP) sensor particles with a modular microfluidic platform for nanomolar small-molecule detection directly in aqueous samples. Biosens Bioelectron, 2018, 99: 244-250.

[29] Wei S, Molinelli A, Mizaikoff B. Molecularly imprinted micro and nanospheres for the selective recognition of 17 β-estradiol. Biosens Bioelectron, 2006, 21(10): 1943-1951.

[30] Lavignac N, Brain K R, Allender C J. Concentration dependent atrazine-atrazine complex formation promotes selectivity in atrazine imprinted polymers. Biosens Bioelectron, 2006, 22(1): 138-144.

[31] Leung M K P, Chow C F, Lam M H W. A sol-gel derived molecular imprinted luminescent PET sensing material for 2, 4-dichlorophenoxyacetic acid. J Mater Chem, 2001, (11): 2985-2991.

[32] Silva RG, Augusto F. Sol-gel molecular imprinted ormosil for solid-phase extraction of methylxanthines. J Chromatogr A, 2006, 1114(2): 216-223.

[33] Kim T H, Ki C D, Cho H, et al. Facile Preparation of core-shell type molecularly imprinted particles: molecular imprinting into aromatic polyimide coated on silica spheres. Macromolecules, 2005, 38(15): 6423-6428.

[34] Qian K, Fang G, Wang S. A novel core–shell molecularly imprinted polymer based on metal-organic frameworks as a matrix. Chem Commun, 2011, (47): 10118-10120.

[35] Qian K, Fang G, Wang S. Highly sensitive and selective novel core-shell molecularly imprinted polymer based on $NaYF_4$: Yb^{3+}, Er^{3+}upconversion fluorescent nanorods. RSC Adv, 2013, (3): 3825-3828.

[36] Mao Y, Bao Y, Han D. Efficient one-pot synthesis of molecularly imprinted silica nanospheres embedded carbon dots for fluorescent dopamine optosensing. Biosens Bioelectron, 2012, 38(1): 55-60.

[37] Pernites R, Ponnapati R, Felipe MJ, et al. Electropolymerization molecularly imprinted polymer (E-MIP) SPR sensing of drug molecules: pre-polymerization complexed terthiophene and carbazole electroactive monomers. Biosens Bioelectron, 2011, 26(5): 2766-2771.

[38] Kong L J, Pan M F, Fang G Z, et al. Molecularly imprinted quartzcrystal microbalance sensor based on

poly(*o*-aminothiophenol)membrane and Au nanoparticles for ractopamine determination. Biosens Bioelectron, 2014, 51: 286-292.

[39] Aghaei A, Hosseini M R M, Najafi M. A novel capacitive biosensor for cholesterol assay that uses an electropolymerized molecularly imprinted polymer. Electrochim Acta, 2010, 55(5): 1503-1508.

[40] Ou J, Kong L, Pan C, et al. Determination of dl-tetrahydropalmatine in *Corydalis yanhusuo* by l-tetrahydropalmatine imprinted monolithic column coupling with reversed-phase high performance liquid chromatography. J Chromatogr A, 2006, 1117(2): 163-169.

[41] Yan H, Row K H. Characteristic and molecular recognition mechanism of theophylline monolithic molecularly imprinted polymer. J Liq Chromatogr R T, 2006, 29(10): 1393-1404.

[42] Andersson L I, Mandenius C F, Mosbach K. Studies on guest selective molecular recognition on an octadecyl silylated silicon surface using ellipsometry. Tetrahedron Lett, 29(1988): 5437-5440.

[43] Mehrzad-Samarin M, Faridbod F, Dezfuli A S, et al. A novel metronidazole fluorescent nanosensor based on graphene quantum dots embedded silica molecularly imprinted polymer. Biosens Bioelectron, 2017, 92: 618-623.

[44] Feng L, Tan L, Li H, et al. Selective fluorescent sensing of α-amanitin in serum using carbon quantum dots-embedded specificity determinant imprinted polymers. Biosens Bioelectron, 2015, 69: 265-271.

[45] Li D Y, Zhang X M, Yan Y J, et al. Thermo-sensitive imprinted polymer embedded carbon dots using epitope approach. Biosens Bioelectron, 2016, 79: 187-192.

[46] Cheng C, Shi Y, Min L, et al. Carbon quantum dots from carbonized walnut shells: structural evolution, fluorescence characteristics, and intracellular bioimaging. Mater Sci Eng C Mater Biol Appl, 2017, 79: 473-480.

[47] Prasannan A, Imae T. One-pot synthesis of fluorescent carbon dots from orange waste peels. Ind Eng Chem Res, 2013, 52(44): 15673-15678.

[48] Liu H, Ding L, Chen L, et al. A facile, green synthesis of biomass carbon dots coupled with molecularly imprinted polymers for highly selective detection of oxytetracycline. J Ind Eng Chem, 2018, 69: 1123-1127.

[49] Liu G, Yang X, Li T, et al. Spectrophotometric and visual detection of the herbicide atrazine by exploiting hydrogen bond-induced aggregation of melamine-modified gold nanoparticles. J Microchim Acta, 2015, 182, 1983-1989.

[50] Liu G, Huang X, Zheng S, et al. Novel triadimenol detection assay based on fluorescence resonance energy transfer between gold nanoparticles and cadmium telluride quantum dots. Dye Pigm, 2018, 149: 229-235.

[51] Chen J, Huang Y, Kannan P, et al. Flexible and adhesive surface enhance raman scattering active tape for rapid detection of pesticide residues in fruits and vegetables. Anal Chem, 2016, 88: 2149-2155.

[52] Pan D, Gu Y, Lan H, et al. Functional graphene-gold nano-composite fabricated electrochemical biosensor for direct and rapid detection of bisphenol A. Anal Chim Acta 2015, 853: 297-302.

[53] Rotariu L, Lagarde F, Jaffrezic-Renault N, Bala C. Electrochemical biosensors for fast detection of foodcontaminants—trends and perspective. TrAC Trends Anal Chem, 2016, 79: 80-87.

[54] Li J J, Zhu J J, Xu K. Fluorescent metal nanoclusters: from synthesis to applications. TrAC Trends Anal Chem, 2014, 58: 90-98.

[55] Shang L, Dong S, Nienhaus G U. Ultra-small fluorescent metal nanoclusters: synthesis and biological applications. Nano Today, 2011, 6: 401-418.

[56] Lv S, Tang Y, Zhang K, et al. Wet NH_3-triggered NH_2-MIL-125(Ti) structural switch for visible fluorescence immunoassay impregnated on paper. Anal Chem, 2018, 90: 14121-14125.

[57] Xu X, Ray R, Gu Y, et al. Electrophoretic analysis and purification of fluorescent single-walled carbon nanotube

fragments. J Am Chem Soc, 2015, 126(40): 12736-12737.

[58] Shao H, Li C, Ma C, et al. An ion-imprinted material embedded carbon quantum dots for selective fluorometric determination of lithium ion in water samples. Microchim Acta, 2017, 187: 4861-4868.

[59] Zhou Q, Tang D. Recent advances in photoelectrochemical biosensors for analysis of mycotoxins in food. TrAC Trends Anal Chem, 2020, 124: 115814.

[60] Wu X, Zhang Z, Li J, et al. Molecularly imprinted polymers-coated gold nanoclusters for fluorescent detection of bisphenol A. Sensor Actuat B-Chem, 2015, 211: 507-514.

[61] Qi Z, Lu R, Wang S, et al. Selective fluorometric determination of microcystin-LR using a segment template molecularly imprinted by polymer-capped carbon quantum dots. Microchemical Journal, 2021, 161: 105798.

[62] Lin C I, Joseph A K, Chang C K, et al. Molecularly imprinted polymeric film on semiconductor nanoparticles analyte detection by quantum dot photoluminescence. J Chromatogr A, 2004, 1027(1-2): 259-262.

[63] Lin C I, Joseph A K, Chang C K, et al. Synthesis and photoluminescence study of molecularly imprinted polymers appended onto CdSe/ZnS core-shells. Biosens Bioelectron, 2004, 20, (1): 127-131.

[64] Wang H F, He Y, Ji T R, et al. Surface molecular imprinting on Mn-doped ZnS quantum dots for room-temperature phosphorescence optosensing of pentachlorophenol in water. Anal Chem, 2009, 81(4): 1615-1621.

[65] Liu J, Chen H, Lin Z, et al. Preparation of surface imprinting polymer capped Mn-doped ZnS quantum dots and their application for chemiluminescence detection of 4-nitrophenol in tap water. Anal Chem, 2010, 82(17): 7380-7386.

[66] Stringer R C, Gangopadhyay S, Grant S A, et al. Detection of nitroaromatic explosives using a fluorescent-labeled imprinted polymer. Anal Chem, 2010, 82(10): 4015-4019.

[67] Ge S, Zhang C, Yu F, et al. Layer-by-layer self-assembly CdTe quantum dots and molecularly imprinted polymers modified chemiluminescence sensor for deltamethrin detection. Sensor Actuat B-Chem, 2011, 156(1): 222-227.

[68] Zhou Y, Qu Z, Zeng Y, et al. A novel composite of graphene quantum dots and molecularly imprinted polymer for fluorescent detection of paranitrophenol. Biosens Bioelectron, 2014, 52: 317-323.

[69] Xu S, Lu H, Li J, et al. Dummy molecularly imprinted polymers-capped CdTe quantum dots for the fluorescent sensing of 2, 4, 6-trinitrotoluene. ACS Appl Mater Inter, 2013, 5(16): 8146-8154.

[70] Chen Y P, Wang D N, Yin Y M, et al. Quantum dots capped with dummy molecularly imprinted film as luminescent sensor for the determination of tetrabromobisphenol A in water and soils. J Agr Food Chem, 2012, 60(42): 10472-10479.

[71] Ye T, Lu S Y, Hu Q Q, et al. One-bath synthesis of hydrophilic molecularly imprinted quantum dots for selective recognition of chlorophenol. Chin Chem Lett, 2011, 22(10): 1253-1256.

[72] Wei X, Meng M, Song Z, et al. Synthesis of molecularly imprinted silica nanospheres embedded mercaptosuccinic acid-coated CdTe quantum dots for selective recognition of λ-cyhalothrin. J Lumin, 2014, 153: 326-332.

[73] Li H, Li Y, Cheng J. Molecularly imprinted silica nanospheres embedded CdSe quantum dots for highly selective and sensitive optosensing of pyrethroids. Chem Mater, 2010, 22(8): 2451-2457.

[74] Huy B T, Seo M H, Zhang X, et al. Selective optosensing of clenbuterol and melamine using molecularly imprinted polymer-capped CdTe quantum dots. Biosens Bioelectron, 2014, 57: 310-316.

[75] Lian H T, Liu B, Chen Y P, et al. A urea electrochemical sensor based on molecularly imprinted chitosan film doping with CdS quantum dots. Anal Biochem, 2012, 426(1): 40-46.

[76] Wang Y, Zang D, Ge S, et al. A novel microfluidic origami photoelectrochemical sensor based on CdTe quantum dots modified molecularly imprinted polymer and its highly selective detection of S-fenvalerate. Electrochim Acta,

2013, 107: 147-154.

[77] Zhang W, He X W, Chen Y, et al. Composite of CdTe quantum dots and molecularly imprinted polymer as a sensing material for cytochrome c. Biosens Bioelectron, 2011, 26(5): 2553-2558.

[78] Zhang W, He X W, Chen Y, et al. Molecularly imprinted polymer anchored on the surface of denatured bovine serum albumin modified CdTe quantum dots as fluorescent artificial receptor for recognition of target protein. Biosens Bioelectron, 2012, 31(1): 84-89.

[79] Zhang W, He X W, Li W Y, et al. Thermo-sensitive imprinted polymer coating CdTe quantum dots for target protein specific recognition. Chem Commun, 2012, 48: 1757-1759.

[80] Tang P, Cai J, Su Q. Synthesis and adsorption study of BSA surface imprinted polymer on CdS quantum dots. Chin J Chem Phys, 2010, 23(2): 195-200.

[81] Lee M H, Chen Y C, Ho M H, et al. Optical recognition of salivary proteins by use of molecularly imprinted poly(ethylene-*co*-vinyl alcohol)/quantum dot composite nanoparticles. Anal Bioanal Chem, 2010, 397(4): 1457-1466.

[82] Yang Y Q, He X W, Wang Y Z, et al. Epitope imprinted polymer coating CdTe quantum dots for specific recognition and direct fluorescent quantification of the target protein bovine serum albumin. Biosens Bioelectron, 2014, 54: 266-272.

[83] Fang G, Fan C, Liu H, et al. A novel molecularly imprinted polymer on CdSe/ZnS quantum dots for highly selective optosensing of mycotoxin zearalenone in cereal samples. RSC Adv, 2014, 4(6): 2764-2771.

[84] Luo X, Guo B, Wang L, et al. Synthesis of magnetic ion-imprinted fluorescent CdTe quantum dots by chemical etching and their visualization application for selective removal of Cd(Ⅱ) from water. Colloids Surf A, 2014, 462: 186-193.

[85] Li H, Zhao L, Xu Y, et al. Single-hole hollow molecularly imprinted polymer embedded carbon dot for fast detection of tetracycline in honey. Talanta, 2018, 185: 542-549.

[86] Shirani M P, Rezaei B, Ensafi A A. A novel optical sensor based on carbon dots embedded molecularly imprinted silica for selective acetamiprid detection. Spectrochim Acta A, 2019, 210: 36-43.

[87] Zhang D, Wang Y, Geng W, et al. Rapid detection of tryptamine by optosensor with molecularly imprinted polymers based on carbon dots-embedded covalent-organic frameworks. Sensor Actuat B-Chem, 2019, B285: 546-552.

[88] Jiao Z, Li J, Mo L, Liang J, et al. A molecularly imprinted chitosan doped with carbon quantum dots for fluorometric determination of perfluorooctane sulfonate. Microchim Acta, 2018, 185: 473-482.

[89] Fang M, Zhuo K, Chen Y, et al. Fluorescent probe based on carbon dots/silica/molecularly imprinted polymer for lysozyme detection and cell imaging. Anal Bioanal Chem, 2019, 411: 5799-5807.

[90] Lv P, Xie D, Zhang Z. Magnetic carbon dots based molecularly imprinted polymers for fluorescent detection of bovine hemoglobin. Talanta, 2018, 188: 145-151.

[91] Eskandari H, Amirzehni M, Asadollahzadeh H, et al. Molecularly imprinted polymers on CdS quantum dots for sensitive determination of cefixime after its preconcentration by magnetic graphene oxide. New Chem, 2017, 41: 7186-7194.